随机模型检测理论与应用

周从华　著

科学出版社
北　京

内 容 简 介

本书是作者多年从事随机模型检测相关科研工作的结晶。全书致力于缓解随机模型检测中的状态空间爆炸问题，深入系统地论述克服状态空间爆炸的两种基本技术：限界模型检测技术与抽象技术。首先，介绍离散时间马尔可夫链、马尔可夫决策过程、连续时间马尔可夫链和概率实时解释系统中的限界检测技术。然后，讨论模型检测概率、实时认知时态逻辑中的二值与三值抽象技术。最后，探讨随机模型检测技术在云计算和物联网领域的应用。

本书可作为高等院校计算机专业高年级本科生和研究生的教材，也可供相关领域的科研人员参考。

图书在版编目(CIP)数据

随机模型检测理论与应用/周从华著．—北京：科学出版社，2014.9

ISBN 978-7-03-041892-0

Ⅰ.①随… Ⅱ.①周… Ⅲ.①随机过程-数学模型-检测 Ⅳ.①O211.6

中国版本图书馆CIP数据核字(2014)第211417号

责任编辑：王 哲/责任校对：宋玲玲

责任印制：徐晓晨/封面设计：迷底书装

科学出版社出版

北京东黄城根北街16号

邮政编码：100717

http://www.sciencep.com

北京厚诚则铭印刷科技有限公司 印刷

科学出版社发行 各地新华书店经销

*

2014年9月第 一 版 开本：720×1 000 1/16

2018年6月第二次印刷 印张：13 1/2

字数：272 000

定价：88.00元

(如有印装质量问题，我社负责调换)

前　　言

对模型检测的研究始于20世纪80年代初Clarke、Emerson等提出的并发系统自动化验证技术，目标在于保证计算机软硬件系统的正确性、可靠性和安全性。与模拟、仿真、测试三种方法相比，模型检测的主要优势是简洁明了和自动化程度高，因此成为近三十年来计算机科学研究的焦点，我国也非常重视模型检测技术的发展。国家自然科学基金委员会于2007年9月首次发布"可信软件基础研究"重大研究计划项目指南，拟在2008年1月至2015年12月在可信软件基础研究方面投入1.5亿元，旨在解决由相对不可信构件开发可信软件和可信软件运行保障的问题。国家重点基础研究发展计划(973计划)2014年重点支持安全攸关软件系统的共性理论和构造方法：面向安全攸关软件系统开发的重大需求，研究安全攸关软件系统的建模原理、构造方法及其运行与演化机理；研究软件安全性评测的理论与方法。这些项目的设立推进了模型检测技术的发展。

目前学术界在模型检测领域的研究主要集中于时序逻辑、模型检测算法和时空效率。时序逻辑的研究主要关注设计表达力强的逻辑语言，以实现对系统各种性质的形式化描述。模型检测算法主要研究时序逻辑满足性判定算法。时空效率主要研究模型检测算法的优化以及状态空间约简技术。模型检测通过遍历系统的状态空间完成属性的验证。然而，对于并发系统，其状态空间随着并发分量的增加呈指数级增长，这就是状态空间爆炸问题。该问题是模型检测技术从学术界走向工业界的主要瓶颈。为了能够在实际应用中更好地使用模型检测技术，很多学者提出了多种有效的技术来约简状态空间。

模型检测技术最初关注的是系统行为的绝对正确性，如系统不能进入死锁状态。然而，分布式算法、多媒体协议、容错系统等往往关心某种量化属性，如消息传送失败的概率不高于1%等。随机模型检测致力于解决这类属性的自动化验证问题。本书致力于缓解随机模型检测中的状态空间爆炸问题。首先，介绍离散时间马尔可夫链、马尔可夫决策过程、连续时间马尔可夫链和概率实时解释系统中的限界检测技术；然后，讨论模型检测概率、实时认知时态逻辑中的二值与三值抽象技术；最后，从应用出发探讨随机模型检测技术在云计算和物联网领域的应用。

2001年秋，我在南京大学开始攻读硕士学位，师从丁德成教授，从事数理逻辑领域的研究。2003年硕博连读，开始从事模型检测领域的研究。博士期间主要研究了基于命题公式满足性求解的限界模型检测技术的优化与扩展。2006 年 6 月底，我来到江苏大学计算机科学与通信工程学院工作，并将模型检测技术应用于隐蔽信道的搜索。在应用的过程中，我深刻体会到状态空间爆炸对模型检测进一步走向实际应用的严重影响。因此，2008 年底我将研究重点转移到状态空间约简上，并聚焦于随机模型检测中的空间缓解技术。

本书是我从攻读博士学位起 11 年时间内科研工作的系统表述，包含本人与合作者共同完成的相关研究，有缓解状态空间爆炸方面的理论探索，也有在云计算与物联网新型系统领域的应用。本书的研究得到了国家自然科学基金项目“信息流安全属性算术验证的研究(61003288)”和江苏大学青年学术带头人培育项目的资助。

限于作者水平，加之时间仓促，书中难免存在不足之处，恳请广大读者批评指正。

周从华

2014 年 5 月 18 日

目　录

第 1 章　随机模型检测概述

1.1　模 型 检 测

计算机软硬件系统随着技术的进步变得日益复杂，如何保证系统的正确性、可靠性与安全性已经成为日益紧迫的问题。对于并发系统，其内在的非确定性决定了解决这个问题的难度。在过去的几十年间，各国研究人员为解决这个问题付出了巨大的努力，取得了重要的进展。在为此提出的诸多理论和方法中，模型检测[1-2]以其自动化程度高、遍历全局空间形成的验证完备性而引人注目。

模型检测的研究始于 20 世纪 80 年代初，Clarke 等提出用于描述并发系统性质的计算树时态逻辑(Computation Tree Logic，CTL)[3]，设计了检测有穷状态系统是否满足给定 CTL 公式的算法，并实现了一个原型系统。这一工作为并发系统性质的自动化验证开辟了一条新的途径，成为近三十年来计算机科学基础研究的热点。随后出现的符号模型检测技术[4]使这一方法向实际应用迈出了关键的一步。模型检测已被广泛应用于计算机硬件、通信协议、控制系统、安全认证协议等方面的分析与验证中，取得了令人瞩目的成果，并从学术界辐射到了产业界。许多公司(如 Microsoft、Intel、HP、Philips 等)成立了专门的小组负责将模型检测技术应用于软硬件系统的生产过程中。2007 年，Clarke、Emerson 和 Sifakis 三名知名学者因为在模型检测领域的开创性工作，获得了 ACM 图灵奖。

模型检测的基本思想是用状态转换系统 M 表示系统的行为，用时态逻辑公式 ϕ 描述系统的性质。这样"系统是否具有所期望的性质"就转化为数学问题"状态转换系统 M 是否为公式 ϕ 的一个模型"，用公式表示为"$M \models \phi$?"。对于有穷状态转换系统，这个问题是可判定的，即可以用计算机程序在有限时间内自动验证。

模型检测的基本流程如图 1.1 所示。模型检测工具首先读入以某种形式化语言描述的系统模型和以时态逻辑公式描述的属性，然后调用模型检测算法判断属性是否成立。当属性不成立时，将提供反例说明属性为何不成立。

在模型检测中，一般使用称为 Kripke 结构的有限状态转换系统来描述系统的动态行为。设 Ap 为一个原子命题的集合，在集合 Ap 上定义的四元组 $M=(S, s_0, R, L)$ 称为 Kripke 结构，其中，S 为有限状态的集合；s_0 为初始状态；$R \subseteq S \times S$ 为系统中全局变迁关系的集合，这里的"全局"是指对任意 $s \in S$ 至少存在一个状态 $s' \in S$，使得 s' 满足 $R(s, s')$；$L: S \rightarrow 2^{\mathrm{Ap}}$ 为状态标记函数，用来标记在该状态下值为真的原子命题的集合。

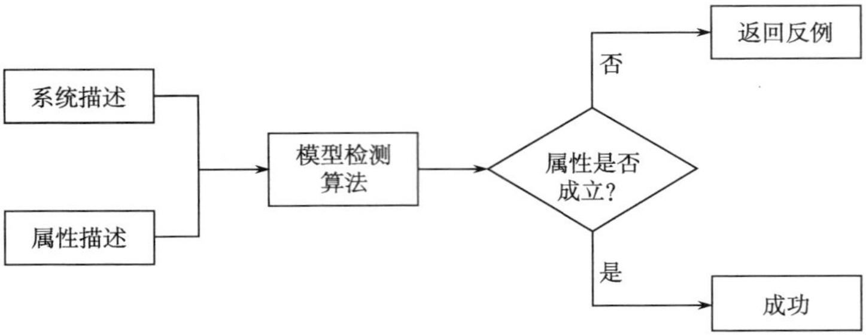

图 1.1　模型检测的基本流程

图 1.2 是一个定义在 Ap＝{r,q,p}上的 Kripke 结构,其中,$S=\{s_0,s_1,s_2,s_3\}$,s_0 为初始状态,$R=\{(s_0,s_1),(s_1,s_2),(s_2,s_3),(s_3,s_2)\}$,$L(s_0)=\{r\}$,$L(s_1)=\{q\}$,$L(s_2)=\{p\}$, $L(s_3)=\{r\}$。

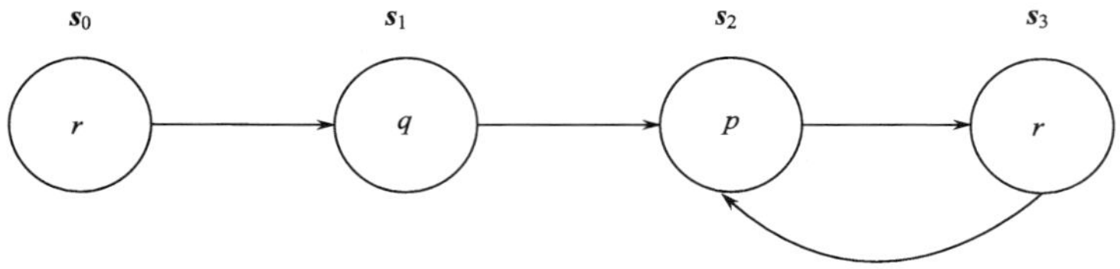

图 1.2　一个简单的 Kripke 结构

在 Kripke 结构 M 中,无穷状态序列 $\pi=s_0s_1s_2\cdots$称为路径,当且仅当对于任意 $i\geqslant 0$,有$(s_i,s_{i+1})\in R$。对于路径 π,π^i 表示从路径 π 中的第 i 个状态 s_i 开始的路径,$\pi(i)$表示状态 s_i。

CTL 是由 Clarke 和 Emerson 引入的作为规约有限状态系统的一种分支时态逻辑,其公式能够表述关于现在和未来状态的客观事实,具体语法定义如下。

定义 1.1(CTL)　设 Ap 为一个原子命题的集合,Ap 上的 CTL 递归定义如下。

(1) 如果 $p\in$ Ap,则 p、$\neg p$ 为 CTL 公式。

(2) 如果 f、g 为 CTL 公式,则$\neg f$、$f\vee g$、$f\wedge g$、$f\rightarrow g$ 为 CTL 公式。

(3) 如果 f、g 为 CTL 公式,则 EXf、AXf、EFf、AFf、EGf、AGf、EfUg、AfUg、EfRg、AfRg 为 CTL 公式。

下面在 Kripke 结构上定义 CTL 的语义。

定义 1.2(CTL 的语义)　令 M 为一个 Kripke 结构,s 为 M 中的状态,f、g 为 CTL 公式,$M,s\models f$ 表示 f 在状态 s 处为真,这里满足性关系$\models$递归定义如下。

(1) $M,s\models p$,当且仅当 $p\in L(s)$。

(2) $M,s\models\neg p$,当且仅当 $p\notin L(s)$。

(3) $M,s \models f \vee g$，当且仅当 $M,s \models f$ 或者 $M,s \models g$。

(4) $M,s \models f \wedge g$，当且仅当 $M,s \models f$ 且 $M,s \models g$。

(5) $M,s \models \mathrm{EX}f$，当且仅当存在一条从 s 出发的路径 π，使得 $M,\pi(1) \models f$。

(6) $M,s \models \mathrm{EF}f$，当且仅当存在一条从 s 出发的路径 π，使得存在自然数 k 满足 $M,\pi(k) \models f$。

(7) $M,s \models \mathrm{EG}f$，当且仅当存在一条从 s 出发的路径 π，使得对于任意自然数 k 满足 $M,\pi(k) \models f$。

(8) $M,s \models \mathrm{E}f\mathrm{U}g$，当且仅当存在一条从 s 出发的路径 π 满足：①存在自然数 i 使得 $M,\pi(i) \models g$；②对于任意 $j<i$，$M,\pi(j) \models f$。

(9) $M,s \models \mathrm{A}f\mathrm{U}g$，当且仅当对于任意一条 s 出发的路径 π 满足：①存在自然数 i 使得 $M,\pi(i) \models g$；②对于任意 $j<i$，$M,\pi(j) \models f$。

对于其他 CTL 公式存在等价关系：$\mathrm{AX}f \equiv \neg \mathrm{EX} \neg f$，$\mathrm{AF}f \equiv \neg \mathrm{EG} \neg f$，$\mathrm{AG}f \equiv \neg \mathrm{EF} \neg f$，$\mathrm{A}f\mathrm{R}g \equiv \neg \mathrm{E}(\neg f\mathrm{U} \neg g)$，$\mathrm{E}f\mathrm{R}g \equiv \neg \mathrm{A}(\neg f\mathrm{U} \neg g)$。

1.2　状态空间约简

模型检测基于对系统状态空间的穷举搜索完成系统的验证。对于并发系统，其状态的数目往往随着并发分量的增加呈指数级增长，因此当一个系统的并发分量较多时，直接对其状态空间进行搜索实际上是不可行的，这就是所谓的状态空间爆炸问题，也是模型检测方法从学术界走向工业界的主要瓶颈，为此研究人员提出了多种有效的方法来克服状态空间爆炸问题，下面逐一介绍这些方法。

1.2.1　基于有序二叉决策图的符号化模型检测方法

1987 年在卡内基梅隆大学读博士的 McMillan 首次把有序二叉决策图(Ordered Binary Decision Diagram，OBDD)引入模型检测，形成了符号化模型检测技术[4]，其基本思想是通过蕴涵的办法，用有序二叉决策图来表示模型检测中转移关系、可达状态集合，以此来进行状态像、不动点的计算。自此以后，基于有序二叉决策图的优化技术不断被其他研究者提出，使得可以验证状态规模达到 10^{20} 的系统[5]，并且利用符号模型检测的方法对高性能计算机中的总线协议进行了模型检测。这是模型检测在工业界最典型的应用。

尽管符号模型检测极大地拓展了所要验证系统的规模，但是在验证一些异步系统时，例如，异步时序系统以及通信系统的协议，显式的模型检测常优于符号模型检测。其原因在于在进行可达状态遍历时，符号模型检测采用的是广度优先算法，而传统的显式模型检测由于采用深度优先算法而往往更容易发现反例。另外符号模型检测采用的是全局搜索方式，当在进行状态原像计算的时候，不能够避免实际上并不可达的状态。

此外，在最坏的情况下，有序二叉决策图的大小会随着变量数的增加呈指数级增长，如组合乘法。有序二叉决策图的大小同时依赖于变量的顺序，寻找较优的变量序的时间复杂相当高，甚至有的布尔函数不存在最优的变量序。因此，基于有序二叉决策图的符号化模型检测方法的通用性是比较有限的。

1.2.2　基于命题公式可满足性判定的限界模型检测方法

所谓基于命题公式可满足性判定的限界模型检测方法[6]就是在系统的部分运行空间上检测全称片断属性的失效性，并把属性的失效归约到命题公式的可满足性判定上。基于 DPLL(Davis-Putnam-Logemann-Loveland)算法的命题公式可满足性判定过程中不存在状态空间快速增长的问题，且命题公式可满足性判定工具可以处理具有几千个变量的公式。这两点保证了限界模型检测方法的有效性。

限界模型检测技术在工业界成功运用的范例包括以下几个。

(1) 以 SATO(Satisfiability Testing Optinized)和 GRASP(Generic Search Algorithm for the Satisfiability Problem)作为主要的可满足问题引擎，Motorala 的 PowerPC 微处理器的安全性通过限界模型检验的方法得到验证。

(2) 在对 Compaq 的 Alpha 的微处理器的模型检测中，发现某些"臭虫"的时间从几天缩短至几分钟。在该工具中应用的可满足性问题(Satisfiability Problem，SAT)求解引擎是 GRASP 和 PROVER(Proof and Verifier)。

(3) Thunder 和 Forecast 是 Intel 公司进行限界模型检验的工具。前者基于求解可满足性问题的引擎 SIMO(Satisfiability Internal Module Object)，而后者基于有序二叉决策图。前者应用于 PentiumⅣ的实际设计验证。经过实验对比，前者因使用了求解可满足性问题的引擎，在验证 Pentium Ⅳ设计时，生产量和生产率两方面明显优越于 Forecast。

2003 年，Penczek 等提出在多智体系统中验证时态认知逻辑(全称认知树逻辑(Universal Fragment of Computation Tree Logic of Knowledge，ACTLK)，认知计算树逻辑(Computation Tree Logic of Knowledge，LTLK)的全称片断)的限界模型检测方法[7]，并开发了相应的限界模型检测工具 BMCIS(Bounded Model Checking Interpreted Systems)。ACTLK 是在 ACTL 中引入知道、全都知道、分布知识和公共知识 4 个认知算子后得到的。2006 年，苏开乐等在时态逻辑 CTL^* 的语言中扩展认知算子(知道、全都知道、分布知识和公共知识算子)，从而得到一个新的时态认知逻辑 $ECKL_n$，并给出了 $AECKL_n$($ECKL_n$ 的全称片断)限界模型检测算法及其正确性证明[8]。

对于 CTL，周从华等应用限界模型检测的思想提出了一项新的基于量化布尔公式(Quantified Boolean Formulas，QBF)的符号化模型检测技术。其基本思想是在有限的运行空间上定义 CTL 的有效性，并将有效性的检测归约到 QBF 的满足性的判定上，使得 QBF 是可满足的，当且仅当 CTL 公式在有限运行空间上是有效的。这种方法是可靠的，即 CTL 在有限运行空间上的有效性是对其在无穷空间上有效性的逼近，同时也是完备的，即 CTL 在无穷运行空间上是有效的，一定存在一个有限运行空间使得 CTL 在该有限空间上是有效的。基于命题公式满足性判定的限界模型检测算法的成功很大程度上归功于基于 DPLL 的满足性判定算法在判定满足性的过程中不会出现空间的快速增长。同理，基于 DPLL 的 QBF 算法在检查满足性的判定过程中也不会出现空间的快速增长。另外，已经存在 QBF 工具能够处理具有上千个变量的 QBF。这两点保证了基于 QBF 方法的有效性。

当前，基于命题公式可满足性判定的限界模型检测方法已经在集成电路、软件的可靠性的验证上获得了成功应用。但是其通用性仍然比较有限，由于该方法是通过寻找使属性失效的反例来达到说明属性不成立的目的，反例太长导致相应的命题公式太大，从而命题公式可满足性判定工具无法处理，所以该方法实际上是一种证伪的方法。

1.2.3　抽象方法

抽象方法[9]的基本思想是剔除系统模型中与待验证属性无关的变量，保留相关变量，在此基础上构造一个状态空间较小的抽象模型，并运行模型检测于抽象模型上。抽象可以分为上近似抽象和下近似抽象。所谓上近似抽象是指原始系统的行为是抽象系统行为的子集，因此对于上近似抽象，当全称属性在抽象系统中成立时，在原始系统中也成立，但是当全称属性不成立时，则需要检测反例的真假。如果反例为假，则需要对抽象模型求精。所谓下近似抽象是指原始系统的行为包含抽象系统行为，因此对于下近似抽象，当片断属性在抽象系统中成立时，在原始系统中也成立。

抽象方法成功与否在很大程度上依赖于对相关变量的选择，变量选取不当会造成虚假的反例。Clarke 等于 2000 年首次提出完全自动化的、反例导引的抽象精化方法[10]，该方法的主要思想如下。

(1) 在原始模型的基础上进行上近似抽象，剔除部分状态变量，得到一个相对简单的抽象模型。在抽象模型上成立的全称属性在原始模型上必然成立。

(2) 如果全称属性在抽象模型上不成立，则必然存在反例，称为抽象反例。将该反例进行反向映射，以测试是否存在一个原始模型上的反例与抽象反例相对应，若是则断定全称属性在原始模型上不成立。

(3) 否则，运行精化算法，选择一部分原先被剔除的状态变量，并将它们插入抽象模型，然后重新运行上近似抽象算法，并回到第(1)步。

Clarke 等的方法是基于有序二叉决策图进行抽象精化操作的，近年来，其他方式的抽象精化方法也被提出来，包括基于整数线性规划和机器学习的方法、基于 SAT 的方法，这些方法的目的在于防止基于有序二叉决策图的抽象精化操作遇到的空间爆炸问题发生。实验结果证明，近年来在 SAT 求解器方面的进展确实极大地改善了抽象精化方法的时间和空间效率。

谓词抽象[11]是最近出现的一种新的抽象方法，该方法仅针对程序中的谓词进行抽象和精化操作，其被广泛应用于处理大值域（如 C 语言中的 32 位整数）和无限值域问题（如物理过程中的实数值域），能够有效防止基于有序二叉决策图的抽象方法中遇到的空间爆炸问题。谓词抽象的基本思想是，利用一组谓词在原始模型的状态空间上定义一个等价关系，通过状态集合之间的映射，把一个大规模的或者包含无穷多个状态的原始模型转换为一个易于处理的、包含有限状态的抽象模型，在抽象模型中成立的属性在原始模型中也成立。

在谓词抽象中，使用尽可能少的谓词构造抽象模型，这是提高速度的关键。文献[12]讨论了剔除冗余谓词的策略。文献[13]讨论了使用 0-1 约束优化的方法，最大限度地剔除冗余谓词。上述方法的精化操作都需要反例的导引，然而 McMillan 提出一种无须反例的精化方法，该方法通过分析限界模型检测无解的原因来构造抽象模型，并将该抽象模型用于进一步的非限界模型检测。

1.2.4 组合验证

现在的软硬件通常由很多子系统构成，在验证由这些子系统构成的系统时，一个自然的想法就是分而制之，即先验证子系统，再分析集成系统，由此组合验证方法应运而生[14]。组合验证的主要思想可以概括为：将待验证的大规模系统分解为小型子系统，并将待验证的属性分解为各个子系统上对应的子属性，验证每个子属性时，其他子属性被作为天然成立的环境假设。

McMillan 成功地将组合验证方法应用于验证许多大型设计，包括微处理器的乱序执行单元[15-16]和多处理机的高速缓存一致性协议[17]。该方法的主要缺点在于，用户需要手工定义子系统的划分和属性划分，这在一定程度上降低了模型检测方法的自动化优势。Cobleigh 等于 2003 年首次提出自动化的组合验证方法，该方法自动分析失效的环境假设并加以改进，重新开始组合验证[18]。

1.2.5 其他约简方法

除了上述几种方法，还有 on-the-fly 模型检测技术[19-21]、偏序归约[22-27]以及对称模型检测技术[28-30]。on-the-fly 模型检测技术的基本原理是根据需要展开系统路径所包含的状态，避免预先生成系统中所包含的所有状态。一个系统可以由多个进程组成，并发执行使得不同进程的动作可以有许多不同的次序，基于对这一问题的认识，某些状态的次序可以被固定，以减少重复验证本质上相同的路径，这种方法称为偏序归约。由多进程组成的系统中，某些进程可能完全类似，并发执行的结果可能产生许多相同或相似的路径，基于对这一问题的认识，可以只搜索在对称关系中等价的一种情形，以避免重复搜索对称或相同的系统状态，这种方法称为对称模型检测。

1.3　线性时态逻辑的限界模型检测

1.3.1　示例

考虑一个由拥有 3 个位的移位寄存器 x 构成的状态机 M。x 的 3 个位分别表示为 $x[0]$、$x[1]$、$x[2]$。谓词 $R(x,x')=((x'[0]=x[1])\wedge(x'[1]=x[2])\wedge(x'[2]=1))$ 表示当前状态 x 和下一个状态 x' 之间的转换关系。初始配置下寄存器 x 中每一个位的值是随机的，谓词 $I(x)$ 表示初始状态集合，且始终为真。

在连续的 3 次移位之后寄存器应该为空，即所有位的值应该为 0。但是在状态转换中对 $x[2]$ 人为地引入一个错误：用数值 1 代替数值 0。因此，属性“在充分的移位之后寄存器为空，即 $x=0$”不成立。该属性可利用线性时态逻辑(Linear Temporal Logic，LTL)公式形式化地表示为 $\mathrm{F}(x=0)$。全称模型检测问题 $\mathrm{AF}(x=0)$ 可转换为片断模型检测问题 $\mathrm{EG}(x\neq 0)$。因此，可以检查是否存在满足 $\mathrm{G}(x\neq 0)$ 的执行序列。与常规方法搜索任意长度的路径不同的是，搜索的范围可被限制在有穷长度的路径上，例如，由 3 个状态组成的路径。令 x_0、x_1、x_2 为路径上的 3 个起始状态，其中，x_0 为初始状态。因为 x 的初始值可以是任意随机值，所以对初始状态 x_0 没有限制。将转换关系展开两次可演绎出对应的命题公式 $f_m=I(x_0)\wedge R(x_0,x_1)\wedge R(x_1,x_2)$。将 R 和 I 扩展为

$$(x_1[0]=x_0[1])\wedge(x_1[1]=x_0[2])\wedge(x_1[2]=1)\wedge$$
$$(x_2[0]=x_1[1])\wedge(x_2[1]=x_1[2])\wedge(x_2[2]=1)$$

任何拥有 3 个状态的路径，如果其是 $\mathrm{G}(x\neq 0)$ 的证据，则必须包含循环。这样，需要一个从状态 x_2 到任意一个状态的转换(可以是初始状态 x_0，或者 x_1，或者 x_2 自身)。引入记号 L_i 表示 $R(x_2,x_i)$，即 $L_i=((x_i[0]=x_2[1])\wedge(x_i[1]=x_2[2])\wedge(x_2[2]=1))$。现在如果保证该路径满足 $\mathrm{G}(x\neq 0)$，则属性 $S_i=(x_i\neq 0)$ 必须在每个状态下成立，这里 $x_i\neq 0$ 等价于 $(x_i[0]=1)\vee(x_i[1]=1)\vee(x_i[2]=1)$。

将上述命题公式聚合在一起，可得

$$f_m\wedge\bigvee_{i=0}^{2}L_i\wedge\bigwedge_{i=0}^{2}S_i$$

该公式是可满足的，当且仅当公式 $\mathrm{F}(x=0)$ 存在长度为 2 的反例。在本例中，指派

$x_i[j]=1(i,j=0,1,2)$ 是使 $f_m \wedge \bigvee_{i=0}^{2} L_i \wedge \bigwedge_{i=0}^{2} S_i$ 为真的指派。

1.3.2 线性时态逻辑

给定一个 Kripke 结构 $M=(S,s_0,R,L)$ 和原子命题集 Ap，Ap 和 M 上的线性时态逻辑定义如下。

(1) 如果 $p\in \mathrm{Ap}$，则 p、$\neg p$ 为 LTL 公式。

(2) 如果 f 为 LTL 公式，则 Xf、Ff、Gf 为 LTL 公式。

(3) 如果 f、g 为 LTL 公式，则 $f\wedge g$、$f\vee g$、$f\mathrm{U}g$、$f\mathrm{R}g$ 为 LTL 公式。

定义 1.3(LTL 的语义) 设 $\pi=s_0s_1\cdots$ 为一条无穷路径，π^i 表示 π 中从状态 s_i 开始的无穷后缀，f 为一个 LTL 公式，$\pi\models f$ 递归定义如下。

(1) $\pi\models p$，当且仅当 $p\in L(\pi(0))$。

(2) $\pi\models\neg p$，当且仅当 $p\notin L(\pi(0))$。

(3) $\pi\models f\wedge g$，当且仅当 $\pi\models f$ 且 $\pi\models g$。

(4) $\pi\models f\vee g$，当且仅当 $\pi\models f$ 或者 $\pi\models g$。

(5) $\pi\models \mathrm{X}f$，当且仅当 $\pi^1\models f$。

(6) $\pi\models \mathrm{F}f$，当且仅当 $\exists i\geqslant 0,\pi^i\models f$。

(7) $\pi\models \mathrm{G}f$，当且仅当 $\forall i\geqslant 0,\pi^i\models f$。

(8) $\pi\models f\mathrm{U}g$，当且仅当 $\exists i\geqslant 0(\pi^i\models g\wedge \bigwedge_{j=0}^{i-1}\pi^j\models f)$。

(9) $\pi\models f\mathrm{R}g$，当且仅当 $\forall i\geqslant 0(\pi^i\models g)$或者 $\exists i\geqslant 0(\pi^i\models f\wedge \bigwedge_{j=0}^{i}\pi^j\models g)$。

定义 1.4 $M\models f$，当且仅当对任一从初始状态 s_0 开始的路径 π 均有 $\pi\models f$；$M\models \mathrm{E}f$，当且仅当存在一条从初始状态 s_0 开始的路径 π，使得 $\pi\models f$。

1.3.3 线性时态逻辑的限界语义

在限界模型检测中，一个重要的观察是路径的前缀是有限的，但是如果存在从前缀的最后一个状态到之前状态的循环，则有限的前缀可以表示无穷的行为。如果这样的循环不存在，则有限的前缀无法表示无穷的行为。因此，定义 LTL 限界语义时必须区分有限前缀能否表示无穷行为。

定义 1.5 路径 π 称为一条$(k,l)(l\leqslant k)$循环路径，当且仅当$(\pi(k),\pi(l))\in R$，$\pi=u\cdot v^{\omega}$，这里 $u=\pi(0)\cdots\pi(l-1)$，$v=\pi(l)\cdots\pi(k)$。

通常称 π 为一条 k 循环路径，当且仅当存在自然数 $l(l\leqslant k)$使得 π 是一条(k,l)循环路径。

定义 1.6(循环下的限界语义) 设 π 为一条 k 循环路径，称 LTL 公式 f 在路径 π 上 k 步内有效，记为 $\pi\models_k f$，当且仅当 $\pi\models f$。

定义 1.7(非循环下的限界语义)　设 π 为一条非 k 循环路径,称 LTL 公式 f 在路径 π 上 k 步内有效,记为 $\pi \models_k f$,当且仅当 $\pi \models_k^0 f$,说明如下。

(1) $\pi \models_k^i p$,当且仅当 $p \in L(\pi(i))$。

(2) $\pi \models_k^i \neg p$,当且仅当 $p \notin L(\pi(i))$。

(3) $\pi \models_k^i f \wedge g$,当且仅当 $\pi \models_k^i f$ 且 $\pi \models_k^i g$。

(4) $\pi \models_k^i f \vee g$,当且仅当 $\pi \models_k^i f$ 或者 $\pi \models_k^i g$。

(5) $\pi \models_k^i \mathrm{G}f$ 总是为假。

(6) $\pi \models_k^i \mathrm{F}f$,当且仅当 $\exists i \leqslant j \leqslant k, \pi \models_k^j f$。

(7) $\pi \models_k^i \mathrm{X}f$,当且仅当 $i < k \wedge \pi \models_k^{i+1} f$。

(8) $\pi \models_k^i f\mathrm{U}g$,当且仅当 $\exists j, i \leqslant j \leqslant k \left(\pi \models_k^j g \wedge \bigwedge_{n=i}^{j-1} \pi \models_k^n f\right)$。

(9) $\pi \models_k^i f\mathrm{R}g$,当且仅当 $\exists j, i \leqslant j \leqslant k \left(\pi \models_k^j f \wedge \bigwedge_{n=i}^{j} \pi \models_k^n g\right)$。

记号 $M \models_k \mathrm{E}f$ 表示在 M 中存在从初始状态 s_0 出发的路径 π,使得 $\pi \models_k f$。定理 1.1 表明 LTL 限界语义是对其无界语义的近似,即 $\pi \models_k f$ 蕴涵 $\pi \models f$。

定理 1.1　设 M 为 Kripke 结构,f 为定义在 Ap、M 上的 LTL 公式,k 为边界,π 为 M 中的路径,则 $\pi \models_k f$ 蕴涵 $\pi \models f$。

现在讨论如果 $\pi \models f$,是否存在自然数 k 使得 $\pi \models_k f$。如果存在,那么 k 究竟多大,这就是限界语义的完全界问题。

定义 1.8　在给定的 Kripke 结构 M 下,对于任意 LTL 公式 f,自然数 k 称为 f 的完全界,当且仅当下面的条件成立:如果在 M 中不存在长度不大于 k 的使 f 失效的反例,则 $M \models f$。

定理 1.2　设 M 为 Kripke 结构,f 为定义在 Ap、M 上的 LTL 公式,如果 $M \models \mathrm{E}f$,那么存在不大于 $|M| \times 2^{|f|}$ 的自然数 k,使得 $M \models_k \mathrm{E}f$。换句话讲,$|M| \times 2^{|f|}$ 是 f 的一个完全界。

1.3.4　转换

1.3.3 节定义了限界语义,现在将限界语义归约到 SAT 问题,这种归约允许有效地使用 SAT 工具完成模型检测。给定 Kripke 结构 M、LTL 公式 f、边界 k,下面构造命题公式 $[M,f]_k$。设 $s_0, \cdots, s_k$ 为路径 π 的前缀,s_i 表示在时间点 i 的系统状态,由对状态变量的赋值构成。公式 $[M,f]_k$ 刻画对 $s_0 \cdots s_k$ 的约束,使得 $[M,f]_k$ 具有可满足性,当且仅当 $\pi \models_k f$。公式 $[M,f]_k$ 由 3 个独立的部分构成。首先,定义公式 $[M]_k$ 来约束 $s_0 \cdots s_k$,使其为从初始状态开始的有效路径。然后,定义公式刻画循环条件,使得该公式是可满足的,当且仅当 π 至少包含一个循环。最后,定义公式来刻画 $\pi \models_k f$。

定义 1.9(展开转换关系)　给定 Kripke 结构 M、边界 k，定义 $[M]_k := I(s_0) \wedge \bigwedge_{j=0}^{k-1} R(s_i, s_{i+1})$，其中 $I(s_0)$ 为真，当且仅当 s_0 为 M 的初始状态。

定义 1.10　对于自然数 l、$k(l \leqslant k)$，令 ${}_lL_k = R(s_k, s_l)$。

LTL 公式的转换依赖于路径 π 的形状，定义命题公式 ${}_lL_k$。${}_lL_k$ 为真，当且仅当存在从状态 s_k 到状态 s_l 的转换。依赖于路径是否是循环路径，LTL 公式 f 具有两种不同的转换。首先考虑循环路径，下面递归地给出 f 的转换，该转换主要建立在对 f 的结构和路径的状态的递归上。中间公式 ${}_l[\ \cdot\ ]_k^i$ 依赖于 3 个参数：l、k 和 i。l 表示循环的位置，k 表示边界，i 表示当前的位置。

定义 1.11((k,l) 循环路径上的 LTL 公式转换)

(1) ${}_l[a]_k^i := (a \equiv a_i)$；${}_l[p]_k^i := p \in L(s_i)$；${}_l[\neg p]_k^i := p \notin L(s_i)$。

(2) ${}_l[f \wedge g]_k^i := {}_l[f]_k^i \wedge {}_l[g]_k^i$；${}_l[f \vee g]_k^i := {}_l[f]_k^i \vee {}_l[g]_k^i$。

(3) ${}_l[\mathrm{X}f]_k^i :=$ (如果 $i<k$，则 ${}_l[f]_k^{i+1}$，否则 ${}_l[f]_k^l$)。

(4) ${}_l[\mathrm{F}f]_k^i := \bigvee_{j=\min(i,l)}^{k} {}_l[f]_k^j$；${}_l[\mathrm{G}f]_k^i := \bigwedge_{j=\min(i,l)}^{k} {}_l[f]_k^j$。

(5) ${}_l[f\mathrm{U}g]_k^i := \bigvee_{j=i}^{k} \left({}_l[g]_k^j \wedge \bigwedge_{h=i}^{j-1} {}_l[f]_k^h\right) \vee \bigvee_{j=l}^{i-1} \left({}_l[g]_k^j \wedge \bigwedge_{h=i}^{k} {}_l[f]_k^h \wedge \bigwedge_{h=l}^{j-1} {}_l[f]_k^h\right)$。

(6) ${}_l[f\mathrm{R}g]_k^i := \bigwedge_{j=\min(i,l)}^{k} {}_l[g]_k^j \vee \bigvee_{j=i}^{k} \left({}_l[f]_k^j \wedge \bigwedge_{h=i}^{j} {}_l[g]_k^h\right) \vee \bigvee_{j=l}^{i-1} \left({}_l[f]_k^j \wedge \bigwedge_{h=l}^{k} {}_l[g]_k^h \wedge \bigwedge_{h=l_l}^{j} [g]_k^h\right)$。

对非循环路径上的转换，可以看成循环的一种特例。因为在 Kripke 结构中转换关系是全局的，每一条有限路径均可以扩展成无穷的路径，所以路径的属性在超过状态 s_k 以后就未知了，这里做一个保守的近似：路径的属性在超过状态 s_k 后为假。

定义 1.12(非循环路径上的 LTL 公式转换)

(1) $[p]_k^i := p \in L(s_i)$。

(2) $[\neg p]_k^i := p \notin L(s_i)$。

(3) $[f \wedge g]_k^i := [f]_k^i \wedge [g]_k^i$。

(4) $[f \vee g]_k^i := [f]_k^i \vee [g]_k^i$。

(5) $[\mathrm{X}f]_k^i :=$ (如果 $i<k$，则 ${}_l[f]_k^{i+1}$，否则为假)。

(6) $[\mathrm{F}f]_k^i := \bigvee_{j=i}^{k} [f]_k^j$。

(7) $[\mathrm{G}f]_k^i := \mathrm{false}$。

(8) $[f\mathrm{U}g]_k^i := \bigvee_{j=i}^{k} \left([g]_k^j \wedge \bigwedge_{h=i}^{j-1} [f]_k^h\right)$。

(9) $[f\mathrm{R}g]_k^i := \bigvee_{j=i}^{k} \left([f]_k^j \wedge \bigwedge_{h=i}^{j} [g]_k^h\right)$。

组合各自独立的部分，转换限界模型检测为 SAT 问题定义如下。

定义 1.13（全面转换）　给定 Kripke 结构 M、边界 k、LTL 公式 f，定义

$$[f]_k := ([f]_k^0 \vee \bigvee_{l=0}^{k} ({}_lL_k \wedge {}_l[f]_k^0)), [M,f]_k := [M]_k \wedge [f]_k$$

转换机制保证了下面的定理。

定理 1.3　给定 Kripke 结构 M、边界 k、LTL 公式 f，$[M,f]_k$ 是可满足的，当且仅当 $M \models_k \mathrm{E}f$。

1.4　抽　　象

1.4.1　互模拟与模拟

本节介绍一种 Kripke 结构上的互模拟和模拟关系，同时说明这些模拟关系与保持逻辑公式可满足性之间的关联。直觉上两个状态 s、s' 是互模拟的，当且仅当它们具有相同的标记函数，对于 s 的每一个后继状态，必然存在 s' 的后继，使得两者满足互模拟关系，反之亦然。

状态 s 模拟状态 s' 是指 s 与 s' 具有相同的标记函数，对于 s' 的每一个后继状态，都存在一个 s 的后继状态使得其能够模拟 s' 的后继。模拟形成了一种前序。模拟与互模拟的不同之处在于，序大的状态拥有后继状态，序小的状态不存在对应的后继状态。

令 Ap 为原子命题集，$M_1=(S_1,s_{01},R_1,L_1)$，$M_2=(S_2,s_{02},R_2,L_2)$ 为 Kripke 结构。

定义 1.14　关系 $B\subseteq S_1\times S_2$ 称为 M_1、M_2 上的互模拟关系，当且仅当下面的条件成立。

(1) 对于 s_{01}、s_{02}，关系 $B(s_{01},s_{02})$ 成立。

(2) 对于任意 $(s_1,s_2)\in B$，有

$$L_1(s_1)=L_2(s_2)$$

$$\forall t_1[R_1(s_1,t_1)\rightarrow \exists t_2[R_2(s_2,t_2)\wedge B(t_1,t_2)]]$$

$$\forall t_2[R_2(s_2,t_2)\rightarrow \exists t_1[R_1(s_1,t_1)\wedge B(t_1,t_2)]]$$

引入记号 $s_1\equiv s_2$ 表示 $B(s_1,s_2)$。对于 M_1、M_2，如果存在其上的互模拟关系 B，则称 M_1 和 M_2 是互模拟的，记为 $M_1\equiv M_2$。

定义 1.15　关系 $H\subseteq S_1\times S_2$ 称为 M_1、M_2 上的模拟关系，当且仅当下面的条件成立。

(1) 对于 s_{01}、s_{02}，关系 $B(s_{01},s_{02})$ 成立。

(2) 对于任意 $(s_1,s_2)\in H$，有

$$L_1(s_1)=L_2(s_2)$$

$$\forall t_1[R_1(s_1,t_1)\rightarrow \exists t_2[R_2(s_2,t_2)\wedge B(t_1,t_2)]]$$

引入记号 $s_1 \prec s_2$ 表示 $H(s_1,s_2)$。对于 M_1、M_2，如果存在其上的模拟关系 H，则称 M_2 模拟 M_1，记为 $M_1 \prec M_2$。

关系"$\equiv$"是模型集合上的一种等价关系，而关系"$\prec$"是模型集合上的前序关系，即"$\equiv$"是自反的、对称的和传递的，"$\prec$"是自反的和传递的。

定义 1.16（CTL*）　对于给定的原子命题集 Ap，逻辑 CTL* 是按照如下方式定义的状态公式集。状态公式定义如下。

(1) 如果 $p\in \mathrm{Ap}$，那么 p、$\neg p$ 为状态公式。

(2) 如果 f、g 为状态公式，那么 $f\wedge g$、$f\vee g$、$f\rightarrow g$ 也为状态公式。

(3) 如果 f 为路径公式，那么 $\mathrm{A}f$、$\mathrm{E}f$ 为状态公式。

路径公式定义如下。

(1) 如果 f 为状态公式，那么 f 也为路径公式。

(2) 如果 f、g 为路径公式，那么 $f\wedge g$、$f\vee g$ 也为路径公式。

(3) 如果 f、g 为路径公式，那么 $\mathrm{X}f$、$\mathrm{F}f$、$\mathrm{G}f$、$f\mathrm{U}g$、$f\mathrm{R}g$ 均为路径公式。

定理 1.4 阐述了互模拟和模拟对逻辑公式可满足性的保持。

定理 1.4

(1) 令 $M_1\equiv M_2$，则对于任意 CTL* 公式 f（f 中出现的原子命题必须包含在 Ap 中），$M_1\models f$ 当且仅当 $M_2\models f$。

(2) 令 $M_1\prec M_2$，则：

对于任意 ACTL* 公式 f（f 中出现的原子命题必须包含在 Ap 中），如果 $M_2\models f$，则 $M_1\models f$；

对于任意 ECTL* 公式 f（f 中出现的原子命题必须包含在 Ap 中），如果 $M_1\models f$，则 $M_2\models f$。

1.4.2　数据抽象

数据抽象是一种有效和易于理解的抽象技术。为了获得较小的验证系统模型，可以对数据信息进行抽象，同时必须保证原始系统中的每个行为出现在抽象后的模型中。事实上抽象模型比原始模型包含更多的行为。抽象模型通常比原始模型小很多，这意味着模型检测技术在抽象模型上易于实施。

数据抽象主要通过为系统中的每个变量选择抽象域来完成。通常情况下，变量的抽象域范围远远小于变量的原始取值范围。抽象域由用户选择，使用者同时需提供原始域到抽象域的映射。本质上抽象模型在定义 1.15 定义的模拟关系上大于原始模型。定理 1.4 保证了可在抽象模型上完成对任意 ACTL* 公式的验证。

很显然，在抽象模型上验证的属性必须涉及程序变量的抽象值。同时为了保证该属性在原始模型上有意义，对原始状态标上$\tilde{x}_i=a$ 形式的原子命题，这些原子命题说明抽象为 a 的变量 x_i 拥有某个值 d。

抽象模型的定义必须基于原始模型的定义，但是先构造出原始模型，再对模型进行抽象以得到抽象模型是不可取的，因为在构造过程中原始模型会占用大量的内存空间。相反，人们希望抽象模型能够从描述程序的高层语言上直接计算，即从程序文档直接计算。获取这样的抽象模型是不容易的，因此定义一种近似抽象模型，这种模型比抽象模型包含的行为更多，更容易从程序文档构建。

设 Program 是一段程序，包含的变量为 $x_1,\cdots,x_n$。简单起见，假设所有的变量拥有相同的定义域 D。这样，系统原始模型定义为域 $D\times\cdots\times D$ 中形式为 $s=(d_1,\cdots,d_n)$的状态的集合，这里 d_i 是变量 x_i 在状态 s 下的值，记为 $s(x_i)=d_i$。

对程序 Program 建立抽象模型的第一步是选择抽象域 A 和满射 $h:D\to A$。下一步是对 Program 的原始模型进行限制，使其仅反映变量的抽象值，这种限制主要通过定义新的原子命题集实现，即

$$\widetilde{\mathrm{A}}\mathrm{p}=\{\tilde{x}_i=a \mid i=1,\cdots,n,a\in A\}$$

式中，记号$\tilde{x}_i$表示 x_i 对应的抽象值。在原始模型中，状态 $s=(d_1,\cdots,d_n)$的标记函数定义为

$$L(s)=\{\tilde{x}=a \mid h(d_i)=a_i,i=1,\cdots,n\}$$

例 1.1　令 Program 为一段程序，包含的变量为整数 x。令 s、s'为两个程序状态，且 $s(x)=2$，$s'(x)=-7$，存在如下两种抽象。

抽象 1：$A_1=\{a_-,a_0,a_+\}$，映射关系定义为

$$h_1(d)=\begin{cases}a_+: d>0\\a_0: d=0\\a_-: d<0\end{cases}$$

原子命题集为 $\mathrm{Ap}_1=\{\tilde{x}=a_-,\tilde{x}=a_0,\tilde{x}=a_+\}$。

由 A_1、h_1 定义的标记函数为

$$L_1(s)=\{\tilde{x}=a_+\},L_1(s')=\{\tilde{x}=a_-\}$$

抽象 2：$A_2=\{a_{\text{even}},a_{\text{odd}}\}$，映射关系定义为

$$h_2(d)=\begin{cases}a_{\text{even}}: \text{even}(|d|)\\a_{\text{odd}}: \text{odd}(|d|)\end{cases}$$

原子命题集为 $\mathrm{Ap}_2=\{\tilde{x}=a_{\text{even}},\tilde{x}=a_{\text{odd}}\}$。

由 A_2、h_2 定义的标记函数为

$$L_2(s)=\{\widetilde{x}=a_{\text{even}}\},L_2(s')=\{\widetilde{x}=a_{\text{odd}}\}$$

通过限制状态标记函数,我们失去了引用程序变量实际值的能力,但是许多状态变得不可区分,且可以合并成单个抽象状态。给定抽象域 A 和满射 h,可以定义抽象模型 M_r。首先将映射 $h:D\rightarrow A$ 扩展到 n 维 $D\times\cdots\times D$:$h((d_1,\cdots,d_n))=(h(d_1),\cdots,h(d_n))$。$M_r$ 中的抽象状态$(a_1,\cdots,a_n)$表示满足 $h((d_1,\cdots,d_n))=(a_1,\cdots,a_n)$的状态$(d_1,\cdots,d_n)$构成的集合。原始状态 s_1、s_2 是等价的,当且仅当 $h(s_1)=h(s_2)$,即两个状态映射到同一个抽象状态。这样,每个抽象状态表示一个等价类。

定义 1.17　给定原始模型 M、抽象域 A 和抽象映射 $h:D\rightarrow A$,抽象模型 $M_r=(S_r,s_{0r},R_r,L_r)$定义如下。

(1) $S_r=A\times\cdots\times A$。

(2) $s_{0r}=h(s_0)$。

(3) $R_r(s_r,t_r)\Leftrightarrow\exists s,t[h(s)=s_r\wedge h(t)=t_r\wedge R(s,t)]$。

(4) 对于 $s_r=(a_1,\cdots,a_n)$,$L_r(s_r)=\{\widetilde{x}_i=a_i\mid i=1,\cdots,n\}$。这种类型的抽象一般称为存在抽象。

定理 1.5　在模拟关系形成的前序上抽象模型 M_r 大于原始模型 M,即 $M\preceq M_r$。

由定理 1.4 和定理 1.5 直接可得,对于任意 ACTL* 公式 f,如果 $M_r\models f$,则 $M\models f$。

1.5　随机模型检测

上述传统模型检测技术关注的是系统行为的绝对正确性,如系统不能进入死锁状态。然而分布式算法、多媒体协议、容错系统等往往关心某种量化属性,例如,消息传送失败的概率不高于 1%,在时间 t 内至多 m 个消息丢失的概率不高于 0.8%,请求发送后在 5~7 个时间单元内得到响应的概率不低于 70%等。随机模型检测致力于解决这类属性的自动化验证问题。

在随机模型检测中,一般使用概率计算树逻辑(Probabilistic Computation Tree Logic,PCTL)[31]和连续随机逻辑(Continuous Stochastic Logic,CSL)[32]刻画属性,使用马尔可夫过程建立系统模型,主要包括离散时间马尔可夫链、马尔可夫决策过程、连续时间马尔可夫链等。每种模型都具有一定的特性,不同的特性决定了模型表达和分析的重点不一样。

文献[33]基于离散时间马尔可夫链对蓝牙设备识别协议的性能进行了形式化分析,计算出了发现协议在最好和最坏情况下的性能,包括完成识别的期望时间和期望能量消耗。自我稳定协议的主要功能是保证网络系统在无任何外界干扰的情况下能够从任意可能的非法配置回归到合法的、稳定的配置上。文献[34]基于离散时间马尔可夫链计算出了在任意初始配置下达到稳定配置的最小概率和最大期望时间。

领袖选择协议的主要功能是通过沿环发送消息，实现在多个处理器中选举唯一处理器作为领袖[35]。对于同步选择协议，利用离散时间马尔可夫链上的随机模型检测技术可计算出领袖选举成功的概率为1，以及在k步中成功选举出领袖的概率。对于异步选择协议，利用马尔可夫决策过程上的随机模型检测工具同样计算出领袖选举成功的概率为1，并可计算出在k步内成功选举出领袖的最大和最小概率。

连续时间马尔可夫链的主要特性在于能刻画连续时间和指数分布，这两种特性使得连续时间马尔可夫链的模型检测近年来成为一种使用广泛的定量分析技术。连续时间马尔可夫链的模型检测技术主要关注于随机系统的性能、可靠性等性质的定量分析，例如，文献[36]利用连续时间马尔可夫链为我国智能电网中的传感网络建立随机模型，并计算出长期运行中传感节点失效的概率，以及更换传感器中电池的最优时间段。文献[37]对云计算系统中并发实时迁移操作的性能进行了分析，计算出某个时间段发送服务器上多于4个迁移操作的概率，以及某个时间段接收服务器上超过3个迁移操作正在处理的概率。文献[38]通过分别计算传感器、执行器、输入/输出处理器、中心计算处理器引起系统关闭的概率，分析嵌入式控制系统的可靠性。文献[39]通过计算某个时间段消耗功率的期望以及长期运行中的平均功率消耗对动态功率管理系统进行评估。

连续时间马尔可夫链的模型检测技术在生物学领域也有着重要应用。例如，文献[40]分析了成纤维细胞生长因子信号通路的健壮性，并给出系统各种动态行为的量化度量，从而加深了对信号通路的理解。文献[41]对分裂素激活的蛋白激酶级联反应系统中各成分之间的交互进行了定量刻画。所有这些成功的应用实例说明模型检测连续时间马尔可夫链是对马尔可夫过程传统分析技术的有力扩展与补充。

IEEE 802.3载波监听多路访问/冲突检测(CSMA/CD)协议的主要目的是避免单信道访问冲突。文献[42]应用概率时间自动机上的模型检测技术计算出所有基站最终成功发送数据包的概率，以及在某个延迟下所有基站成功交付数据包的最小和最大概率。

与传统模型检测一样，状态空间爆炸仍然是随机模型检测走向实际应用的主要瓶颈，为此多位学者将传统模型检测中的状态空间约简技术推广应用到了随机模型检测中，并取得了不错的效果，如Baier等提出基于多终端二叉决策图(Multi-Terminal Binary Decision Diagram，MTBDD)的PCTL符号模型检测技术[43]与马尔可夫决策过程上的偏序归约技术[44]，Kwiatkowska等[45]将对称归约推广到离散时间马尔可夫链、连续时间马尔可夫链、马尔可夫决策过程3种模型的检测上，Feng等[46]研究了完全自动化的概率自动机的组合验证技术。

1.6 本章小结

测试、模拟、模型检测与定理证明是目前主要的系统可靠性与安全性分析技术。与其他 3 种技术相比,模型检测的主要优势在于高度自动化的验证过程和通过遍历全局状态空间形成的分析完备性。状态空间爆炸是模型检测在实际应用中的主要瓶颈,为此学术界提出了多种有效的状态空间约简技术,如基于有序二叉决策图的符号计算、基于命题公式满足性判定的限界模型检测、组合验证、抽象、偏序归约与对称归约等。限界模型检测主要通过在有限的局部空间中逐步搜索属性成立的证据或者反例,避免全局空间的搜索,从而达到约简状态空间的目的。抽象技术主要通过挖掘状态之间的等价关系,从而将等价状态合并成一个抽象状态,以达到空间约简的目的。

传统模型检测主要关注系统行为的绝对正确性,然而分布式算法、多媒体协议、容错系统等往往关心某种量化属性,随机模型检测致力于解决这类属性的自动化验证问题。目前,随机模型检测已经在无线短距离通信、传感器网络和云计算的相关协议与系统分析中得到了广泛应用。

参考文献

[1] Clarke E M, Grumberg O, Peled D A. Model Checking. Cambridge: MIT Press,2000.

[2] 林惠民,张文辉. 模型检测:理论、方法与应用. 电子学报,2002,30(S1):1907-1913.

[3] Clarke E M, Emerson E A. Design and Systhesis of Synchronization Skeletons Using Branching Time Temporal Logic. Berlin:Springer-Verlag,1982.

[4] McMillan K L. Symbolic Model Checking.Dordrecht: Kluwer Academic Publishers, 1993.

[5] Burch J R, Clarke E M, McMillan K L. Symbolic model checking: 10^{20} states and beyond. Information and Computation, 1992, 98(2):142-170.

[6] Biere A, Cimatti A, Clarke E M, et al. Symbolic model checking without BDDs//Cleaveland W R. Proceedings of the 5th International Conference on Tools and Algorithms for the Construction and Analysis of Systems, Berlin: Springer-Verlag, 1999: 193-207.

[7] Penczek W, Lomuscio A. Verifying epistemic properties of multi-agent systems via bounded model checking. Fundamenta Informaticae, 2003,55(2):167-185.

[8] Su K L. Model checking temporal logics of knowledge in distributed systems//McGuinness D L, Ferguson G. Proceedings of the 19th National Conference on Artificial Intelligence, the 16th Conference on Innovative Applications of Artificial Intelligence, Menlo Park: AAAI Press,MIT Press, 2004: 98-103.

[9] Clarke E M, Grumberg O, Long D E. Model checking and abstraction. ACM Transactions on Programming Languages and Systems, 1994,16(5):1512-1542.

[10] Clarke E M, Grumberg O, Sha J, et al. Counterexamle-guided abstraction refinement. Lec-

ture Notes in Computer Science 1855，2000:154-169.

[11] 屈婉霞，李暾，郭阳，等. 谓词抽象技术研究. 软件学报，2008,19(1)：27-38.

[12] Clarke E M,Grumberg O，Talupur M，et al. Making predicate abstraction efficient：how to eliminate redundant predicates. Lecture Notes in Computer Science 2742，2003:126-140.

[13] Chaki S，Clarke E M，Groce A，et al. Predicate abstraction with minimum predicates. Lecture Notes in Computer Science 2860，2003:19-34.

[14] Pneuli A. In transition for global to modular temporal reasoning about programs. Logics and Models of Concurrent Systems，1984:123-144.

[15] McMillan K L. Verification of an implementation of tomasulo's algorithm by compositional model checking. Lecture Notes in Computer Science 1427,1998:100-121.

[16] McMillan K L. Microarchitecture verification by compositional model checking. Lecture Notes in Computer Science 2102，2001:396-410.

[17] McMillan K L. Parameterized verification of the flash cache coherence protocol by compositional model checking. Lecture Notes in Computer Science 2144,2001:179-195.

[18] Cobleigh J M，Giannakopoulou D，Pasareanu C S. Learning assumptions for compositional verification. Lecture Notes in Computer Science 2619，2003:331-346.

[19] Holzmann G J. Automated protocol validation in argos：assertion proving and scatte searching. IEEE Trans on Software Engineering，1987,13(6):683-696.

[20] Holzmann G J. An improved protocol reachability analysis technique. Software Practice and Experience，1988,18(2):137-161.

[21] Holzmann G J. An analysis of bit-state hashing. Formal Methods in System Design,1998，13(3)：289-307.

[22] Godefroid P，Wolper P. Using partial orders for the efficient verification of deadlock freedom and safety properties. Formal Methods in System Design，1993,2(2):149-164.

[23] Peled D. All from one，one for all，on model checking using representatives. Lecture Notes in Computer Science 697，1993：409-423.

[24] Peled D. Combining partial order reductions with on-the-fly model checking. Lecture Notes in Computer Science 818，1996：377-390.

[25] Valmari A. Stubborn sets for reduced state space generation. Lecture Notes in Computer Science 483，1989：491-515.

[26] Valmari A. A stubborn attack on state explosion. Lecture Notes in Computer Science 531，1990:156-165.

[27] Wolper P，Godefroid P. Partial order methods for temporal verification. Lecture Notes in Computer Science 715，1993：233-246.

[28] Ip C N，Dill D L. Better verification through symmetry. Formal Methods in System Design,1996,9(1-2):41-75.

[29] Emerson E A，Sistla A P. Symmetry and model checking. Formal Methods in System Design，1996,9(1-2):105-131.

[30] Emerson E A, Sistla A P. Utilizing symmetry when model checking under fairness assumptions. ACM Transactions on Programming Languages and Systems, 1997,19(4): 617-638.

[31] Hansson H, Jonsson B. A logic for reasoning about time and reliability. Formal Aspects of Computing, 1994, 6(5):512-535.

[32] Baier C, Haverkort B,Hermanns H, et al. Model checking algorithms for continuous-time Markov chains. IEEE Transactions on Software Engineering, 2003,29(6):524-541.

[33] Duflot M, Kwiatkowska M, Norman G, et al. A formal analysis of bluetooth device discovery. International Journal on Software Tools for Technology Transfer, 2006,8(6): 621-632.

[34] Kwiatkowska M, Norman G, Parker D. Probabilistic verification of Herman's self-stabilisation algorithm. Formal Aspects of Computing, 2012,24(4): 661-670.

[35] Itai A, Rodeh M. Symmetry breaking in distributed networks. Information and Computation, 1990,88(1):60-87.

[36] Yüksel E, Zhu H, Nielson H R, et al. Modelling and analysis of smart grid: a stochastic model checking case study//6th International Symposium on Theoretical Aspects of Software Engineering,2012:25-32.

[37] Kikuchi S, Matsumoto Y. Performance modeling of concurrent live migration operations in cloud computing systems using PRISM probabilistic model checker//4th International Conference on Cloud Computing (IEEE Cloud 2011), 2011:49-56.

[38] Kwiatkowska M, Norman G, Parker D. Controller dependability analysis by probabilistic model checking. Control Engineering Practice, 2007,15(11): 1427-1434.

[39] Kwiatkowska M, Norman G, Parker D. Stochastic model checking//Proceedings of the 7th International Conference on Formal Methods for Performance Evaluation,2007: 220-270.

[40] Kwiatkowska M, Norman G, Parker D. Probabilistic model checking for systems biology. Symbolic Systems Biology, 2010: 31-59.

[41] Heath J, Kwiatkowska M, Norman G, et al. Probabilistic model checking of complex biological pathways. Theoretical Computer Science,2008, 391(3):239-257.

[42] Kwiatkowska M, Norman G, Sproston J, et al. Symbolic model checking for probabilistic timed automata. Information and Computation, 2007,205(7):1027-1077.

[43] Baier C, Clarke E M, Garmhausen V H, et al. Symbolic model checking for probabilistic processes. Lecture Notes in Computer Science 1256,1997:430-440.

[44] Baier C, Grosser M, Ciesinski F. Partial order reduction for probabilistic systems//The International Conference on Quantitative Evaluation of Systems, IEEE Computer Society Press, 2004:230-239.

[45] Kwiatkowska M, Norman G, Parker D. Symmetry reduction for probabilistic model checking. Lecture Notes in Computer Science 4144,2006:234-248.

[46] Feng L, Kwiatkowska M, Parker D. Compositional verification of probabilistic systems using learning//7th International Conference on Quantitative Evaluation of Systems, IEEE CS Press, 2010:133-142.

第 2 章 离散时间马尔可夫链的限界模型检测

2.1 概 述

限界模型检测的基本思想是，在有限的局部空间逐步搜索属性成立的证据或者反例，从而达到约简状态空间的目的。一般来讲，限界模型检测有三个核心问题，即限界语义的定义、检测过程终止的判别条件、限界模型检测算法。本章围绕这三个问题对 PCTL[1] 的限界模型检测进行了系统的研究，具体工作包括三方面：①将 PCTL 转换为概率约束仅为 $\geq p$ 或者 $>p$（p 表示事件发生的概率）形式的等价形式，定义 PCTL 的限界语义，并证明其正确性；②摒弃以路径长度作为终止标准的判别条件，基于数值计算中牛顿迭代法使用的迭代过程终止标准，设计新的检测过程终止判别条件，即预先设置一个非常小的有理数 ξ，当连续两次限界模型检测得到的概率度量的差控制在 ξ 内时，检测过程终止；③设计了基于线性方程组求解的限界模型检测算法，即将 PCTL 的限界模型检测问题转换为线性方程组的求解问题，从而可以借助数值计算工具 MATLAB 完成检测过程。另外为了提高概率计算的精度，提出两种 PCTL 限界模型检测过程终止判断标准的修正方案。实验结果表明：①随着检测步长的增加，限界模型检测得到的概率度量越来越逼近真实的概率度量；②PCTL 的限界模型检测是一种前向搜索状态空间的方法，在属性为真的证据比较短的情况下，能快速验证属性，而且需要的状态空间少于 PCTL 的无界模型检测算法。

2.2 离散时间马尔可夫链与概率计算树逻辑

离散时间马尔可夫链[2]是一簇随机变量$\{X(k)\mid k=0,1,2,\cdots\}$，其中，$X(k)$为在每一个离散步的观察，$X(k)$的取值称为状态，状态空间的集合是离散的。离散时间马尔可夫链必须满足马尔可夫性质，即 $X(k)$仅依赖于 $X(k-1)$，而与 $X(0),\cdots,X(k-2)$无关。另外，考虑离散时间马尔可夫链是齐次的，这意味着状态之间的转换概率独立于时间。因此，给出状态之间的转换概率就足够描述离散时间马尔可夫链。

定义 2.1 离散时间马尔可夫链 $M=(S,P,s_{\text{in}},\text{Ap},L)$为一个五元组，说明如下。

(1) S 为有限状态集。

(2) $P:S\times S\rightarrow[0,1]$为转换概率函数,且满足对于任意状态 $s\in S$, $\sum_{s'\in S}P(s,s')=1$。

(3) $s_{\text{in}}\in S$ 为初始状态。

(4) Ap 为有限的原子命题集。

(5) $L:S\rightarrow 2^{\text{Ap}}$为标记函数。

直觉上,一个离散时间马尔可夫链是一个为所有转换关系配置离散概率的 Kripke 结构。在定义概率计算树的语法和语义之前,首先回顾一下概率论方面的基本内容[2]。一项随机试验中所有可能发生的结果形成的集合称为样本空间,记为 Ω。集合 $\Pi\subseteq 2^{\Omega}$ 称为 Ω 上的 σ 代数,当且仅当 $\Omega\in\Pi$;如果 $E\in\Pi$,则 $\Omega\backslash E\in\Pi$;如果 $E_1,E_2,\cdots\in\Pi$,则 $\bigcup_{i\geqslant 1}E_i\in\Pi$。

概率空间是一个三元组 $\text{PS}=(\Omega,\Pi,\text{Pr})$,其中,$\Omega$ 为样本空间,集合 Π 为 Ω 上的 σ 代数,$\text{Pr}:\Pi\rightarrow[0,1]$是度量函数,满足:①$\text{Pr}(\Omega)=1$;②对于 Π 中两两不相交的序列 $E_1,E_2,\cdots$,$\text{Pr}(\bigcup_{i=1}^{\infty}E_i)=\bigcup_{i=1}^{\infty}\text{Pr}(E_i)$,称 Π 中任何元素是可度量的。

定义 2.2(路径)　设 M 为离散时间马尔可夫链,M 中的无穷状态序列 $\pi=s_0,s_1,\cdots$ 称为一条路径,当且仅当 $\forall i\geqslant 0,P(s_i,s_{i+1})>0$。

为方便表达,引入记号 Paths(s)表示从状态 s 出发的路径集合,对于路径 $\pi=s_0,s_1,\cdots$,引入 $\pi(i)$表示 π 上的第 i 个状态 s_i。对于离散时间马尔可夫链 M 和状态 s,令 $\Omega=\text{Paths}(s)$,Π 为 σ 代数,定义 $\Pi=\{C(\rho)\mid\rho\in sS^*\}$,其中,$C(\rho)=\{\pi\mid\rho$ 为 π 的有限前缀$\}$。Π 上的概率度量 Pr_s 定义为 $\text{Pr}_s[C(s_1,s_2,\cdots,s_n)]=\prod_{1\leqslant i\leqslant n-1}P(s_i,s_{i+1})$,其中 $s_1=s$。这样就从离散时间马尔可夫链 M 和状态 s 演绎出了一个概率空间。

PCTL 是基于 CTL 的分支时态逻辑。PCTL 由状态公式和路径公式组成,分别在马尔可夫链的状态上解释状态公式,在路径上解释路径公式。PCTL 与 CTL 的主要区别在于去除了全称和存在路径量词,引入了概率算子 $\text{P}_J(\phi)$,其中,ϕ 为路径公式,J 是[0,1]上的某个区间。PCTL 的形式化定义如下。

定义 2.3(概率计算树逻辑)　原子命题集 Ap 上的 PCTL 状态公式定义为 $\phi::=\text{true}\mid a\mid\phi_1\wedge\phi_2\mid\phi_1\vee\phi_2\mid\neg\phi\mid\text{P}_J(\phi)$,其中,$a\in\text{Ap}$,$\phi$ 为一条路径公式,$J\subseteq[0,1]$为以有理数为边界的区间(选择有理数作为边界是为了方便计算机处理)。PCTL 路径公式定义为

$$\phi::=\text{X}\phi\mid\text{F}\phi\mid\text{G}\phi\mid\phi_1\text{U}\phi_2\mid\phi_1\text{R}\phi_2$$

式中,ϕ、ϕ_1、ϕ_2 为状态公式。

方便起见,不再显式地书写区间,而是使用简写,例如,$\text{P}_{\leqslant 0.5}(\varphi)$表示 $\text{P}_{[0,0.5]}(\varphi)$,$\text{P}_{=1}(\varphi)$表示 $\text{P}_{[1,1]}(\varphi)$。PCTL 的满足性关系定义如下。

定义 2.4(概率计算树逻辑的满足性关系)　令 $a\in \mathrm{Ap}$ 为原子命题，$M=(S,P,s_{\mathrm{in}},\mathrm{Ap},L)$ 为离散时间马尔可夫链，$s\in S$，ϕ_1、ϕ_2 为 PCTL 状态公式，φ 为 PCTL 路径公式。对于状态公式满足性关系"$\models$"定义如下。

(1) $s\models a$，当且仅当 $a\in L(s)$。

(2) $s\models \neg\phi_1$，当且仅当 $s\not\models\phi_1$。

(3) $s\models \phi_1\wedge\phi_2$，当且仅当 $s\models\phi_1$ 且 $s\models\phi_2$。

(4) $s\models \phi_1\vee\phi_2$，当且仅当 $s\models\phi_1$ 或者 $s\models\phi_2$。

(5) $s\models \mathrm{P}_J(\phi)$，当且仅当 $\Pr(s\models\phi)\in J$，其中，$\Pr(s\models\phi)=\Pr_s(\{\pi\in \mathrm{Paths}(s)\mid\pi\models\phi\})$。

对于 M 中的路径 π，满足性关系"$\models$"定义如下。

(1) $\pi\models \mathrm{X}\phi_1$，当且仅当 $\pi(1)\models\phi_1$。

(2) $\pi\models \mathrm{F}\phi_1$，当且仅当存在自然数 i 使得 $\pi(i)\models\phi_1$。

(3) $\pi\models \mathrm{G}\phi_1$，当且仅当对于任意自然数 i，有 $\pi(i)\models\phi_1$。

(4) $\pi\models \phi_1\mathrm{U}\phi_2$，当且仅当存在自然数 j 使得 $\pi(j)\models\phi_2$，且对于任意小于 j 的自然数 i，有 $\pi(i)\models\phi_1$。

(5) $\pi\models \phi_1\mathrm{R}\phi_2$，当且仅当对于任意自然数 j，有 $\pi(j)\models\phi_2$，或者存在自然数 k 使得 $\pi(k)\models\phi_1$，且对于任意不大于 k 的自然数 i，有 $\pi(i)\models\phi_2$。

2.3　概率计算树逻辑的限界模型检测

2.3.1　概率计算树逻辑的等价性

限界模型检测的主要思想是，在系统有限的局部空间中寻找属性成立的证据或者反例。对于 PCTL 中的计算树逻辑部分可以采用 CTL 限界模型检测中的技术来定义其限界语义。对于概率算子部分，限界语义必须保证属性在有限局部空间成立，且在整个运行空间也一定成立。对于 $\mathrm{P}_{\geqslant p}$ 这类算子，如果在有限局部空间属性成立的概率不小于实数 p，那么在整个运行空间属性成立的概率也不小于 p。而对于 $\mathrm{P}_{\leqslant p}$ 这类算子，如果在有限局部空间属性成立的概率不大于实数 p，并不能保证在整个运行空间属性成立的概率也不大于 p。为了保证 $\mathrm{P}_{\leqslant p}$ 算子限界语义定义的正确性，本节探讨如何将 PCTL 公式转换为等价的且概率约束为 $\geqslant p$ 或者 $>p$ 形式的 PCTL 公式。

定义 2.5(PCTL 公式的等价)　称 PCTL 状态公式 ϕ、φ 是等价的，记为 $\phi\equiv\varphi$，当且仅当对于任意离散时间马尔可夫链 M，任意 $s\in S$，$s\models\phi$，当且仅当 $s\models\varphi$。

不难验证存在下面的等价关系。

(1) $P_{\leqslant p}(X\phi)\equiv P_{\geqslant 1-p}(X\neg\phi)$；$P_{<p}(X\phi)\equiv P_{>1-p}(X\neg\phi)$。

(2) $P_{\leqslant p}(F\phi)\equiv P_{\geqslant 1-p}(G\neg\phi)$；$P_{<p}(F\phi)\equiv P_{>1-p}(G\neg\phi)$。

(3) $P_{\leqslant p}(G\phi)\equiv P_{\geqslant 1-p}(F\neg\phi)$；$P_{<p}(G\phi)\equiv P_{>1-p}(F\neg\phi)$。

(4) $P_{\leqslant p}(\phi U\varphi)\equiv P_{\geqslant 1-p}(\neg(\phi U\varphi))\equiv P_{\geqslant 1-p}(\neg\phi R\neg\varphi)$。

(5) $P_{<p}(\phi U\varphi)\equiv P_{>1-p}(\neg(\phi U\varphi))\equiv P_{>1-p}(\neg\phi R\neg\varphi)$。

(6) $P_{\leqslant p}(\phi R\varphi)\equiv P_{\geqslant 1-p}(\neg(\phi R\varphi))\equiv P_{\geqslant 1-p}(\neg\phi U\neg\varphi)$。

(7) $P_{<p}(\phi R\varphi)\equiv P_{>1-p}(\neg(\phi R\varphi))\equiv P_{>1-p}(\neg\phi U\neg\varphi)$。

上面的等价关系说明可将$\leqslant(<)p$ 的概率约束转换为$\geqslant(>)p$ 的约束。下面的等价关系说明可将否定算子直接作用于原子命题，且不会降低 PCTL 的表达力。

(1) $\neg P_{\leqslant p}(\varphi)\equiv P_{>p}(\varphi)$；$\neg P_{<p}(\varphi)\equiv P_{\geqslant p}(\varphi)$。

(2) $\neg P_{\geqslant p}(\varphi)\equiv P_{<p}(\varphi)$；$\neg P_{>p}(\varphi)\equiv P_{\leqslant p}(\varphi)$。

(3) $\neg(\phi_1\wedge\phi_2)\equiv\neg\phi_1\vee\neg\phi_2$；$\neg(\phi_1\vee\phi_2)\equiv\neg\phi_1\wedge\neg\phi_2$。

上述两类等价关系表明，只需要在 PCTL 的某个子集上讨论其限界模型检测问题。该子集与 PCTL 具有相同的表达力，且概率约束只能为$\geqslant p$ 或者$>p$，否定算子只能作用于原子命题，将该子集记为 $PCTL_{\geqslant}$。

2.3.2　概率计算树逻辑的限界语义

定义 2.6(PCTL 的限界语义)　令 $a\in Ap$ 为原子命题，$M=(S,P,s_{in},Ap,L)$ 为离散时间马尔可夫链，$s\in S$，ϕ_1、ϕ_2 为 $PCTL_{\geqslant}$ 状态公式，φ 为 $PCTL_{\geqslant}$ 路径公式，k 为自然数(称为界)。状态公式满足性关系“$\models_k$”定义如下。

(1) $s\models_k a$，当且仅当 $a\in L(s)$；

(2) $s\models_k\phi_1\wedge\phi_2$，当且仅当 $s\models_k\phi_1$ 且 $s\models_k\phi_2$；

(3) $s\models_k\phi_1\vee\phi_2$，当且仅当 $s\models_k\phi_1$ 或者 $s\models_k\phi_2$；

(4) $s\models_k P_{\geqslant p}(\phi)$，当且仅当 $Pr(s\models_k\phi)\geqslant p$，其中，$Pr(s\models_k\phi)=Pr_s(\{\pi\in Paths(s)\mid\pi\models_k\phi\})$。

对于 M 中的路径 π，满足性关系“$\models_k$”定义如下。

(1) $\pi\models_k X\phi_1$，当且仅当 $k\geqslant 1$ 且 $\pi(1)\models_k\phi_1$；

(2) $\pi\models_k F\phi_1$，当且仅当存在自然数 $i\leqslant k$ 使得 $\pi(i)\models_k\phi_1$；

(3) $\pi\models_k G\phi_1$，当且仅当对于任意自然数 $i\leqslant k$，有 $\pi(i)\models_k\phi_1$，且存在自然数 $0\leqslant j\leqslant k$ 使得 $P(\pi(k),\pi(j))>0$，$\pi=\pi(0)\cdots\pi(j-1)(\pi(j),\cdots,\pi(k))^{\omega}$；

(4) $\pi\models_k\phi_1 U\phi_2$，当且仅当存在自然数 $j\leqslant k$ 使得 $\pi(j)\models_k\phi_2$，且对于任意小于 j 的自然数 i，有 $\pi(i)\models_k\phi_1$；

(5) $\pi\models_k\phi_1 R\phi_2$，当且仅当：①对于任意自然数 $i\leqslant k$，有 $\pi(i)\models_k\phi_2$，且存在自然数 $0\leqslant j\leqslant k$ 使得 $P(\pi(k),\pi(j))>0$，$\pi=\pi(0)\cdots\pi(j-1)(\pi(j),\cdots,\pi(k))^{\omega}$；②存在自然数 $m\leqslant k$ 使得 $\pi(m)\models_k\phi_1$，且对于任意小于 m 的自然数 i，有 $\pi(i)\models_k\phi_2$。

定理 2.1　令 $a\in \mathrm{Ap}$ 为原子命题，$M=(S,P,s_{\mathrm{in}},\mathrm{Ap},L)$ 为离散时间马尔可夫链，$s\in S$，ϕ 为 $\mathrm{PCTL}_{\geqslant}$ 状态公式，k 为自然数。如果 $s\models_k\phi$，则 $s\models\phi$。

证明：采用对 ϕ 的长度进行归纳的方法来证明。

Case1：$\phi=a$

$s\models_k a$ 说明 $a\in L(s)$，由定义 2.4 中的满足性关系直接可得 $s\models a$。

Case2：$\phi=\phi_1\wedge\phi_2$

$s\models_k\phi_1\wedge\phi_2$ 说明 $s\models_k\phi_1$，$s\models_k\phi_2$。由归纳假设可知 $s\models\phi_1$，$s\models\phi_2$，即 $s\models\phi_1\wedge\phi_2$。

Case3：$\phi=\phi_1\vee\phi_2$

$s\models_k\phi_1\vee\phi_2$ 说明 $s\models_k\phi_1$ 或者 $s\models_k\phi_2$。由归纳假设可知 $s\models\phi_1$ 或者 $s\models\phi_2$，即 $s\models\phi_1\vee\phi_2$。

Case4：$\phi=\mathrm{P}_{\geqslant p}(\varphi)$

$s\models_k\mathrm{P}_{\geqslant p}(\varphi)$ 说明 $\Pr(s\models_k\varphi)\geqslant p$，即 $\Pr(s\models_k\varphi)=\Pr_s(\{\pi\in\mathrm{Paths}(s)\mid\pi\models_k\varphi\})\geqslant p$。对于时态算子 X、F、U，限界语义与文献[3]中定义的一致，因此有 $\pi\models_k\varphi$ 蕴涵 $\pi\models\varphi$，从而 $\Pr_s(\{\pi\in\mathrm{Paths}(s)\mid\pi\models\varphi\})\geqslant\Pr_s(\{\pi\in\mathrm{Paths}(s)\mid\pi\models_k\varphi\})\geqslant p$，即 $s\models\mathrm{P}_{\geqslant p}(\varphi)$。对于算子 R，$\phi_1\mathrm{R}\phi_2\equiv\mathrm{G}\phi_2\vee\phi_2\mathrm{U}(\phi_1\wedge\phi_2)$，因此只需考察算子 G。

令 $\varphi=\mathrm{G}\psi$，设 $\pi\models_k\varphi$，依据限界语义的定义，对于任意自然数 $i\leqslant k$，$\pi(i)\models_k\psi$，由归纳可知 $\pi(i)\models\psi$。又由限界语义的定义可知，存在 $0\leqslant j\leqslant k$ 使得 $P[\pi(k),\pi(j)]>0$，$\pi=\pi(0)\cdots\pi(j-1)(\pi(j),\cdots,\pi(k))^{\omega}$，则 $\forall i\geqslant 0$，$\pi(i)\models\varphi$，即 $\pi\models\varphi$。因此

$$\{\pi\in\mathrm{Paths}(s)\mid\pi\models_k\phi\}\subseteq\{\pi\in\mathrm{Paths}(s)\mid\pi\models\phi\}$$

即

$$\Pr(s\models\phi)=\Pr_s(\{\pi\in\mathrm{Paths}(s)\mid\pi\models\phi\})\geqslant\Pr_s(\{\pi\in\mathrm{Paths}(s)\mid\pi\models_k\phi\})\geqslant p$$

定理 2.1 表明限界语义的定义是正确的，即在局部空间中成立的属性在全局空间中也成立。

2.3.3　限界模型检测过程终止的判断

由定理 2.1 可知，如果存在自然数 k 使得 $s\models_k\phi$，则可推断出 $s\models\phi$。现在的问题是如果 $s\not\models\phi$，则不存在自然数 k 使得 $s\models_k\phi$。换句话讲，当 $s\not\models_k\phi$ 时，面临两种选择，其一是增加 k 的值继续搜索，其二是停止搜索。因此，需要一个判别标准来判断当前状态下应该持有的选择。本节将探讨这种标准，首先回顾一下分支时态逻辑模型检测中完全界的概念。

定义 2.7　称自然数 CT 是完全界，当且仅当如果 $s\models\phi$，则一定存在自然数

$k \leqslant CT$使得 $s \models_k \phi$。

在知道完全界 CT 的情况下，当 $s \not\models_k \phi$ 时，如果 k 不大于 CT，则增加 k 的值继续搜索，否则停止搜索，并返回信息 $s \not\models \phi$。对于分支时态逻辑或者线性时态逻辑的限界模型检测，完全界是存在的。但是对于 PCTL 限界模型检测，完全界则不一定存在。

考察一个简单的通信协议[4]，该协议的离散时间马尔可夫链如图 2.1 所示。start 是初始状态，且在 start 状态下产生一条消息。消息产生后系统进入状态 try，在 try 状态下消息成功发送的概率为$\frac{9}{10}$，消息丢失的概率为$\frac{1}{10}$。并且在消息丢失的情况下，消息会被不断地发送直至成功。消息发送成功后，系统返回初始状态。

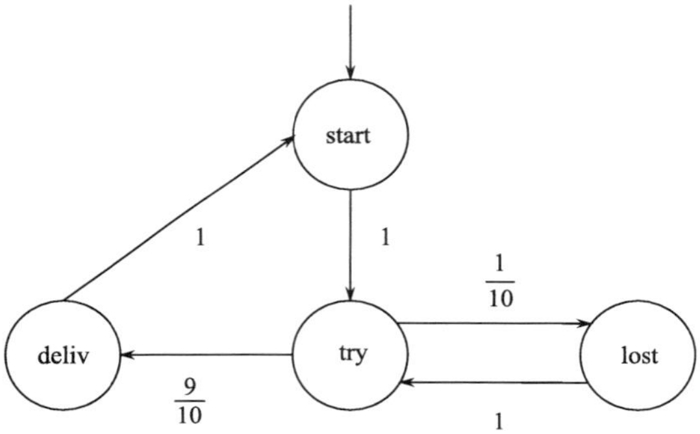

图 2.1　一个简单通信协议的离散时间马尔可夫链

对于状态 s，引入原子命题 a_s 表示当前状态为 s。考察属性 $P_{=1}(Fa_{\text{deliv}})$，即消息发送成功的概率为 1。通过计算发现

$$\begin{aligned}\Pr(\text{start} \models Fa_{\text{deliv}}) &= \Pr_{\text{start}}\{\pi \in \text{Paths}(\text{start}) \mid \pi \models Fa_{\text{deliv}}\} \\ &= \Pr_{\text{start}}\{\pi = \text{start}, \text{try}, (\text{lost}, \text{try})^r, \text{deliv}, \cdots \mid r \geqslant 0\} \\ &= \frac{9}{10} + \frac{1}{10}\times\frac{9}{10} + \frac{1}{10}\times\frac{1}{10}\times\frac{9}{10} + \frac{1}{10}\times\frac{1}{10}\times\frac{1}{10}\times\frac{9}{10} + \cdots = 1\end{aligned}$$

即 $\text{start} \models P_{=1}(Fa_{\text{deliv}})$。

令 k 为界，则

$$\begin{aligned}\Pr(\text{start} \models_k Fa_{\text{deliv}}) &= \Pr_{\text{start}}\{\pi \in \text{Paths}(\text{start}) \mid \pi \models_k Fa_{\text{deliv}}\} \\ &= \Pr_{\text{start}}\{\pi = \text{start}, \text{try}, (\text{lost}, \text{try})^r, \text{deliv}, \cdots \mid r \leqslant \frac{k}{2} - 1\} \\ &= \frac{9}{10} + \frac{1}{10}\times\frac{9}{10} + \frac{1}{10}\times\frac{1}{10}\times\frac{9}{10} + \cdots + \left(\frac{1}{10}\right)^{\left(\frac{k}{2}-1\right)}\times\frac{9}{10} = 1 - \left(\frac{1}{10}\right)^{\left(\frac{k}{2}-1\right)+1}\end{aligned}$$

比较 $\mathrm{Pr}(\mathrm{start}\models \mathrm{F}a_{\mathrm{deliv}})$ 和 $\mathrm{Pr}(\mathrm{start}\models_k \mathrm{F}a_{\mathrm{deliv}})$ 可以发现，对于任意有限界 k，$\mathrm{Pr}(\mathrm{start}\models_k \mathrm{F}a_{\mathrm{deliv}})<\mathrm{Pr}(\mathrm{start}\models \mathrm{F}a_{\mathrm{deliv}})$。换句话讲，对于属性 $\mathrm{P}_{=1}(\mathrm{F}a_{\mathrm{deliv}})$，尽管 $\mathrm{start}\models \mathrm{P}_{=1}(\mathrm{F}a_{\mathrm{deliv}})$，但不存在一个有限的自然数 k，使得 $\mathrm{start}\models_k \mathrm{P}_{=1}(\mathrm{F}a_{\mathrm{deliv}})$。因此下面探讨在何种情况下完全界是存在的。

对于 $\mathrm{PCTL}_{\geqslant}$ 路径公式 ϕ，满足 ϕ 的路径是一条无穷的状态演化序列。如果每一条路径均存在一个前缀满足 ϕ，则最长前缀序列的长度就是一个完全界。

定理 2.2　令 $M=(S,P,s_{\mathrm{in}},\mathrm{Ap},L)$ 为离散时间马尔可夫链，ϕ 为 $\mathrm{PCTL}_{\geqslant}$ 路径公式。如果存在从初始状态 s_{in} 出发的有限个状态序列 $\mathrm{seq}_1,\cdots,\mathrm{seq}_n$，使得对于任意满足 ϕ 的从 s_{in} 出发的路径 π，均存在某个自然数 k 使得 $\pi\models_k\phi$，且 $\pi(0),\cdots,\pi(k)$ 是 $\mathrm{seq}_1,\cdots,\mathrm{seq}_n$ 中某个序列的子序列，则一定存在完全界 CT 使得 $s_{\mathrm{in}}\models \mathrm{P}_{\geqslant r}(\phi)$ 时 $s_{\mathrm{in}}\models_k \mathrm{P}_{\geqslant r}(\phi)$，而且 CT 不超过 $\mathrm{seq}_1,\cdots,\mathrm{seq}_n$ 中最长序列的长度。

定理 2.2 的证明是直接的，这里不再给出。由定理 2.2 可知，如果对于任意满足 ϕ 的路径均可以找到一个有限状态序列对其进行刻画，则完全界不会超过最长有限状态序列的长度。

引理 2.1　令 $M=(S,P,s_{\mathrm{in}},\mathrm{Ap},L)$ 为离散时间马尔可夫链，ϕ 为 PCTL 状态公式，ϕ 为 PCTL 路径公式，则对于任意自然数 k，有 $s\models_k\phi\rightarrow s\models_{k+1}\phi$，$\pi\models_k\phi\rightarrow \pi\models_{k+1}\phi$。

引理 2.1 的证明是平凡的，通过对 PCTL 公式的长度进行归纳即可得，这里省略其证明过程。由引理 2.1 可知，$\mathrm{Pr}(s\models_1\phi),\mathrm{Pr}(s\models_2\phi),\cdots$ 是一个递增的序列且收敛于 $\mathrm{Pr}(s\models\phi)$。由收敛的定义可知，对于小于 $\mathrm{Pr}(s\models\phi)$ 的实数 r，必然存在整数 k 使得 $\mathrm{Pr}(s\models_k\phi)\geqslant r$，因此有下面的定理。

定理 2.3　令 $M=(S,P,s_{\mathrm{in}},\mathrm{Ap},L)$ 为离散时间马尔可夫链，ϕ 为 $\mathrm{PCTL}_{\geqslant}$ 路径公式，$p=\mathrm{Pr}(s_{\mathrm{in}}\models\phi)$，则对于公式 $\mathrm{P}_{\geqslant r}(s_{\mathrm{in}}\models\phi)(r<p)$，一定存在完全界 CT 使得 $s_{\mathrm{in}}\models \mathrm{P}_{\geqslant r}(\phi)$ 时 $s_{\mathrm{in}}\models_{\mathrm{CT}} \mathrm{P}_{\geqslant r}(\phi)$。

证明：由引理 2.1 可知，$\mathrm{Pr}(s_{\mathrm{in}}\models_k\phi)$ 随着 k 的增加而不断增加，且 $\lim\limits_{k\to\infty}\mathrm{Pr}(s_{\mathrm{in}}\models_k\phi)=\mathrm{Pr}(s_{\mathrm{in}}\models\phi)$。令 $\xi=p-r$，由极限的定义可知存在自然数 k_ξ，使得当 $k>k_\xi$ 时，$|\mathrm{Pr}(s_{\mathrm{in}}\models_k\phi)-\mathrm{Pr}(s_{\mathrm{in}}\models\phi)|<\xi$。此时取 $\mathrm{CT}=k_\xi+1$，则

$$|\mathrm{Pr}(s_{\mathrm{in}}\models_{\mathrm{CT}}\phi)-\mathrm{Pr}(s_{\mathrm{in}}\models\phi)|<\xi$$

即

$$\mathrm{Pr}(s_{\mathrm{in}}\models_{\mathrm{CT}}\phi)>p-\xi$$

从而 $s_{\mathrm{in}}\models_{\mathrm{CT}}\mathrm{P}_{\geqslant r}(\phi)$。

由上述两个定理可知，在一些特殊的情形下完全界是存在的。但是对于绝大部分情形，不仅不知道完全界是否存在，更不知道其是多大。因此，需要提出新的搜索过程终止的判别标准。引入数值计算方法中牛顿迭代法常用的计算过程终止

判别标准，即给定一个预先设置好的非常小的有理数 ξ，当连续两次概率度量计算结果的差控制在 ξ 内时，计算终止。

具体来讲，PCTL 限界模型检测过程如下。

算法 2.1　PCTL 限界模型检测

输入：离散时间马尔可夫链 $M=(S,P,s_{\text{in}},\text{Ap},L)$、PCTL 路径公式 ϕ、预先设置的终止标准 ξ。

输出：$\Pr(s_{\text{in}}\models\phi)$。

(1) 将 ϕ 转换为等价的 $\text{PCTL}_{\geqslant}$ 公式 ϕ'

(2) 令 $k=1$，计算 $\Pr(s_{\text{in}}\models_0\phi')$ 和 $\Pr(s_{\text{in}}\models_1\phi')$

(3) While $\Pr(s_{\text{in}}\models_k\phi')-\Pr(s_{\text{in}}\models_{k-1}\phi')\geqslant\xi$

　　do{令 $k=k+1$，计算 $\Pr(s_{\text{in}}\models_k\phi')$}

(4) 输出 $\Pr(s_{\text{in}}\models_k\phi')$

上述过程存在这样一个问题，即如何计算 $\Pr(s_{\text{in}}\models_k\phi')$，2.3.4 节将探讨 $\Pr(s_{\text{in}}\models_k\phi')$ 的计算问题。

2.3.4　概率计算树逻辑的限界模型检测算法

本节探讨如何将 s_{in} 对 PCTL 公式的满足性关系判定问题转换为线性方程组的求解问题。对于 $\text{PCTL}_{\geqslant}$ 公式 ϕ，假设其所有的子公式已经处理过，即对于 ϕ 的任意子公式 φ 以及 S 中的每一个状态 s，均已经知道 s 是否满足 ϕ。令 $k\geqslant0$ 为限界模型检测的界，$x(s,\phi,k)=\Pr(s\models_k\phi)$，$S_{\phi,k}=\{s\in S\mid s\models_k\varphi\}$。不同的时态算子对应着不同的转换方法，下面分别讨论，而对于原子命题及其否定、$\vee$ 以及 $\wedge$ 算子，因它们直观简单，这里不再详述。

Case1：$\phi=\text{X}\varphi$

当 $k=0$ 时，$x(s,\phi,0)=0$；当 $k\geqslant1$ 时，$x(s,\phi,k)=\sum\limits_{s'\in S_{\phi,k}}P(s,s')$。

Case2：$\phi=\text{F}\phi$

当 $k=0$ 时，如果 $s\models_0\varphi$，则 $x(s,\phi,0)=1$，否则 $x(s,\phi,0)=0$；

当 $k\geqslant1$ 时，如果 $s\models_k\varphi$，则 $x(s,\phi,k)=1$，否则 $x(s,\phi,k)=\sum\limits_{s'\in S}P(s,s')x(s',\phi,k-1)$。

Case3：$\phi=\text{G}\varphi$

对于任意 $s\notin S_{\varphi,k}$，$x(s,\phi,k)=0$，当 $k=0$ 时，如果 $P(s,s)=1$ 则 $x(s,\phi,0)=1$，否则 $x(s,\phi,0)=0$；当 $k\geqslant1$ 时，$x(s,\phi,k)=\lim\limits_{n\to\infty}\sum\limits_{i=0}^{k}\sum\limits_{s_0,\cdots,s_k\in S_{\phi,k}\wedge s=s_0}P(s_0,s_1)\cdots P(s_{i-1},s_i)(P(s_i,s_{i+1})\cdots P(s_{k-1},s_k)P(s_k,s_i))^n$。事实上，当 $k\geqslant1$ 时，计算的是 $\Pr_s\{\pi\mid s_0=s,\exists s_1\cdots,s_k\in S_{\phi,k},\exists 0\leqslant i\leqslant k,\pi=s_0,\cdots,s_{i-1},(s_i,\cdots,s_k)^{\omega}\}$。

Case4：$\phi=\varphi U\gamma$

当 $k=0$ 时，如果 $s\models_0\gamma$，则 $x(s,\phi,0)=1$，否则 $x(s,\phi,0)=0$；

当 $k\geqslant 1$ 时，如果 $s\mid\neq_k\varphi$，则 $x(s,\phi,k)=0$，否则 $x(s,\phi,k)=\sum_{s'\in S}P(s,s')x(s',\phi,k-1)$。

Case5：$\phi=\varphi R\gamma$

当 $k=0$ 时，如果 $s\models_0\varphi$，则 $x(s,\phi,0)=1$，否则 $x(s,\phi,0)=0$；

当 $k\geqslant 1$ 时，因为 $\phi=\varphi R\gamma\equiv G\gamma\vee(\gamma U(\gamma\wedge\varphi))$，故分成两部分

$$x(s,\phi,k)=\lim_{n\to\infty}\sum_{i=0}^{k}\sum_{s_0,\cdots,s_k\in S_{\gamma,k}\cap S_{\neg\phi,k}}P(s_0,s_1)\cdots P(s_{i-1},s_i)(P(s_i,s_{i+1})\cdots P(s_{k-1},s_k)P(s_k,s_i))^n+x(s,\gamma U(\gamma\wedge\phi),k)$$

式中，$s_0=s$。对于同时满足 $G\gamma$、$\gamma U(\gamma\wedge\varphi)$的路径 π，一定存在自然数 i 使得 $\pi(i)\models_k\varphi$。因此在第一部分，令 $s_0,\cdots,s_k\in S_{\gamma,k}\cap S_{\neg\varphi,k}$ 可以保证不重复计算 $\Pr_s(\{\pi\in Paths(s)\mid\pi\models_k G\gamma\wedge\pi\models_k\gamma U\varphi\})$。

现在分析变元数与模型、界、公式大小之间的依赖关系。

定义 2.8（l 步可达）　对于状态 s，如果 $s_0=s$，则称 s_0 是从 s 出发 0 步可达的；如果 s_{l-1} 是从 s 出发 $l-1$ 步可达的，且 $P(s_{l-1},s_l)>0$，则称 s_l 是从 s 出发 l 步可达的。

对于 $PCTL_{\geqslant}$ 公式 ϕ，令 $|\phi|$ 表示 ϕ 中出现的符号的数目。设 $M=(S,P,s_{in},Ap,L)$ 为离散时间马尔可夫链，N_i 表示从初始状态出发 i 步可达状态的数目，k 为界，ϕ 为需要验证的公式，令 V 表示依据模型检测算法得到的方程组中变元的数目。在每个状态下，ϕ 的每一个子公式与每一个不大于 k 的界的组合都可能与一个变元对应。另外，在 $\phi=\phi R\gamma$ 的情况下计算概率度量时，引入一个新的公式 $\gamma\wedge\phi$。因此，V 与 $k,N_0,\cdots,N_k,|\phi|$之间的关系为

$$V\leqslant(N_0+\cdots+N_k)\times|\phi|\times k\times 2$$

2.4　实例：IPv4 零配置协议

本节通过一个实际的例子（IPv4 零配置协议[4]）来说明 PCTL 的限界模型检测过程。家庭局域网与外面的网络都有一个接口来保持通信。这种 ad-hoc 网必须是热插拔的，且自我配置。这意味着当一个新的应用连接到网络时，必须给它自动配置唯一的 IP 地址。IPv4 零配置协议正是为家庭局域网的应用而设计的，其主要功能是为新的应用动态配置 IP 地址。

IPv4 零配置协议通过下述方式解决 IP 地址的自动配置问题。首先主机在 65024 个可用的地址中选择一个（称为 U），并且发布一条消息“谁在使用地址 U?”

如果网络中有其他主机正在使用 U,则其通过消息“我在使用 U”作为回应。在收到回应消息时,主机重新配置 IP 地址,并重复上述过程。因为消息会丢失或者主机忙,发布的消息可能不能到达某些主机。为了提高协议的可靠性,主机需要将同一消息发送 n 次,每一次间隔 l 个时间单位。因此主机在发送完 n 次消息,并且在 $n \cdot l$ 个时间单位内没有收到回复的消息时,就可以使用选择的地址。但是发送的消息可能会全部丢失,因此执行该协议后主机仍然可能使用正在使用的地址,这种情况称为地址冲突,会导致 TCP/IP 连接失效。

下面研究单个主机试图在网络中配置 IP 地址的行为。假设网络中有 m 个主机。因为有 65024 个地址可供选择,主机选择一个已经使用的 IP 地址的概率 $q=m/65024$。假设主机需要将同一消息发送 n 次,并且当主机发送一条包含已经使用的 IP 地址的消息时,其没有收到回应的概率为 p。这里没有回应包含 3 种情况:发送的消息丢失、响应的主机忙、回应的消息丢失。

现在解释图 2.2 所示的离散时间马尔可夫链 M。M 有 $n+3$ 个状态(M 中取 $n=4$):$\{s_{\text{in}}, s_1, \cdots, s_n, \text{ok}, \text{err}\}$。在初始状态 s_{in} 下主机随机选择一个 IP 地址;在状态 $s_i(1 \leqslant i \leqslant n)$ 下主机发送它的第 i 个消息;在状态 ok 下主机成功地选择了一个新的 IP 地址;在状态 err 下主机选择了一个已经使用的 IP 地址。

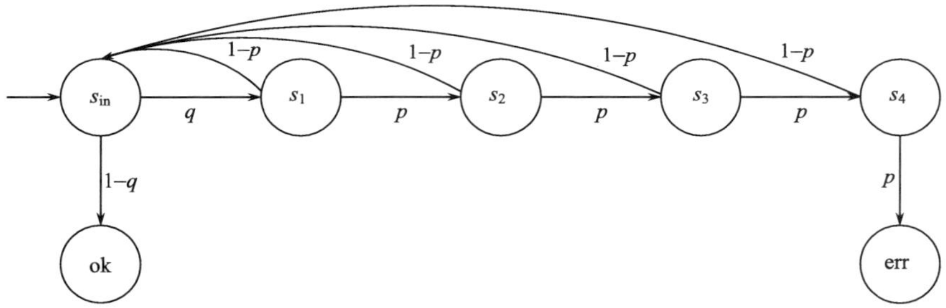

图 2.2　IPv4 零配置协议的离散时间马尔可夫链模型

在初始状态 s_{in} 下,有两种可能:选择一个已经使用的 IP 地址的概率为 q,并且转移到状态 s_1;选择一个新的 IP 地址的概率为 $1-q$,并且转移到状态 ok。在状态 $s_i(1 \leqslant i < n)$ 下,主机发布关于选择的 IP 地址的消息,它不能得到其他主机回应的概率为 p,并且继续发布消息,同时转移到状态 s_{i+1};得到其他主机回应的概率为 $1-p$,同时返回初始状态重新配置 IP 地址。状态 s_n 的行为是类似的,除了得不到回应,主机将启用一个已经被使用的 IP 地址,并且进入状态 err。

令原子命题 a_s 表示当前处于状态 s,即 a_s 为真表示当前状态为 s,考虑下面的属性 $\mathrm{P}_{\geqslant r}(\mathrm{F} a_{\text{err}})$,即主机使用一个已经使用的 IP 地址的概率不低于 r。

取 $k=5$,由 2.3.4 节中的限界模型检测算法可得

$$x(s_{\text{in}},\text{F}a_{\text{err}},5)=(1-q)\cdot x(\text{ok},\text{F}a_{\text{err}},4)+q\cdot x(s_1,\text{F}a_{\text{err}},4)$$

进一步计算可得

$$x(\text{ok},\text{F}a_{\text{err}},4)=0,x(s_1,\text{F}a_{\text{err}},4)=p\cdot x(s_2,\text{F}a_{\text{err}},3)+(1-p)\cdot x(s_{\text{in}},\text{F}a_{\text{err}},3)$$

继续运算,最后得到的线性方程组为

$$\begin{aligned}
&x(s_{\text{in}},\text{F}a_{\text{err}},5)=(1-q)\cdot x(\text{ok},\text{F}a_{\text{err}},4)+q\cdot x(s_1,\text{F}a_{\text{err}},4)\\
&x(\text{ok},\text{F}a_{\text{err}},4)=0\\
&x(s_1,\text{F}a_{\text{err}},4)=p\cdot x(s_2,\text{F}a_{\text{err}},3)+(1-p)\cdot x(s_{\text{in}},\text{F}a_{\text{err}},3)\\
&x(s_2,\text{F}a_{\text{err}},3)=p\cdot x(s_3,\text{F}a_{\text{err}},2)+(1-p)\cdot x(s_{\text{in}},\text{F}a_{\text{err}},2)\\
&x(s_{\text{in}},\text{F}a_{\text{err}},3)=(1-q)\cdot x(\text{ok},\text{F}a_{\text{err}},2)+q\cdot x(s_1,\text{F}a_{\text{err}},2)\\
&x(s_3,\text{F}a_{\text{err}},2)=p\cdot x(s_4,\text{F}a_{\text{err}},1)+(1-p)\cdot x(s_{\text{in}},\text{F}a_{\text{err}},1)\\
&x(s_{\text{in}},\text{F}a_{\text{err}},2)=(1-q)\cdot x(\text{ok},\text{F}a_{\text{err}},1)+q\cdot x(s_1,\text{F}a_{\text{err}},1)\\
&x(\text{ok},\text{F}a_{\text{err}},2)=0\\
&x(s_1,\text{F}a_{\text{err}},2)=p\cdot x(s_2,\text{F}a_{\text{err}},1)+(1-p)\cdot x(s_{\text{in}},\text{F}a_{\text{err}},1)\\
&x(s_4,\text{F}a_{\text{err}},1)=p\cdot x(\text{err},\text{F}a_{\text{err}},0)+(1-p)\cdot x(s_{\text{in}},\text{F}a_{\text{err}},0)\\
&x(s_{\text{in}},\text{F}a_{\text{err}},1)=(1-q)\cdot x(\text{ok},\text{F}a_{\text{err}},0)+q\cdot x(s_1,\text{F}a_{\text{err}},0)\\
&x(\text{ok},\text{F}a_{\text{err}},1)=0\\
&x(s_1,\text{F}a_{\text{err}},1)=p\cdot x(s_2,\text{F}a_{\text{err}},0)+(1-p)\cdot x(s_{\text{in}},\text{F}a_{\text{err}},0)\\
&x(s_2,\text{F}a_{\text{err}},1)=p\cdot x(s_3,\text{F}a_{\text{err}},0)+(1-p)\cdot x(s_{\text{in}},\text{F}a_{\text{err}},0)\\
&x(\text{err},\text{F}a_{\text{err}},0)=1\\
&x(s_{\text{in}},\text{F}a_{\text{err}},0)=0\\
&x(\text{ok},\text{F}a_{\text{err}},0)=0\\
&x(s_1,\text{F}a_{\text{err}},0)=0\\
&x(s_2,\text{F}a_{\text{err}},0)=0\\
&x(s_3,\text{F}a_{\text{err}},0)=0
\end{aligned}\tag{2-1}$$

在用 MATLAB 7.0 进行求解时取 $q=20/65024$,$p=0.1$,最终得出 $x(s_{\text{in}},\text{F}a_{\text{err}},5)=3.075787\times10^{-8}$,即 $\Pr(s_{\text{in}}\models_k \text{F}a_{\text{err}})=3.075787\times10^{-8}$。利用文献[5]中介绍的基于不动点运算的模型检测算法可得,$\Pr(s_{\text{in}}\models \text{F}a_{\text{err}})$的实际值为 3.075882×10^{-8}。

2.5 实验结果

本节通过 3 个测试用例来探讨限界模型检测方法的优缺点，以及适用的场景。方程组选择用 MATLAB 7.0 求解。

测试用例 1：图 2.1 所示的一个简单通信协议，测试的属性为 $P_{\geqslant 0.8}(Fa_{try})$、$P_{\geqslant 1}(Fa_{try})$、$P_{\geqslant 0.8}(Fa_{deliv})$、$P_{\geqslant 1}(Fa_{deliv})$。

测试用例 2：掷骰子赌博游戏[4]。

该游戏基于对两个骰子滚动结果的打赌。第一次滚动两个骰子的结果决定了是否需要继续滚动骰子。当滚动的结果为 7 或者 11 时，游戏结束，玩家赢。当结果为 2、3 或者 12 时，玩家输。对于其他滚动结果，需要继续滚动骰子，但是之前掷骰子得到的点数已经被记录下来。如果下一次掷骰子结果为 7 或者为记录的点数，则游戏结束。当结果为 7 时，玩家输，为记录的点数时，玩家赢。在任何其他情况下，滚动骰子直到出现 7 或者记录的点数。游戏的离散时间马尔可夫链如图 2.3 所示。start 是唯一的初始状态。

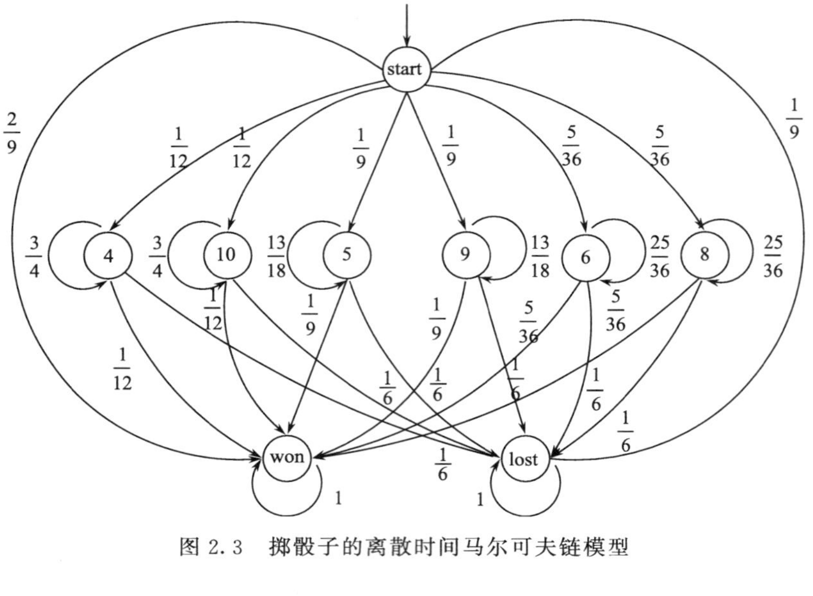

图 2.3 掷骰子的离散时间马尔可夫链模型

验证的属性为 $P_{\geqslant 0.24}(\neg(a_8 \vee a_9 \vee a_{10})\,\mathrm{U}a_{won})$（$P_{\geqslant 0.32}(\neg(a_8 \vee a_9 \vee a_{10})\,\mathrm{U}a_{won})$），在滚动结果不出现 8、9、10 的情况下玩家赢的概率不低于 0.24(0.32)。

测试用例 3：IPv4 零配置协议。

验证的属性为 $P_{\geqslant 3.075\times 10^{-8}}(Fa_{err})$，$P_{\geqslant 3.0758\times 10^{-8}}(Fa_{err})$，$P_{\geqslant 3.000\times 10^{-5}}(Fa_{s_2})$，

$P_{\geqslant 3.075\times 10^{-5}}(Fa_{s_2})$。

设置了两种同一消息发送次数的值来改变模型的大小，一种是图 2.2 所示的 $n=4$，一种是 $n=30$。

详细的实验结果如表 2.1 所示。在表 2.1 中令 $\phi_1=Fa_{\text{try}}$，$\phi_2=Fa_{\text{deliv}}$，$\phi_3=\neg(a_8\vee a_9\vee a_{10})Ua_{\text{won}}$，$\phi_4=Fa_{\text{err}}$，$\phi_5=Fa_{s_2}$，“界”列中的“无”表示使用的是文献[4]介绍的无界模型检测算法，变量数是线性方程组中未知数的个数，概率度量是 $\Pr(s\models_k\phi)$ 的值(对于无界的情况，概率度量是 $\Pr(s\models\phi)$ 的值)，“真值”列中 T 表示属性为真，F 表示属性为假。

表 2.1　限界模型检测与无界模型检测方法的比较

测试用例	属性	界	变量数	概率度量	属性	真值	属性	真值
用例 1	ϕ_1	无	4	1	$P_{\geqslant 0.8}(\phi_1)$	T	$P_{\geqslant 1}(\phi_1)$	T
用例 1	ϕ_1	1	2	1	$P_{\geqslant 0.8}(\phi_1)$	T	$P_{\geqslant 1}(\phi_1)$	T
用例 1	ϕ_1	2	2	1	$P_{\geqslant 0.8}(\phi_1)$	T	$P_{\geqslant 1}(\phi_1)$	T
用例 1	ϕ_1	3	2	1	$P_{\geqslant 0.8}(\phi_1)$	T	$P_{\geqslant 1}(\phi_1)$	T
用例 1	ϕ_2	无	4	1	$P_{\geqslant 0.8}(\phi_2)$	T	$P_{\geqslant 1}(\phi_2)$	F
用例 1	ϕ_2	1	2	0	$P_{\geqslant 0.8}(\phi_2)$	F	$P_{\geqslant 1}(\phi_2)$	F
用例 1	ϕ_2	2	4	9/10	$P_{\geqslant 0.8}(\phi_2)$	T	$P_{\geqslant 1}(\phi_2)$	F
用例 1	ϕ_2	3	5	9/10	$P_{\geqslant 0.8}(\phi_2)$	T	$P_{\geqslant 1}(\phi_2)$	F
用例 1	ϕ_2	4	7	99/100	$P_{\geqslant 0.8}(\phi_2)$	T	$P_{\geqslant 1}(\phi_2)$	F
用例 1	ϕ_2	5	8	99/100	$P_{\geqslant 0.8}(\phi_2)$	T	$P_{\geqslant 1}(\phi_2)$	F
用例 1	ϕ_2	6	9	999/1000	$P_{\geqslant 0.8}(\phi_2)$	T	$P_{\geqslant 1}(\phi_2)$	F
用例 2	ϕ_3	无	9	18/55	$P_{\geqslant 0.24}(\phi_3)$	T	$P_{\geqslant 0.32}(\phi_3)$	T
用例 2	ϕ_3	1	9	2/9	$P_{\geqslant 0.24}(\phi_3)$	F	$P_{\geqslant 0.32}(\phi_3)$	F
用例 2	ϕ_3	2	11	0.246566	$P_{\geqslant 0.24}(\phi_3)$	T	$P_{\geqslant 0.32}(\phi_3)$	F
用例 2	ϕ_3	3	12	0.288323	$P_{\geqslant 0.24}(\phi_3)$	T	$P_{\geqslant 0.32}(\phi_3)$	F
用例 2	ϕ_3	4	13	0.307972	$P_{\geqslant 0.24}(\phi_3)$	T	$P_{\geqslant 0.32}(\phi_3)$	F
用例 2	ϕ_3	5	14	0.322012	$P_{\geqslant 0.24}(\phi_3)$	T	$P_{\geqslant 0.32}(\phi_3)$	T
用例 3($n=4$)	ϕ_4	无	7	3.075882×10^{-8}	$P_{\geqslant 3.075\times 10^{-8}}(\phi_4)$	T	$P_{\geqslant 3.0758\times 10^{-8}}(\phi_4)$	T
用例 3($n=4$)	ϕ_4	1	3	0	$P_{\geqslant 3.075\times 10^{-8}}(\phi_4)$	F	$P_{\geqslant 3.0758\times 10^{-8}}(\phi_4)$	F
用例 3($n=4$)	ϕ_4	2	5	0	$P_{\geqslant 3.075\times 10^{-8}}(\phi_4)$	F	$P_{\geqslant 3.0758\times 10^{-8}}(\phi_4)$	F
用例 3($n=4$)	ϕ_4	3	9	0	$P_{\geqslant 3.075\times 10^{-8}}(\phi_4)$	F	$P_{\geqslant 3.0758\times 10^{-8}}(\phi_4)$	F
用例 3($n=4$)	ϕ_4	4	12	0	$P_{\geqslant 3.075\times 10^{-8}}(\phi_4)$	F	$P_{\geqslant 3.0758\times 10^{-8}}(\phi_4)$	F
用例 3($n=4$)	ϕ_4	5	20	3.075787×10^{-8}	$P_{\geqslant 3.075\times 10^{-8}}(\phi_4)$	T	$P_{\geqslant 3.0758\times 10^{-8}}(\phi_4)$	F

续表

测试用例	属性	界	变量数	概率度量	属性	真值	属性	真值
用例 3($n=30$)	ϕ_5	无	33	3.076639×10^{-5}	$P_{\geqslant 3.000\times10^{-5}}(\phi_5)$	T	$P_{\geqslant 3.075\times10^{-5}}(\phi_5)$	T
用例 3($n=30$)	ϕ_5	1	3	0	$P_{\geqslant 3.000\times10^{-5}}(\phi_5)$	F	$P_{\geqslant 3.075\times10^{-5}}(\phi_5)$	F
用例 3($n=30$)	ϕ_5	2	5	3.075787×10^{-5}	$P_{\geqslant 3.000\times10^{-5}}(\phi_5)$	T	$P_{\geqslant 3.075\times10^{-5}}(\phi_5)$	T
用例 3($n=30$)	ϕ_5	3	9	3.075787×10^{-5}	$P_{\geqslant 3.000\times10^{-5}}(\phi_5)$	T	$P_{\geqslant 3.075\times10^{-5}}(\phi_5)$	T
用例 3($n=30$)	ϕ_5	4	12	3.076638×10^{-5}	$P_{\geqslant 3.000\times10^{-5}}(\phi_5)$	T	$P_{\geqslant 3.075\times10^{-5}}(\phi_5)$	T
用例 3($n=30$)	ϕ_5	5	20	3.076638×10^{-5}	$P_{\geqslant 3.000\times10^{-5}}(\phi_5)$	T	$P_{\geqslant 3.075\times10^{-5}}(\phi_5)$	T

以变量数作为衡量一个算法所需时间和空间的指标，即变量数越多认为该算法所需要的时间和空间越多。从表 2.1 可以得出下面几个结论。

结论 1：界越长，限界模型检测得到的概率度量越逼近真实的概率度量。

结论 2：限界模型检测是一种前向搜索状态空间的方法，在属性为真的证据比较短的情况下能快速验证属性。特别是对于如下情况：设 ϕ 为 PCTL 公式，$\Pr(s\models\phi)=p$，$r<p$，此时验证 $P_{\geqslant r}(\phi)$往往比较快。

结论 3：限界模型检测得到的概率度量只能越来越逼近真实的概率度量，但可能永远无法达到，例如，对于测试用例 1 中的 Fa_{deliv}属性。一般对于如下情况，限界模型检测往往会失效：设 ϕ 为 PCTL 公式，$\Pr(s\models\phi)=p$，此时验证 $P_{\geqslant p}(\phi)$可能会失效。

2.6 限界模型检测过程终止判断标准的修正

首先回顾一下算法 2.1 中使用的终止标准：给定非常小的有理数 ξ，当连续两次概率度量结果的差控制在 ξ 内($\Pr(s_{\text{in}}\models_k\phi)-\Pr(s_{\text{in}}\models_{k-1}\phi)\leqslant\xi$)时，计算过程终止。对于一个数值序列 $x_0,x_1,\cdots$，如果对于任意自然数 i 有 $|x_{i+1}-x_i|<|x_{i+2}-x_{i+1}|$，则这个标准是有效的。但是对于使用限界模型检测算法得到的概率度量序列，其是一个递增序列，但不是严格递增的，即可能存在自然数 k 使得 $\Pr(s_{\text{in}}\models_k\phi)=\Pr(s_{\text{in}}\models_{k-1}\phi)$。例如，在测试用例 1 中，测试属性 ϕ_2 时，$\Pr(s_{\text{in}}\models_2\phi_2)=\Pr(s_{\text{in}}\models_3\phi_2)=\dfrac{9}{10}$，在测试用例 3($n=4$)中，测试属性 ϕ_4 时，$\Pr(s_{\text{in}}\models_1\phi_4)=\cdots=\Pr(s_{\text{in}}\models_4\phi_4)=0$。对上述两个用例，按照算法 2.1 的终止标准得到的近似概率度量与真实概率度量误差还是比较大的，因此有必要对终止标准进行修正。

修正方案 2.1：比较不相连的两次限界模型检测得出的概率度量。

设 m、k 为自然数，在第 k 步如果 $\Pr(s_{\text{in}}\models_k\phi)-\Pr(s_{\text{in}}\models_{k-m}\phi)\leqslant\xi$，则检测过

程终止。具体过程见算法 2.2。

算法 2.2　PCTL 限界模型检测(以修正方案 2.1 为终止标准)

输入:离散时间马尔可夫链 $M=(S,P,s_{in},Ap,L)$、PCTL 路径公式 ϕ、预先设置的终止标准 ξ、自然数 m。

输出:$\Pr(s_{in}\models\phi)$。

(1) 将 ϕ 转换为等价的 $\text{PCTL}_{\geqslant}$ 公式 ϕ'

(2) 计算 $\Pr(s_{in}\models_0\phi'),\cdots,\Pr(s_{in}\models_m\phi')$,令 $k=m$

(3) While $\Pr(s_{in}\models_k\phi')-\Pr(s_{in}\models_{k-m}\phi')\geqslant\xi$

　　do{令 $k=k+1$,计算 $\Pr(s_{in}\models_k\phi')$}

(4) 输出 $\Pr(s_{in}\models_k\phi')$

在算法 2.2 中,取 $m=2$ 可避免测试用例 1 中检测属性 ϕ_2 时存在的收敛问题,但是不能解决测试用例 3($n=4$)中检测属性 ϕ_4 时存在的收敛问题。而取 $m=4$,两个问题都可解决。序列 $\Pr(s_{in}\models_1\phi),\Pr(s_{in}\models_2\phi),\cdots$是一个非严格递增的递增序列,因此在理论上 m 的值越大越好。这种方案的主要缺点在于:m 的值需要事先给定,而且无法确定最合理的 m 的值。

修正方案:比较相连限界模型检测得出的概率度量的差。

设 k 为自然数,在第 k 步如果

$$|\Pr(s_{in}\models_k\phi)-\Pr(s_{in}\models_{k-1}\phi)|<|\Pr(s_{in}\models_{k-1}\phi)-\Pr(s_{in}\models_{k-2}\phi)|$$

且

$$\Pr(s_{in}\models_k\phi)-\Pr(s_{in}\models_{k-1}\phi)\leqslant\xi$$

则检测过程终止。具体过程如算法 2.3 所示。

算法 2.3　PCTL 限界模型检测(以修正方案为终止标准)

输入:离散时间马尔可夫链 $M=(S,P,s_{in},Ap,L)$、PCTL 路径公式 ϕ、预先设置的终止标准 ξ。

输出:$\Pr(s_{in}\models\phi)$。

(1) 将 ϕ 转换为等价的 $\text{PCTL}_{\geqslant}$ 公式 ϕ'

(2) 计算 $\Pr(s_{in}\models_0\phi'),\Pr(s_{in}\models_1\phi'),\Pr(s_{in}\models_2\phi')$,令 $k=2$

(3) While $\neg(\Pr(s_{in}\models_k\phi')-\Pr(s_{in}\models_{k-1}\phi')\leqslant\xi$

　$\wedge|\Pr(s_{in}\models_k\phi')-\Pr(s_{in}\models_{k-1}\phi')|<|\Pr(s_{in}\models_{k-1}\phi')-\Pr(s_{in}\models_{k-2}\phi')|)$

　　do{令 $k=k+1$,计算 $\Pr(s_{in}\models_k\phi')$}

(4) 输出 $\Pr(s_{in}\models_k\phi')$

算法 2.3 可以有效地避免测试用例 1 中检测属性 ϕ_2 和测试用例 3($n=4$)中检测属性 ϕ_4 存在的收敛问题。但是对于有理数序列 0,0,0.5,0.6,0.65,1,1,1,…,如果取 $\xi=0.11$,则算法 2.3 得到的近似概率度量为 0.65,与实际的概率度量 1 误差

较大。概率计算树逻辑限界模型检测何时终止依赖于马尔可夫链的结构、待验证的属性等因素。挖掘这些因素与终止标准的关系，从而设置一个合理的终止标准是一个值得继续研究的问题。

2.7 相关工作

传统限界模型检测技术有效地缓解了计算树逻辑[6]、线性时态逻辑[7]、时态认知逻辑[8-9]的模型检测过程中出现的状态空间爆炸问题。本章的研究不是对传统限界模型检测技术的简单推广，主要体现在三个方面：①传统限界模型检测以单一路径为分析对象，而本章的方法因为涉及概率度量，将以路径集合为分析对象，概率度量的计算使得在定义限界语义时必须考虑路径集合的量化问题；②传统限界模型检测通常预先给定一个路径的长度，以判断检测过程何时终止，本章通过一个通信协议说明这种方法不再适用于 PCTL 的限界模型检测，为此本章基于牛顿迭代方法中使用的计算过程终止判断标准，设计了一套完全不同的判断检测过程终止的方法；③将 PCTL 限界模型检测问题转化为线性方程组的求解问题，而不是传统模型检测方法中的命题公式满足性求解问题。

目前还没有任何工作来探讨 PCTL 的限界模型检测问题。唯一与本章研究工作比较接近的是 Penna 等在文献[10]所做的研究工作，他们在 PCTL 的基础上提出了一种新的时态算子 U^k，得到一种新的时态逻辑 BPCTL(Bounded Probabilistic Computation Tree Logic)，然后针对 U^k 设计了一套算法。直观上，他们将 U^k 的解释限制在长度为 k 的路径上。与本章的研究工作的主要不同之处在于，他们仍然在全局空间上设计 U^k 的模型检测算法，并能够直接计算出概率度量，因此本质上不是一种限界模型检测方法。而本章的算法建立在局部空间上，是对真实概率度量的逐步逼近，遵循了限界模型检测的思想。

2.8 本章小结

为了克服概率计算树模型检测中的状态空间爆炸问题，本章将限界模型检测技术应用到概率计算树模型检测的空间简化上。围绕限界模型检测的三个核心问题，分别提出了有效的解决方案，这些方案不是传统限界模型检测技术的直接推广，而是一种全新的限界模型检测过程，特别是在终止判别标准的设计与限界模型检测算法方面，解决方案的思想完全异于传统限界检测技术。通过三个测试用例说明限界模型检测在属性为真的证据比较短的情况下，能快速验证属性，而且需要的空间比无界模型检测技术少。

参 考 文 献

[1] Hansson H, Jonsson B. A logic for reasoning about time and reliability. Formal Aspects of Computing, 1994, 6(5):512-535.

[2] Ross S M. Introduction to Probability Models. Oxford:Elsevier,2007.

[3] Biere A, Cimatti A, Clarke E M, et al. Symbolic model checking without BDDs//Cleaveland W R. Proceedings of the 5th International Conference on Tools and Algorithms for the Construction and Analysis of Systems. Berlin: Springer-Verlag, 1999:193-207.

[4] Baier C, Katoen J P. Principles of Model Checking. Cambridge: MIT Press,2008:745-907.

[5] Rutten J, Kwiatkowska M, Norman G, et al. Mathematical techniques for analyzing concurrent and probabilistic systems//Panangaden P, van Breugel F. CRM Monograph Series, American Mathematical Society,2004.

[6] Ben-Ari M,Manna Z, Pnueli A. The temporal logic of branching time. Acta Information, 1983,20(1):207-226.

[7] Pnueli A. The temporal logic of programs//Proceedings of the 18th Annual Symposium on Foundations of Computer Science (FOCS), 1977: 46-57.

[8] 杨晋吉,苏开乐,骆翔宇,等. 有界模型检测的优化. 软件学报,2009,20(8):2005-2014.

[9] 骆翔宇,苏开乐,杨晋吉. 有界模型检测同步多智体系统的时态认知逻辑. 软件学报,2006,17(12):2498-2585.

[10] Penna G D, Intrigila B, Melatti I, et al. Bounded probabilistic model checking with the Murϕ verifier. Lecture Notes in Computer Science 3312,2004:214-229.

第3章　马尔可夫决策过程的限界模型检测

3.1 概　　述

马尔可夫决策过程[1]是一种重要且常用的随机系统模型，本章结合马尔可夫决策过程的特性，系统研究马尔可夫决策过程上PCTL[1-2]的限界检测问题，具体工作包括三方面：①在马尔可夫决策过程上配置PCTL中不同算子的限界语义，并证明限界语义是对无界语义的逼近；②设计了一套利用线性方程组刻画不同算子的限界语义的算法，使得线性方程组的解即为该算子对应的概率度量，从而PCTL限界语义的可满足性检测可通过判断线性方程组的解是否满足相应的概率度量约束即可；③以实例说明在限制路径长度下计算的概率度量可能永远无法达到精确值，因此非概率逻辑限界检测中以设置完全界为检测终止性的准则已经失效，本章依据不同界下所计算概率度量序列的演化趋势[3]，设计了新的限界检测过程终止的判断准则。实验结果表明：①限界模型检测得到的是一个非严格递增的概率度量序列，且与真实的概率度量误差越来越小；②马尔可夫决策过程上PCTL的限界模型检测通过逐渐增加路径的长度来搜索属性为真的证据，因此对于具有较短的属性为真的证据的马尔可夫决策过程，能够快速完成验证过程，并且在存储空间的需求上低于PCTL的无界模型检测算法。

3.2 马尔可夫决策过程与概率计算树逻辑

如图3.1所示，马尔可夫决策过程是马尔可夫链的变种，其主要特点是允许概率和非确定性选择。令Dist(S)表示集合S上概率分布的集合，即满足$\sum_{s\in S}\mu(s)=1$的函数$\mu:S\rightarrow[0,1]$的集合。马尔可夫决策过程的形式化定义如下。

定义3.1　马尔可夫决策过程$M=(S,s_{\text{in}},\text{Act},\text{Steps},\text{Ap},L)$为一个六元组，其中，$S$为有限状态集；$s_{\text{in}}\in S$为初始状态；Act为动作集；$\text{Steps}:S\rightarrow 2^{\text{Act}\times\text{Dist}(S)}$为转换概率函数，且满足对于任意$(a,\mu)\in\text{Steps}(s)$，有$\sum_{s'\in S}\mu(s')=1$；Ap为有限原子命题集；$L:S\rightarrow 2^{\text{Ap}}$为标记函数。

定义3.2（路径）　设M为马尔可夫决策过程，M中的路径π为具有下述形式的无穷序列$s_0\xrightarrow{(a_1,\mu_1)}s_1\xrightarrow{(a_2,\mu_2)}s_2\cdots$，其中，对于任意$i\geqslant 0$，$s_i\in S$，$(a_{i+1},\mu_{i+1})\in$

$\text{Steps}(s_i)$，$\mu_{i+1}(s_{i+1})>0$。

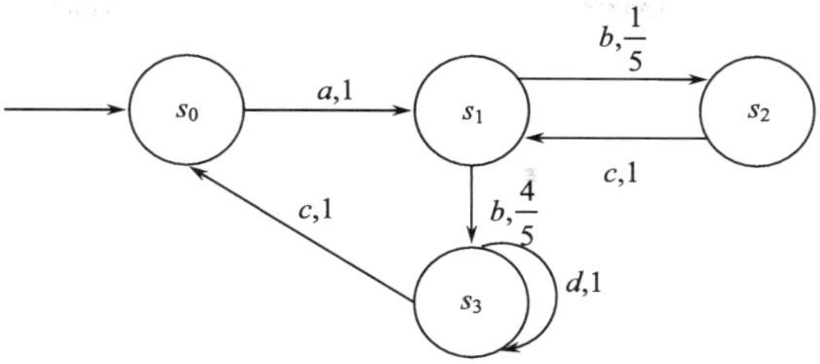

图 3.1　一个简单的马尔可夫决策过程 M_1

对于路径 π，引入记号 $\pi(i)$ 表示第 i 个状态。对于有穷路径 π_{fin}，$\text{last}(\pi_{\text{fin}})$ 表示 π_{fin} 上的最后一个状态，$|\pi_{\text{fin}}|$ 表示路径的长度，即状态转换发生的次数。Path^{fin}、Path 分别表示 M 中的有穷和无穷路径集合，$\text{Path}_s^{\text{fin}}$、$\text{Path}_s$ 分别表示从 s 出发的有穷和无穷路径集。

定义 3.3　令 M 为马尔可夫决策过程，映射 $\text{Adv}:\text{Path}^{\text{fin}}\rightarrow\{\text{Steps}(\text{last}(\pi_{\text{fin}}))\mid\pi_{\text{fin}}\in\text{Path}^{\text{fin}}\}$ 称为 M 上的一个调度。

例如，图 3.1 中的马尔可夫决策过程 M_1 存在两个调度 Adv_1：$\text{Adv}_1(s_0)=(a,\mu_a)$，$\text{Adv}_1(s_0\xrightarrow{(a,\mu_a)}s_1)=(b,\mu_b)$，$\text{Adv}_1(s_0\xrightarrow{(a,\mu_a)}s_1\xrightarrow{(b,\mu_b)}s_3)=(c,\mu_c)$，…；$\text{Adv}_2$：$\text{Adv}_2(s_0)=(a,\mu_a)$，$\text{Adv}_2(s_0\xrightarrow{(a,\mu_a)}s_1)=(b,\mu_b)$，$\text{Adv}_2(s_0\xrightarrow{(a,\mu_a)}s_1\xrightarrow{(b,\mu_b)}s_3)=(d,\mu_d)$，…。

引入记号 Adv_M 表示 M 上所有调度的集合，记号 $\text{Path}_s^{\text{Adv}}$ 表示从 s 出发与 Adv 对应的路径集。对于马尔可夫决策过程 M、状态 s 和调度 Adv，令 $\Omega=\text{Path}_s^{\text{Adv}}$ 为 M 中从 s 出发和 Adv 对应的路径集。Π 为 σ 代数，定义为 $\Pi=\{C(\rho)\mid\rho$ 为 Ω 中某条路径的前缀$\}$，其中 $C(\rho)=\{\pi\in\Omega\mid\rho$ 为 π 的有限前缀$\}$。Π 上的概率度量 $\text{Prob}_s^{\text{Adv}}$ 定义为

$$\text{Prob}_s^{\text{Adv}}(C(s\xrightarrow{(a_1,\mu_1)}s_2\xrightarrow{(a_2,\mu_2)}s_3\cdots s_n))=\prod_{2\leqslant i\leqslant n}\mu_{i-1}(s_i)$$

这样从马尔可夫决策过程 M、状态 s 和调度 Adv 定义了一个概率空间。

定义 3.4（概率计算树逻辑）　PCTL 由状态公式和路径公式构成。给定原子命题集 Ap，PCTL 状态公式递归定义为

$$\phi::=\text{true}\mid a\mid\phi\wedge\phi\mid\phi\vee\phi\mid\neg\phi\mid\text{P}_{\propto p}(\psi)$$

式中，$a\in\text{Ap}$，$\propto\in\{\leqslant,<,\geqslant,>\}$，$p\in[0,1]$，$\psi$ 为一条路径公式。

PCTL 路径公式递归定义为

$$\psi::=\text{X}\phi\mid\text{F}\phi\mid\text{G}\phi\mid\phi\text{U}\phi\mid\phi\text{R}\phi$$

式中，ϕ 为状态公式。

马尔可夫决策过程中 PCTL 的满足性关系定义如下。

定义 3.5（概率计算树逻辑的满足性关系） 令 $a\in \mathrm{Ap}$ 为原子命题，$M=(S, s_{\mathrm{in}}, \mathrm{Act}, \mathrm{Steps}, \mathrm{Ap}, L)$ 为马尔可夫决策过程，$s\in S$，ϕ_1、ϕ_2 为 PCTL 状态公式，ψ 为 PCTL 路径公式。对于状态公式满足性关系“$\models$”定义如下。

(1) $s\models a$，当且仅当 $a\in L(s)$。

(2) $s\models \neg\phi_1$，当且仅当 $s\not\models\phi_1$。

(3) $s\models \phi_1\wedge\phi_2$，当且仅当 $s\models\phi_1$ 且 $s\models\phi_2$。

(4) $s\models \phi_1\vee\phi_2$，当且仅当 $s\models\phi_1$ 或者 $s\models\phi_2$。

(5) $s\models \mathrm{P}_{\propto p}(\psi)$，当且仅当对于所有的 $\mathrm{Adv}\in \mathrm{Adv}_M$，有 $\Pr(s,\psi,\mathrm{Adv})\propto p$，其中，$\Pr(s,\psi,\mathrm{Adv})=\mathrm{Prob}_s^{\mathrm{Adv}}(\{\pi\in \mathrm{Path}_s^{\mathrm{Adv}}\mid \pi\models\psi\})$。

对于 M 中的路径 π，满足性关系“$\models$”定义如下。

(1) $\pi\models \mathrm{X}\phi_1$，当且仅当 $\pi(1)\models\phi_1$。

(2) $\pi\models \mathrm{F}\phi_1$，当且仅当存在自然数 i 使得 $\pi(i)\models\phi_1$。

(3) $\pi\models \mathrm{G}\phi_1$，当且仅当对于任意自然数 i，有 $\pi(i)\models\phi_1$。

(4) $\pi\models \phi_1\mathrm{U}\phi_2$，当且仅当存在自然数 j 使得 $\pi(j)\models\phi_2$，且对于任意小于 j 的自然数 i，有 $\pi(i)\models\phi_1$。

(5) $\pi\models \phi_1\mathrm{R}\phi_2$，当且仅当对于任意自然数 j，有 $\pi(j)\models\phi_2$，或者存在自然数 k 使得 $\pi(k)\models\phi_1$，且对于任意不大于 k 的自然数 i，有 $\pi(i)\models\phi_2$。

3.3 概率计算树逻辑的限界模型检测

3.3.1 概率计算树逻辑的等价性

限界语义的定义必须确保限界语义可满足时，属性在局部和全局空间中同时成立。PCTL 中不涉及概率度量的算子（即 X、F、G、U、R），其限界语义等同于在 LTL 限界检测中的限界语义。在限界检测过程中，满足约束条件的路径会随着界的增长而增加，即概率度量会逐渐增加，这使得限界检测可直接应用于算子 $\mathrm{P}_{\geqslant p}$ 和 $\mathrm{P}_{>p}$，而不适用于算子 $\mathrm{P}_{\leqslant p}$ 和 $\mathrm{P}_{<p}$。因此，为了实现对整个 PCTL 公式的限界检测，本节探讨能否在保持 PCTL 表达力的情况下，将概率约束限制为 $\geqslant p$ 或者 $>p$ 的形式。

定义 3.6（PCTL 公式的等价） 令 ϕ、φ 为任意 PCTL 状态公式，如果对任一马尔可夫决策过程 M，$s\in S$，$s\models\phi$ 当且仅当 $s\models\varphi$，则称 ϕ 和 φ 是等价的，记为 $\phi\equiv\varphi$。

依据定义 3.5 描述的 PCTL 的无界语义，可直接得出如下等价关系。

(1) $P_{\leqslant p}(X\phi)\equiv P_{\geqslant 1-p}(X\neg\phi)$；$P_{<p}(X\phi)\equiv P_{>1-p}(X\neg\phi)$。

(2) $P_{\leqslant p}(F\phi)\equiv P_{\geqslant 1-p}(G\neg\phi)$；$P_{<p}(F\phi)\equiv P_{>1-p}(G\neg\phi)$。

(3) $P_{\leqslant p}(G\phi)\equiv P_{\geqslant 1-p}(F\neg\phi)$；$P_{<p}(G\phi)\equiv P_{>1-p}(F\neg\phi)$。

(4) $P_{\leqslant p}(\phi U\varphi)\equiv P_{\geqslant 1-p}(\neg(\phi U\varphi))\equiv P_{\geqslant 1-p}(\neg\phi R\neg\varphi)$；

$P_{<p}(\phi U\varphi)\equiv P_{>1-p}(\neg(\phi U\varphi))\equiv P_{>1-p}(\neg\phi R\neg\varphi)$。

(5) $P_{\leqslant p}(\phi R\varphi)\equiv P_{\geqslant 1-p}(\neg(\phi R\varphi))\equiv P_{\geqslant 1-p}(\neg\phi U\neg\varphi)$；

$P_{<p}(\phi R\varphi)\equiv P_{>1-p}(\neg(\phi R\varphi))\equiv P_{>1-p}(\neg\phi U\neg\varphi)$。

上面的等价关系说明，可将$\leqslant(<)p$ 的概率约束转换为$\geqslant(>)p$ 的约束。现在考察 $s\models\neg P_{\leqslant p}(\psi)$，即 $s\not\models P_{\leqslant p}(\psi)$，这意味着存在一个调度 $Adv\in Adv_M$ 使得 $Pr(s,\psi,Adv)>p$。为了尽可能地保持 PCTL 的表达力，在 PCTL 中引入公式 $P^{\exists}_{\propto p}(\psi)$，其语义为 $s\models P^{\exists}_{\propto p}(\psi)$当且仅当存在一个 $Adv\in Adv_M$ 使得 $Pr(s,\psi,Adv)\propto p$。限界模型检测的基本原理是通过限制路径长度从而在有限空间中逐步搜索可用于反驳的证据或者反例，因此，限界检测不适用于算子 $P^{\exists}_{\leqslant p}(\psi)$和 $P^{\exists}_{\leqslant p}(\psi)$。

在保证 PCTL 表达力的前提下，下面定义 PCTL 的子集 $PCTL^{\exists}_{\geqslant}$，从而实现 PCTL 的限界模型检测。形式化地讲，原子命题集 Ap 上的 $PCTL^{\exists}_{\geqslant}$ 状态公式定义为

$$\phi ::= true \mid a \mid \neg a \mid \phi\wedge\phi \mid \phi\vee\phi \mid P_{\propto p}(\psi) \mid P^{\exists}_{\propto p}(\psi)$$

式中，$a\in Ap$，$\propto\in\{\geqslant,>\}$，$p\in[0,1]$，$\psi$ 为一条路径公式。

$PCTL^{\exists}_{\geqslant}$路径公式定义为

$$\psi ::= X\phi \mid F\phi \mid G\phi \mid \phi U\phi \mid \phi R\phi$$

式中，ϕ 为状态公式。$PCTL^{\exists}_{\geqslant}$为由上述状态公式和路径公式组成的逻辑系统。

3.3.2　概率计算树逻辑的限界语义

定义 3.7（$PCTL^{\exists}_{\geqslant}$的限界语义）　令 $M=(S,s_{in},Act,Steps,Ap,L)$为马尔可夫决策过程，$a\in Ap$ 为原子命题，$s\in S$，k 为自然数(称为界)，ψ 为 $PCTL^{\exists}_{\geqslant}$路径公式，$\phi_1$、$\phi_2$ 为 $PCTL^{\exists}_{\geqslant}$状态公式。状态公式的满足性关系“$\models_k$”定义如下。

(1) $s\models_k a$，当且仅当 $a\in L(s)$；$s\models_k\neg a$ 当且仅当 $a\notin L(s)$。

(2) $s\models_k\phi_1\wedge\phi_2$，当且仅当 $s\models_k\phi_1$ 且 $s\models_k\phi_2$。

(3) $s\models_k\phi_1\vee\phi_2$，当且仅当 $s\models_k\phi_1$ 或者 $s\models_k\phi_2$。

(4) $s\models_k P_{\propto p}(\psi)$，当且仅当对于所有 $Adv\in Adv_M$，有 $Pr(s,\psi,Adv,k)\propto p$，其中，$Pr(s,\psi,Adv,k)=Prob^{Adv}_s(\{\pi\in Path^{Adv}_s\mid\pi\models_k\psi\})$。

(5) $s\models_k P^{\exists}_{\propto p}(\psi)$，当且仅当存在某个 $Adv\in Adv_M$ 使得 $Pr(s,\psi,Adv,k)\propto p$。

对于 M 中的路径 π，满足性关系“$\models_k$”定义如下。

(1) $\pi\models_k X\phi_1$ 当且仅当 $k\geqslant 1$ 且 $\pi(1)\models_k\phi_1$。

(2) $\pi \models_k \mathrm{F}\phi_1$ 当且仅当存在自然数 $i \leqslant k$ 使得 $\pi(i) \models_k \phi_1$。

(3) $\pi \models_k \mathrm{G}\phi_1$ 当且仅当对于任意自然数 $i \leqslant k$，有 $\pi(i) \models_k \phi_1$，且对于任意自然数 $j > k$，存在自然数 $h \leqslant k$ 使得 $\pi(j) = \pi(h)$。

(4) $\pi \models_k \phi_1 \mathrm{U} \phi_2$ 当且仅当存在自然数 $j \leqslant k$ 使得 $\pi(j) \models_k \phi_2$，且对于任意小于 j 的自然数 i，有 $\pi(i) \models_k \phi_1$。

(5) $\pi \models_k \phi_1 \mathrm{R} \phi_2$ 当且仅当：①对于任意自然数 $i \leqslant k$，有 $\pi(i) \models_k \phi_2$，且对于自然数 $j > k$，存在 $h \leqslant k$ 满足 $\pi(j) = \pi(h)$；②存在自然数 $m \leqslant k$ 满足 $\pi(m) \models_k \phi_1$，且对于任意自然数 i，如果 $i \leqslant m$，则 $\pi(i) \models_k \phi_2$。

现在考察定义 3.7 中 $\mathrm{Prob}_s^{\mathrm{Adv}}(\{\pi \in \mathrm{Path}_s^{\mathrm{Adv}} \mid \pi \models_k \psi\})$ 的可度量性。对于 X 算子，$\{\pi \in \mathrm{Path}_s^{\mathrm{Adv}} \mid \pi \models_k \mathrm{X}\phi_1\}$ 是所有 $C(s_0 \xrightarrow{(a_1,\mu_1)} s_1)$ 的并集，其中 $s_0 = s$，$s_1 \models_k \phi_1$。对于 F 算子，$\{\pi \in \mathrm{Path}_s^{\mathrm{Adv}} \mid \pi \models_k \mathrm{F}\phi_1\}$ 是所有 $C(s_0 \xrightarrow{(a_1,\mu_1)} s_1 \xrightarrow{(a_2,\mu_2)} \cdots s_i)$ 的并集，其中 $i \leqslant k$，$s_0 = s$，$s_i \models_k \phi_1$。对于 U 算子，$\{\pi \in \mathrm{Path}_s^{\mathrm{Adv}} \mid \pi \models_k \phi_1 \mathrm{U} \phi_2\}$ 是所有 $C(s_0 \xrightarrow{(a_1,\mu_1)} s_1 \xrightarrow{(a_2,\mu_2)} \cdots s_i)$ 的并集，其中 $i \leqslant k$，$s_0 = s$，$s_0 \models_k \phi_1, \cdots, s_{i-1} \models_k \phi_1$，$s_i \models_k \phi_2$。由 σ 代数的定义可知，可度量集合的并仍是可度量的，因此对于 X、F、U 算子，$\mathrm{Prob}_s^{\mathrm{Adv}}(\{\pi \in \mathrm{Path}_s^{\mathrm{Adv}} \mid \pi \models_k \psi\})$ 是可度量的。可度量性说明，可以直接利用 $\mathrm{Prob}_s^{\mathrm{Adv}}(C(s \xrightarrow{(a_1,\mu_1)} s_2 \xrightarrow{(a_2,\mu_2)} s_3 \cdots s_k))$ 计算出 $\mathrm{Prob}_s^{\mathrm{Adv}}(\{\pi \in \mathrm{Path}_s^{\mathrm{Adv}} \mid \pi \models_k \psi\})$ 的值。

现在考察 G 算子。对于 X、F、U 算子，$\mathrm{Prob}_s^{\mathrm{Adv}}(\{\pi \in \mathrm{Path}_s^{\mathrm{Adv}} \mid \pi \models_k \psi\})$ 是可度量的本质在于：如果有穷路径满足 ψ，则以该有穷路径为前缀的所有路径都满足 ψ，因此只需计算有穷路径发生的概率即可得到 $\mathrm{Prob}_s^{\mathrm{Adv}}$ 的值。而对于 G 算子，有穷路径不能反映以该路径为前缀的无穷路径的情况，因此 $\mathrm{Prob}_s^{\mathrm{Adv}}(\{\pi \in \mathrm{Path}_s^{\mathrm{Adv}} \mid \pi \models_k \mathrm{G}\phi_1\})$ 难以直接度量。在 3.3.4 节的限界模型检测算法部分将采用下近似的方法逼近 $\mathrm{Prob}_s^{\mathrm{Adv}}(\{\pi \in \mathrm{Path}_s^{\mathrm{Adv}} \mid \pi \models_k \mathrm{G}\phi_1\})$。R 算子可以分解为 G 算子与 U 算子考虑，这里不再赘述。

为了判断一个状态是否满足 $\mathrm{P}_{\propto p}(\phi)$、$\mathrm{P}_{\propto p}^{\exists}(\phi)$，理论上必须计算出任一调度 Adv 下 $\mathrm{Prob}_s^{\mathrm{Adv}}(\{\pi \in \mathrm{Path}_s^{\mathrm{Adv}} \mid \pi \models_k \psi\})$ 的值，然后计算出最大值和最小值，并通过与 p 比较得出公式的真假。实际上在 3.3.4 节的限界模型检测算法部分，设计了一种递归的方式可直接计算出最大值和最小值，从而避免了计算任意调度下 $\mathrm{Prob}_s^{\mathrm{Adv}}$ 的值。

定理 3.1　令 $M = (S, s_{\mathrm{in}}, \mathrm{Act}, \mathrm{Steps}, \mathrm{Ap}, L)$ 为马尔可夫决策过程，$s \in S$，$a \in \mathrm{Ap}$ 为原子命题，k 为自然数，ϕ 为 $\mathrm{PCTL}_{\geqslant}^{\exists}$ 状态公式。如果 $s \models_k \phi$，则 $s \models \phi$。

证明：证明过程通过对 ϕ 的长度实施归纳来完成。

Case1：$\phi = a$

$s\models_k a$ 说明 $a\in L(s)$，依据定义 3.5 中描述的相应的满足性关系直接可得 $s\models a$。

Case2：$\phi=\neg a$

$s\models_k\neg a$ 说明 $a\notin L(s)$，依据定义 3.5 中描述的相应的满足性关系直接可得 $s\not\models a$。

Case3：$\phi=\phi_1\wedge\phi_2$

$s\models_k\phi_1\wedge\phi_2$ 说明 $s\models_k\phi_1$ 且 $s\models_k\phi_2$，由归纳假设可知 $s\models\phi_1$，$s\models\phi_2$，即 $s\models\phi_1\wedge\phi_2$。

Case4：$\phi=\phi_1\vee\phi_2$

$s\models_k\phi_1\vee\phi_2$ 说明 $s\models_k\phi_1$ 或者 $s\models_k\phi_2$，由归纳假设可知 $s\models\phi_1$ 或者 $s\models\phi_2$，即 $s\models\phi_1\vee\phi_2$。

Case5：$\phi=\mathrm{P}_{\geqslant p}(\psi)$

$s\models_k\mathrm{P}_{\geqslant p}(\psi)$说明对于任意调度 $\mathrm{Adv}\in\mathrm{Adv}_M$，有 $\Pr(s,\psi,\mathrm{Adv},k)\geqslant p$，即

$$\mathrm{Prob}_s^{\mathrm{Adv}}(\{\pi\in\mathrm{Path}_s^{\mathrm{Adv}}\mid\pi\models_k\psi\})\geqslant p$$

X、F、U 三个时态算子的限界语义与 LTL 限界检测技术中的定义一致，因此有 $\pi\models_k\psi$蕴涵 $\pi\models\psi$，从而

$$\mathrm{Prob}_s^{\mathrm{Adv}}(\{\pi\in\mathrm{Path}_s^{\mathrm{Adv}}\mid\pi\models\psi\})\geqslant\mathrm{Prob}_s^{\mathrm{Adv}}(\{\pi\in\mathrm{Path}_s^{\mathrm{Adv}}\mid\pi\models_k\psi\})\geqslant p$$

即 $s\models\mathrm{P}_{\geqslant p}(\psi)$。对于 G 算子，由 $\pi\models_k\mathrm{G}\phi_1$ 的定义可知，对于任意自然数 $i\leqslant k$，有 $\pi(i)\models_k\phi_1$，对于任意自然数 $j>k$，必存在自然数 $h\leqslant k$ 使得 $\pi(j)=\pi(h)$。ϕ_1 为状态公式，因此 $\pi(h)\models_k\phi_1$ 蕴涵了 $\pi(j)\models_k\phi_1$。因此对于任意自然数 $l\geqslant 0$，$\pi(l)\models_k\phi_1$。由归纳假设可知 $\pi(l)\models\phi_1$，因此

$$\mathrm{Prob}_s^{\mathrm{Adv}}(\{\pi\in\mathrm{Path}_s^{\mathrm{Adv}}\mid\pi\models\mathrm{G}\phi\})\geqslant\mathrm{Prob}_s^{\mathrm{Adv}}(\{\pi\in\mathrm{Path}_s^{\mathrm{Adv}}\mid\pi\models_k G\phi\})\geqslant p$$

即 $s\models\mathrm{P}_{\geqslant p}(\psi)$。对于算子 R，$\phi_1\mathrm{R}\phi_2\equiv\mathrm{G}\phi_2\vee(\phi_2\mathrm{U}(\phi_1\wedge\phi_2))$，因此算子 R 的证明可以归结为算子 G 和算子 U 的证明。

Case6：$\phi=\mathrm{P}_{>p}(\psi)$

证明过程类似于 Case5。

Case7：$\phi=\mathrm{P}^{\exists}_{\geqslant p}(\psi)$

$s\models_k\mathrm{P}^{\exists}_{\geqslant p}(\psi)$说明存在一个调度 $\mathrm{Adv}\in\mathrm{Adv}_M$ 使得 $\Pr(s,\psi,\mathrm{Adv},k)\geqslant p$，即

$$\mathrm{Prob}_s^{\mathrm{Adv}}(\{\pi\in\mathrm{Path}_s^{\mathrm{Adv}}\mid\pi\models_k\psi\})\geqslant p$$

对于时态算子 X、F、G、U，其限界语义与文献[4]中的定义一致，因此有 $\pi\models_k\psi$ 蕴涵 $\pi\models\psi$，从而

$$\mathrm{Prob}_s^{\mathrm{Adv}}(\{\pi\in\mathrm{Path}_s^{\mathrm{Adv}}\mid\pi\models\psi\})\geqslant\mathrm{Prob}_s^{\mathrm{Adv}}(\{\pi\in\mathrm{Path}_s^{\mathrm{Adv}}\mid\pi\models_k\psi\})\geqslant p$$

即 $s\models\mathrm{P}_{\geqslant p}(\psi)$。对于 G 算子，由 $\pi\models_k\mathrm{G}\phi_1$ 的定义可知，对任意自然数 $i\leqslant k$，$\pi(i)\models_k\phi_1$，对任意自然数 $j>k$，必存在自然数 $h\leqslant k$ 使得 $\pi(j)=\pi(h)$。ϕ_1 为状

态公式，因此 $\pi(h)\models_k\phi_1$ 蕴涵 $\pi(j)\models_k\phi_1$。因此对于任意自然数 $l\geqslant 0$，有 $\pi(l)\models_k\phi_1$。由归纳假设可知 $\pi(l)\models\phi_1$，因此

$$\mathrm{Prob}_s^{\mathrm{Adv}}(\{\pi\in\mathrm{Path}_s^{\mathrm{Adv}}\mid\pi\models \mathrm{G}\phi\})\geqslant\mathrm{Prob}_s^{\mathrm{Adv}}(\{\pi\in\mathrm{Path}_s^{\mathrm{Adv}}\mid\pi\models_k \mathrm{G}\phi\})\geqslant p$$

即 $s\models\mathrm{P}_{\geqslant p}(\psi)$。对于算子 R，$\phi_1\mathrm{R}\phi_2\equiv\mathrm{G}\phi_2\vee(\phi_2\mathrm{U}(\phi_1\wedge\phi_2))$，因此算子 R 的证明可以归结为算子 G 和 U 的证明。

Case8：$\phi=\mathrm{P}^{\exists}_{>p}(\psi)$

证明过程类似于 Case7。

定理 3.1 保证了限界语义定义的正确性，进而可以通过逐步增加路径长度的方式得到精确概率度量的下近似。

3.3.3　限界模型检测过程终止的判断

定理 3.1 表明限界语义是对无界语义的逼近，即如果存在自然数 k 使得 $s\models_k\phi$，则断言 $s\models\phi$。现在的问题是当 $s\not\models_k\phi$ 时，在增加 k 的值继续搜索还是停止搜索两者之间需要作出正确的选择。如果继续搜索，则不可能对界 k 无限增加下去，必须设计一套终止约束条件；如果停止搜索则可能造成 $s\not\models\phi$ 的假象。因此，必须设计一个准则来决定 $s\not\models_k\phi$ 时的下一步选择。

定义 3.8　称自然数 CT 为完全界当且仅当如果 $s\models\phi$，则一定存在自然数 $k\leqslant\mathrm{CT}$ 使得 $s\models_k\phi$。

CTL 和 LTL 的限界模型检测因为不涉及极限运算，所以完全界一定存在，从而在知道 CT 的情况下，当 $s\not\models_k\phi$ 时，如果 k 超过完全界，则停止搜索，并返回信息 $s\not\models\phi$，否则继续增加 k 的值进行搜索。但是对于 $\mathrm{PCTL}^{\exists}_{\geqslant}$ 限界模型检测，完全界则不一定存在。

考察图 3.1 所示的马尔可夫决策过程 M_1。对于状态 s，引入原子命题 a_s 表示当前状态为 s。考察属性 $\mathrm{P}_{=1}(\mathrm{F}a_{s3})$。通过计算发现，对于任意调度 Adv，有

$$\begin{aligned}\Pr(s_0,\mathrm{F}a_{s_3},\mathrm{Adv})&=\mathrm{Prob}_{s_0}^{\mathrm{Adv}}\{\pi\in\mathrm{Paths}_{s_0}\mid\pi\models\mathrm{F}a_{s_3}\}\\&=\mathrm{Prob}_{s_0}^{\mathrm{Adv}}\{\pi=s_0,s_1,(s_2,s_1)^r,s_3,\cdots\mid r\geqslant 0\}\\&=\frac{4}{5}+\frac{1}{5}\times\frac{4}{5}+\frac{1}{5}\times\frac{1}{5}\times\frac{4}{5}+\frac{1}{5}\times\frac{1}{5}\times\frac{1}{5}\times\frac{4}{5}+\cdots=1\end{aligned}$$

即 $s_0\models P_{=1}(\mathrm{F}a_{s_3})$。令 k 为界，则

$$\Pr(s_0,\mathrm{F}a_{s_3},\mathrm{Adv},k)=\mathrm{Prob}_{s_0}^{\mathrm{Adv}}\{\pi\in\mathrm{Paths}_{s_0}\mid\pi\models_k\mathrm{F}a_{s_3}\}$$

$$=\mathrm{Prob}_{s_0}^{\mathrm{Adv}}\{\pi=s_0,s_1,(s_2,s_1)^r,s_3,\cdots\mid r\leqslant\frac{k}{2}-1\}$$

$$=\frac{4}{5}+\frac{1}{5}\times\frac{4}{5}+\frac{1}{5}\times\frac{1}{5}\times\frac{4}{5}+\cdots+\left(\frac{1}{5}\right)^{\left(\frac{k}{2}-1\right)}\times\frac{4}{5}=1-\left(\frac{1}{5}\right)^{\left(\frac{k}{2}-1\right)+1}$$

比较 $\Pr(s_0, Fa_{s_3}, \mathrm{Adv})$ 和 $\Pr(s_0, Fa_{s_3}, \mathrm{Adv}, k)$ 可以发现，对于任意有限界 k，$\Pr(s_0, Fa_{s_3}, \mathrm{Adv}, k) < \Pr(s_0, Fa_{s_3}, \mathrm{Adv})$。换句话讲，对于属性 $P_{=1}(Fa_{s_3})$，尽管 $s_0 \models P_{=1}(Fa_{s_3})$，但不存在一个有限的自然数 k 使得 $s_0 \models_k P_{=1}(Fa_{s_3})$。

下面探讨完全界存在的条件。

引理 3.1　令 $M=(S, s_{\text{in}}, \mathrm{Act}, \mathrm{Steps}, \mathrm{Ap}, L)$ 为马尔可夫决策过程，ϕ 为 $\mathrm{PCTL}_{\geqslant}^{\exists}$ 状态公式，ψ 为 $\mathrm{PCTL}_{\geqslant}^{\exists}$ 路径公式。则对于任意自然数 k，属性在 k 步空间中成立，在 $k+1$ 步空间中也成立，即

$$s \models_k \phi \rightarrow s \models_{k+1} \phi, \pi \models_k \psi \rightarrow \pi \models_{k+1} \psi$$

通过对 $\mathrm{PCTL}_{\geqslant}^{\exists}$ 公式的长度进行归纳即可完成引理 3.1 的证明，故这里不给出其证明过程。

定理 3.2　令 $M=(S, s_{\text{in}}, \mathrm{Act}, \mathrm{Steps}, \mathrm{Ap}, L)$ 为马尔可夫决策过程，ψ 为 $\mathrm{PCTL}_{\geqslant}^{\exists}$ 路径公式，$p=\min\{\Pr(s_{\text{in}}, \psi, \mathrm{Adv}) \mid \mathrm{Adv} \in \mathrm{Adv}_M\}$，则对于公式 $P_{\geqslant r}(\psi)$ $(r<p)$，一定存在完全界 CT 使得 $s_{\text{in}} \models P_{\geqslant r}(\psi)$ 时 $s_{\text{in}} \models_{\mathrm{CT}} P_{\geqslant r}(\psi)$。

证明：由引理 3.1 可知，$\Pr(s_{\text{in}}, \psi, \mathrm{Adv}, k)$ 随着 k 的增加而不断增加，且

$$\lim_{k \to \infty} \Pr(s_{\text{in}}, \psi, \mathrm{Adv}, k) = \Pr(s_{\text{in}}, \psi, \mathrm{Adv})$$

令 $\xi = p - r$，由极限的定义可知存在自然数 k_ξ，当 $k > k_\xi$ 时，有

$$|\Pr(s_{\text{in}}, \psi, \mathrm{Adv}, k) - \Pr(s_{\text{in}}, \psi, \mathrm{Adv})| < \xi$$

此时取 $\mathrm{CT} = k_\xi + 1$，则

$$|\Pr(s_{\text{in}}, \psi, \mathrm{Adv}, \mathrm{CT}) - \Pr(s_{\text{in}}, \psi, \mathrm{Adv})| < \xi$$

即 $\Pr(s_{\text{in}} \models_{\mathrm{CT}} \psi) > p - \xi$，从而 $s_{\text{in}} \models_{\mathrm{CT}} P_{\geqslant r}(\psi)$。

定理 3.2 说明在何种条件下马尔可夫决策过程上的完全界是存在的，但是这种存在性条件依赖于事先计算 $\Pr(s_{\text{in}}, \psi, \mathrm{Adv})$，因此不具有实用性。不存在完全界导致无法以设置路径长度的上限来决定检测过程何时终止，因此需要提出新的判别标准。拟通过刻画不同界下所计算概率度量序列的演化趋势来执行判断。

回顾一下，判断 s 是否满足 $P_{\propto p}(\psi)$ 的关键在于对于所有 $\mathrm{Adv} \in \mathrm{Adv}_M$，有 $\Pr(s, \psi, \mathrm{Adv}) \propto p$。如果对于所有的 $\mathrm{Adv} \in \mathrm{Adv}_M$，$\Pr(s, \psi, \mathrm{Adv})$ 的某个下近似满足 $\propto p$，则 $\Pr(s, \psi, \mathrm{Adv}) \propto p$。因此，计算 $\min\{\Pr(s_{\text{in}}, \psi, \mathrm{Adv}) \mid \mathrm{Adv} \in \mathrm{Adv}_M\}$ 的下近似 $\min\{\Pr(s_{\text{in}}, \psi, \mathrm{Adv}, k) \mid \mathrm{Adv} \in \mathrm{Adv}_M\}$ $(k \geqslant 0)$。同理，对于 $P_{\propto p}^{\exists}(\psi)$ 计算 $\max\{\Pr(s_{\text{in}}, \psi, \mathrm{Adv}) \mid \mathrm{Adv} \in \mathrm{Adv}_M\}$ 的下近似 $\max\{\Pr(s_{\text{in}}, \psi, \mathrm{Adv}, k) \mid \mathrm{Adv} \in \mathrm{Adv}_M\}$ $(k \geqslant 0)$。下面以 $P_{\propto p}(\psi)$ 为例说明 $\mathrm{PCTL}_{\geqslant}^{\exists}$ 限界模型检测过程的终止性判断准则。

判断准则 3.1　$\mathrm{PCTL}_{\geqslant}^{\exists}$ 限界模型检测的终止性判断

输入：马尔可夫决策过程 $M=(S, s_{\text{in}}, \mathrm{Act}, \mathrm{Steps}, \mathrm{Ap}, L)$，$\mathrm{PCTL}_{\geqslant}^{\exists}$ 路径公式 ψ，预先设置的任意小的正实数 ξ，预先设置的界 m。

输出：$\min\{\Pr(s_{\text{in}}, \psi, \mathrm{Adv}) \mid \mathrm{Adv} \in \mathrm{Adv}_M\}$ 的下近似值。

(1) 令 $k=1$,计算 $\min\{\Pr(s_{in},\psi,Adv,0)\mid Adv\in Adv_M\}$,$\min\{\Pr(s_{in},\psi,Adv,1)\mid Adv\in Adv_M\}$

(2) While

$\min\{\Pr(s_{in},\psi,Adv,k)\mid Adv\in Adv_M\}-\min\{\Pr(s_{in},\psi,Adv,k-1)\mid Adv\in Adv_M\}\geqslant\xi\wedge k\leqslant m$

do {令 $k=k+1$,计算 $\min\{\Pr(s_{in},\psi,Adv,k)\mid Adv\in Adv_M\}$}

(3) 输出 $\min\{\Pr(s_{in},\psi,Adv,k)\mid Adv\in Adv_M\}$

由判断准则 3.1 可知

$$\min\{\Pr(s_{in},\psi,Adv,0)\mid Adv\in Adv_M\},\min\{\Pr(s_{in},\psi,Adv,1)\mid Adv\in Adv_M\},\cdots$$

是一个递增的数列,且 1 为其上界,因此该序列必收敛。收敛性保证了判断准则 3.1 在不预先设置计算步长 m 的情况下的终止性。上述过程实施的关键是如何计算 $\min\{\Pr(s_{in},\psi,Adv,k)\mid Adv\in Adv_M\}$,3.3.4 节将给出 $\min\{\Pr(s_{in},\psi,Adv,k)\mid Adv\in Adv_M\}$的计算方法。

3.3.4 限界模型检测算法

该算法的主要思想是:设计一套线性方程组刻画不同算子的限界语义的算法,使得线性方程组的解即为该算子对应的概率度量,从而 PCTL 限界语义的可满足性检测可通过判断线性方程组的解是否满足相应的概率度量约束即可。

对于 $P_{\propto p}(\psi)$,主要通过计算 $p_{s,k}^{\min}(\psi)=\min\{\Pr(s,\psi,Adv,k)\mid Adv\in Adv_M\}$来完成验证。对于 $\phi=P_{\propto p}^{\exists}(\psi)$,主要通过计算 $p_{s,k}^{\max}(\psi)=\max\{\Pr(s,\psi,Adv,k)\mid Adv\in Adv_M\}$来完成验证。设 $p_{s,k}^{\min}(\psi)=p$,则对于任意$0\leqslant r\leqslant p$,有 $s\models P_{\geqslant r}(\psi)$,对于任意 $0\leqslant l<p$,有 $s\models P_{>l}(\psi)$。令 $k\geqslant 0$ 为限界模型检测的界,$S_{\phi,k}=\{s\in S\mid s\models_k\phi\}$。对于 $PCTL_{\geqslant}^{\exists}$ 公式 ϕ,引入记号 $y(s,\phi,k)\in\{0,1\}$来表示 $s\models_k\phi$ 是否成立:$y(s,\phi,k)=1$ 表示 $s\models_k\phi$,$y(s,\phi,k)=0$ 表示 $s\not\models_k\phi$。$y(s,\phi,k)$定义如下。

(1) ϕ 为原子命题:如果 $\phi\in L(s)$,则 $y(s,\phi,k)=1$,否则 $y(s,\phi,k)=0$。

(2) ϕ 为原子命题:如果 $\phi\in L(s)$,则 $y(s,\neg\phi,k)=1$,否则 $y(s,\neg\phi,k)=0$。

(3) $\phi=\phi_1\vee\phi_2$:$y(s,\phi,k)=y(s,\phi_1,k)\vee y(s,\phi_2,k)$。

(4) $\phi=\phi_1\wedge\phi_2$:$y(s,\phi,k)=y(s,\phi_1,k)\wedge y(s,\phi_2,k)$。

(5) $\phi=P_{\propto p}(\psi)$:如果 $p_{s,k}^{\min}(\psi)\propto p$,则 $y(s,\phi,k)=1$,否则 $y(s,\phi,k)=0$。

(6) $\phi=P_{\propto p}^{\exists}(\psi)$:如果 $p_{s,k}^{\max}(\psi)\propto p$,则 $y(s,\phi,k)=1$,否则 $y(s,\phi,k)=0$。

对于 $p_{s,k}^{\min}(\psi)$和 $p_{s,k}^{\max}(\psi)$,时态算子的语义不同决定了转换方法的不同,下面分别讨论。

Case1:ψ 为原子命题

如果 $\psi \in L(s)$，则 $p_{s,k}^{\min}(\psi)=1$，否则 $p_{s,k}^{\min}(\psi)=0$。

Case2：$\psi = \mathrm{X}\delta$

当 $k=0$ 时，由于当前状态 s 没有后继状态，所以 $p_{s,0}^{\min}(\psi)=0$；

当 $k \geqslant 1$ 时，首先需要对每一个调度 Adv 计算 $\Pr(s,\psi,\mathrm{Adv},k)$，然后取其中的最小值，因此

$$p_{s,k}^{\min}(\psi) = \min_{(a,\mu)\in \mathrm{Steps}(s)} \{ \sum_{s' \in S} y(s',\delta,k-1)\mu(s') \}$$

Case3：$\psi = \mathrm{F}\delta$

当 $k=0$ 时，$p_{s,0}^{\min}(\psi)$ 完全依赖于 s 是否满足 δ，因此如果 $y(s,\delta,0)=1$，则 $p_{s,0}^{\min}(\psi)=1$，否则 $p_{s,0}^{\min}(\psi)=0$；

当 $k \geqslant 1$ 时，$p_{s,k}^{\min}(\psi)$ 的计算分为两部分，即当前状态 s 满足 δ 和不满足 δ。在满足的情形下，$p_{s,k}^{\min}(\psi)=1$，否则 $p_{s,k}^{\min}(\psi)$ 由 s 的后继状态决定，因此

$$p_{s,k}^{\min}(\psi) = y(s,\delta,k) + (1-y(s,\delta,k)) \min_{(a,\mu)\in \mathrm{Steps}(s)} \{ \sum_{s' \in S} \mu(s') p_{s',k-1}^{\min}(\psi) \}$$

Case4：$\psi = \mathrm{G}\delta$

当 $k=0$，$y(s,\delta,0)=0$ 时，s 不满足 δ，因此 $p_{s,0}^{\min}(\psi)=0$；

当 $k=0$，$y(s,\delta,0)=1$ 时，由于 G 算子要求考察无穷长的路径，所以如果存在 $(a,\mu)\in \mathrm{Steps}(s)$ 使得 $\mu(s)<1$，则 $p_{s,0}^{\min}(\psi)=0$，否则 $p_{s,0}^{\min}(\psi)=1$；

当 $k \geqslant 1$ 时，采用一种下近似的计算方法，即如果在一个循环中存在概率小于 1 的状态转换，则包含此循环的路径的概率度量为 0，因此

$$\begin{aligned} p_{s,k}^{\min}(\psi) = & \min_{(a_1,\mu_1)\in \mathrm{Steps}(s_0),\cdots,(a_{k+1},\mu_{k+1})\in \mathrm{Steps}(s_k)} \sum_{i=0}^{k} \sum_{s_0,\cdots,s_k \in S} y(s_0,\delta,k) \cdot y(s_1,\delta,k) \cdot \\ & \mu_1(s_1) \cdot \cdots \cdot y(s_i,\delta,k) \cdot \mu_i(s_i) \cdot y(s_{i+1},\delta,k) \cdot \lfloor \mu_{i+1}(s_{i+1}) \rfloor \cdot \cdots \cdot \\ & y(s_k,\delta,k) \cdot \lfloor \mu_k(s_k) \rfloor \cdot \lfloor \mu_{k+1}(s_i) \rfloor \end{aligned}$$

式中，记号 $\lfloor \mu_j(s_j) \rfloor$ 表示对 $\mu_j(s_j)$ 取整（$i+1 \leqslant j \leqslant k+1$）。

Case5：$\psi = \varphi \mathrm{U} \gamma$

当 $k=0$ 时，$p_{s,0}^{\min}(\psi)$ 完全依赖于 s 是否满足 γ，因此如果 $y(s,\gamma,0)=1$，则 $p_{s,0}^{\min}(\psi)=1$，否则 $p_{s,0}^{\min}(\psi)=0$；

当 $k \geqslant 1$ 时，分成两种情况：①s 满足 γ，此时 $p_{s,k}^{\min}(\psi)=1$；②s 满足 ϕ，不满足 γ 时，有

$$p_{s,k}^{\min}(\psi) = y(s,\phi,k) \cdot \min_{(a,\mu)\in \mathrm{Steps}(s)} \left\{ \sum_{s' \in S} \mu(s') p_{s',k-1}^{\min}(\psi) \right\}$$

Case6：$\psi = \phi \mathrm{R} \gamma$

依据 R 算子的语义可以分解成两种情形讨论，其一类似于 U 算子，其二类似于 G 算子。具体计算过程如下。

当 $k=0, y(s,\gamma,0)=0$ 时，则 $p_{s,0}^{\min}(\psi)=0$；

当 $k=0$ 时，如果 $y(s,\varphi,0)=y(s,\gamma,0)=1$，则 $p_{s,0}^{\min}(\psi)=1$；

当 $k=0, y(s,\gamma,0)=1, y(s,\varphi,0)=0$ 时，如果存在 $(a,\mu)\in \mathrm{Steps}(s)$ 使得 $\mu(s)<1$，则 $p_{s,0}^{\min}(\psi)=0$，否则 $p_{s,0}^{\min}(\psi)=1$；

当 $k\geqslant 1$ 时，因为 $\phi=\varphi \mathrm{R}\gamma\equiv \mathrm{G}\gamma\vee(\gamma \mathrm{U}(\gamma\wedge\varphi))$，故分成两部分

$$p_{s,k}^{\min}(\psi)=\min_{(a_1,\mu_1)\in \mathrm{Steps}(s_0),\cdots,(a_{k+1},\mu_{k+1})\in \mathrm{Steps}(s_k)}\sum_{i=0}^{k}\sum_{s_0,\cdots,s_k\in S}(1-y(s_0,\varphi,k))\cdot\cdots\cdot(1-y(s_k,\varphi,k))\cdot y(s_0,\gamma,k)\cdot y(s_1,\gamma,k)\cdot\mu_1(s_1)\cdot\cdots\cdot y(s_i,\gamma,k)\cdot\mu_i(s_i)\cdot y(s_{i+1},\gamma,k)\cdot\lfloor\mu_{i+1}(s_{i+1})\rfloor\cdot\cdots\cdot y(s_k,\delta,k)\cdot\lfloor\mu_k(s_k)\rfloor\cdot\lfloor\mu_{k+1}(s_i)\rfloor+p_{s,k}^{\min}(\gamma \mathrm{U}(\gamma\wedge\varphi))$$

这里加入因子 $(1-y(s_j,\varphi,k))(0\leqslant j\leqslant k)$ 的主要目的是避免重复计算 $\{\pi\mid\pi\models_k \mathrm{G}\gamma\wedge\pi\models_k\gamma \mathrm{U}(\gamma\wedge\varphi)\}$ 的概率度量。

对于公式 $\phi=\mathrm{P}_{\propto p}^{\exists}(\psi)$ 具体的计算过程如下。

Case1：ψ 为原子命题

如果 $\psi\in L(s)$，则 $p_{s,k}^{\max}(\psi)=1$，否则 $p_{s,k}^{\max}(\psi)=0$。

Case2：$\psi=\mathrm{X}\delta$

当 $k=0$ 时，由于当前状态 s 没有后继状态，所以 $p_{s,0}^{\max}(\psi)=0$；

当 $k\geqslant 1$ 时，首先需要对每一个调度 Adv 计算 $\mathrm{Pr}(s,\psi,\mathrm{Adv},k)$，然后取其中的最大值，因此

$$p_{s,k}^{\max}(\psi)=\max_{(a,\mu)\in \mathrm{Steps}(s)}\{\sum_{s'\in S}y(s',\delta,k-1)\mu(s')\}$$

Case3：$\psi=\mathrm{F}\delta$

当 $k=0$ 时，$p_{s,0}^{\max}(\psi)$ 完全依赖于 s 是否满足 δ，因此如果 $y(s,\delta,0)=1$，则 $p_{s,0}^{\max}(\psi)=1$，否则 $p_{s,0}^{\max}(\psi)=0$；

当 $k\geqslant 1$ 时，$p_{s,k}^{\max}(\psi)$ 的计算分为两部分，即当前状态 s 满足 δ 和不满足 δ。在满足的情形下，$p_{s,k}^{\max}(\psi)=1$，否则 $p_{s,k}^{\max}(\psi)$ 由 s 的后继状态决定，因此

$$p_{s,k}^{\max}(\psi)=y(s,\delta,k)+(1-y(s,\delta,k))\max_{(a,\mu)\in \mathrm{Steps}(s)}\{\sum_{s'\in S}\mu(s')p_{s',k-1}^{\max}(\psi)\}$$

Case4：$\psi=\mathrm{G}\delta$

当 $k=0, y(s,\delta,0)=0$ 时，s 不满足 δ，因此 $p_{s,0}^{\max}(\psi)=0$；

当 $k=0, y(s,\delta,0)=1$ 时，由于 G 算子要求考察无穷长的路径，所以如果存在 $(a,\mu)\in \mathrm{Steps}(s)$ 使得 $\mu(s)=1$，则 $p_{s,0}^{\max}(\psi)=1$，否则 $p_{s,0}^{\max}(\psi)=0$；

当 $k\geqslant 1$ 时，采用一种下近似的计算方法，即如果在一个循环中存在概率小于 1 的状态转换，则包含此循环的路径的概率度量为 0，因此

$$p_{s,k}^{\max}(\psi) = \max_{(a_1,\mu_1)\in \text{Steps}(s_0),\cdots,(a_{k+1},\mu_{k+1})\in \text{Steps}(s_k)} \sum_{i=0}^{k} \sum_{s_0,\cdots,s_k\in S} y(s_0,\delta,k)\cdot y(s_1,\delta,k)\cdot \mu_1(s_1)\cdot\cdots\cdot y(s_i,\delta,k)\cdot\mu_i(s_i)\cdot y(s_{i+1},\delta,k)\cdot\lfloor\mu_{i+1}(s_{i+1})\rfloor\cdot\cdots\cdot y(s_k,\delta,k)\cdot\lfloor\mu_k(s_k)\rfloor\cdot\lfloor\mu_{k+1}(s_i)\rfloor$$

式中，记号$\lfloor \mu_j(s_j)\rfloor$表示对 $\mu_j(s_j)$取整$(i+1\leqslant j\leqslant k+1)$。

Case5：$\psi=\varphi\text{U}\gamma$

当 $k=0$ 时，$p_{s,0}^{\max}(\psi)$完全依赖于 s 是否满足 γ，因此如果 $y(s,\gamma,0)=1$，则 $p_{s,0}^{\max}(\psi)=1$，否则 $p_{s,0}^{\max}(\psi)=0$；

当 $k\geqslant1$ 时，分成两种情况：①s 满足 γ，此时 $p_{s,k}^{\max}(\psi)=1$；②s 满足 ϕ，不满足 γ 时，有

$$p_{s,k}^{\max}(\psi)=y(s,\varphi,k)\cdot \max_{(a,\mu)\in\text{Steps}(s)}\left\{\sum_{s'\in S}\mu(s')p_{s',k-1}^{\max}(\psi)\right\}$$

Case6：$\psi=\varphi\text{R}\gamma$

依据 R 算子的语义可以分解成两种情形讨论，其一类似于 U 算子，其二类似于 G 算子，具体计算过程如下。

当 $k=0$，$y(s,\gamma,0)=0$ 时，则 $p_{s,0}^{\max}(\psi)=0$；

当 $k=0$ 时，如果 $y(s,\varphi,0)=y(s,\gamma,0)=1$，则 $p_{s,0}^{\max}(\psi)=1$；

当 $k=0$，$y(s,\gamma,0)=1$，$y(s,\varphi,0)=0$ 时，如果存在$(\alpha,\mu)\in\text{Steps}(s)$使得 $\mu(s)=1$，则 $p_{s,0}^{\max}(\psi)=1$，否则 $p_{s,0}^{\max}(\psi)=0$；

当 $k\geqslant1$ 时，因为 $\phi=\varphi\text{R}\gamma\equiv\text{G}\gamma\vee(\gamma\text{U}(\gamma\wedge\varphi))$，故分成两部分

$$p_{s,k}^{\max}(\psi)=\max_{(a_1,\mu_1)\in\text{Steps}(s_0),\cdots,(a_{k+1},\mu_{k+1})\in\text{Steps}(s_k)}\sum_{i=0}^{k}\sum_{s_0,\cdots,s_k\in S}(1-y(s_0,\varphi,k))\cdot\cdots\cdot(1-y(s_k,\varphi,k))\cdot y(s_0,\gamma,k)\cdot y(s_1,\gamma,k)\cdot\mu_1(s_1)\cdot\cdots\cdot y(s_i,\gamma,k)\cdot\mu_i(s_i)\cdot y(s_{i+1},\gamma,k)\cdot\lfloor\mu_{i+1}(s_{i+1})\rfloor\cdot\cdots\cdot y(s_k,\delta,k)\cdot\lfloor\mu_k(s_k)\rfloor\cdot\lfloor\mu_{k+1}(s_i)\rfloor+p_{s,k}^{\max}(\gamma\text{U}(\gamma\wedge\varphi))$$

下面分析线性方程组的阶与马尔可夫决策过程的大小、界、公式长度等元素相互之间的依赖关系。

定义 3.9

0 步可达：若 s 为从自身出发则称其为 0 步可达的。

1 步可达：如果存在$(a,\mu)\in\text{Steps}(s)$使得 $\mu(s_1)>0$，则称 s_1 为从 s 出发 1 步可达的。

l 步可达：如果 s_{l-1}为从 s 出发 $l-1$ 步可达的，且存在$(a,\mu)\in\text{Steps}(s_{l-1})$使得 $\mu(s_l)>0$，则称 s_l 为从 s 出发 l 步可达的。

对 PCTL$_{\geqslant}^{\exists}$公式 ϕ，令$|\phi|$表示 ϕ 中出现的符号的数目。设 $M=(S,s_{\text{in}},\text{Act},$

Steps,Ap,L)为马尔可夫决策过程,ϕ 为被分析的公式,k 为界,所有从初始状态 i 步可达的状态数目记为 N_i,线性方程组中变元的数量记为 V。在不同状态下,对 ϕ 的每一个子公式转换算法建立其与每一个不大于 k 的界的组合。此外,每个 ϕ 的子公式 φ 与变元 $y(s,\varphi,k)$ 建立了一一对应关系。上述分析过程表明

$$V \leqslant (N_0 + \cdots + N_k) \times |\phi| \times k \times 2$$

直接法[3]和迭代法[3]是求解线性方程组的两类主要方法,直接法的特点是准确性和可靠性高,迭代法的特点是适用于高阶方程组。而对于马尔可夫决策过程,转换算法演绎出的是上三角方程组。因此可忽略方程组阶的影响,仍然选择直接法来求解方程。变元求解的次序可采用文献[5]中定义的语法树来确定,即先求解原子命题对应的变元,然后由内向外依次求解各子公式对应的变元。

3.4 实例研究

在分布式系统中,当进程或者用户进入非法状态时,总希望其能尽快回归到合法状态。为此 Israeli 等提出了自稳定协议[6],从而保证当系统进入非法状态时,在没有外部力量的帮助下能够在有限步内自动回到合法状态,其中,将合法状态称为稳定状态。假设系统由 N 个独立的进程 $P_1, P_2, \cdots, P_N$ 组成,进程之间的运行是异步的。稳定状态是指只有一个进程享有特权,这里的"享有特权"是指该进程拥有一个令牌。

每个进程 P_i 使用一个布尔变量 q_i 来说明该进程是否拥有一个令牌。当进程拥有令牌时称该进程是活的,只有活的进程才能被调度。进程被调度以后,该进程随机将令牌移给它左边或者右边的进程。如果进程拥有的令牌数超过一个,则被合并为一个。

下面探讨如何利用马尔可夫决策过程模拟该协议,具体决策过程 $M=(S, s_{\text{in}}$, Act, Steps, Ap, L)定义如下。

(1) $S=B^N$,其中,$B=\{q_1, q_2, \cdots, q_N\}$,即每个状态表示为一个布尔向量 $s=(q_1, q_2, \cdots, q_N)$,其中第 i 个元素表示进程 P_i 是否拥有令牌。

(2) $s_{\text{in}}=\{1, \cdots, 1\}$为初始状态,即每个进程均拥有一个令牌。

(3) Act$=\{1, 2, \cdots, N\}$为动作集,其中,i 表示进程 P_i 被调度。

(4) Steps: $S \to 2^{\text{Act} \times \text{Dist}(S)}$,对于任意状态 $s \in S$,$(i, \mu) \in \text{Steps}(s)$,当且仅当 $q_i=1$,任意 $s' \in S$ 满足

$$\mu(s') = \begin{cases} \dfrac{1}{2}, & q'_{i\oplus 1}=1, q'_i=0 \text{ 且 } q'_j=q_j, j \neq i, i\oplus 1 \\ \dfrac{1}{2}, & q'_{i\odot 1}=1, q'_i=0 \text{ 且 } q'_j=q_j, j \neq i, i\odot 1 \\ 0, & \text{其他} \end{cases}$$

式中，$i \oplus 1 = i+1 \pmod{N}$，$i \odot 1 = \begin{cases} N, i=1 \\ i-1, \text{其他} \end{cases}$。

(5) $\mathrm{Ap}=\{q_1, q_2, \cdots, q_N, \mathrm{stable}\}$。

(6) $L: S \to 2^{\mathrm{Ap}}$，其中，$q_i \in L(s)$，当且仅当 $q_i=1$，$\mathrm{stable} \in L(s)$，当且仅当 $\exists 1 \leqslant i \leqslant N$ 使得 $q_i=1$ 且 $\forall 1 \leqslant j \leqslant N (j \neq i \to q_j = 0)$。

下面验证这样的属性：令 L 表示 1 步可达状态中稳定状态从其可达的概率不低于 0.5 的所有状态，则 L 从初始状态可达的概率也不低于 0.5。该属性利用 PCTL 逻辑描述为 $\mathrm{P}_{\geqslant \frac{1}{2}}(\mathrm{XP}_{\geqslant \frac{1}{2}}(\mathrm{F\ stable}))$。当界为 2 时，检测 s_0 是否满足 $\mathrm{P}_{\geqslant \frac{1}{2}}(\mathrm{XP}_{\geqslant \frac{1}{2}}(\mathrm{F\ stable}))$，为此需要计算概率度量 $p_{s_0,2}^{\min}(\mathrm{XP}_{\geqslant \frac{1}{2}}(\mathrm{F\ stable}))$，即

$$\min\{\mathrm{pr}(s_0, \mathrm{XP}_{\geqslant \frac{1}{2}}(\mathrm{F\ stable}), \mathrm{Adv}, 2) \mid \mathrm{Adv} \in \mathrm{Adv}_M\}$$

界为 2 时自稳定协议对应的马尔可夫决策过程展开图如图 3.2 所示。具体的计算过程如下，主要是按照语法树由上向下逐层推进，直到界为 0 或者原子命题为止。

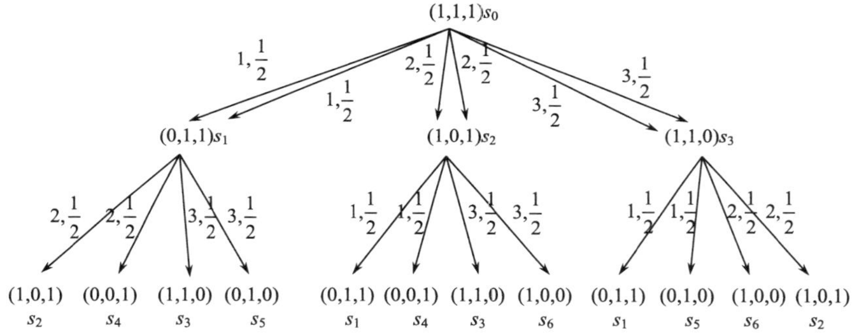

图 3.2　界为 2 时自稳定协议对应的马尔可夫决策过程展开图

(1) $p_{s_0,2}^{\min}(\mathrm{XP}_{\geqslant \frac{1}{2}}(\mathrm{F\ stable})) = \min\{\frac{1}{2}y(s_1, \mathrm{P}_{\geqslant \frac{1}{2}}(\mathrm{F\ stable}), 1) + \frac{1}{2}y(s_1, \mathrm{P}_{\geqslant \frac{1}{2}}(\mathrm{F\ stable}), 1), \frac{1}{2}y(s_2, \mathrm{P}_{\geqslant \frac{1}{2}}(\mathrm{F\ stable}), 1) + \frac{1}{2}y(s_2, \mathrm{P}_{\geqslant \frac{1}{2}}(\mathrm{F\ stable}), 1), \frac{1}{2}y(s_3, \mathrm{P}_{\geqslant \frac{1}{2}}(\mathrm{F\ stable}), 1) + \frac{1}{2}y(s_3, \mathrm{P}_{\geqslant \frac{1}{2}}(\mathrm{F\ stable}), 1)\} = \min\{y(s_1, \mathrm{P}_{\geqslant \frac{1}{2}}(\mathrm{F\ stable}), 1) + y(s_2, \mathrm{P}_{\geqslant \frac{1}{2}}(\mathrm{F\ stable}), 1) + y(s_3, \mathrm{P}_{\geqslant \frac{1}{2}}(\mathrm{F\ stable}), 1)\}$；

(2) $p_{s_1,1}^{\min}(\mathrm{F\ stable}) = y(s_1, \mathrm{stable}, 0) + (1 - y(s_1, \mathrm{stable}, 0)) \times \min\{\frac{1}{2}p_{s_2,0}^{\min}(\mathrm{F\ stable}) + \frac{1}{2}p_{s_4,0}^{\min}(\mathrm{F\ stable}), \frac{1}{2}p_{s_3,0}^{\min}(\mathrm{F\ stable}) + \frac{1}{2}p_{s_5,0}^{\min}(\mathrm{F\ stable})\}$；

(3) 如果 $p_{s_1,1}^{\min}(\mathrm{F\ stable}) \geqslant \frac{1}{2}$，则 $y(s_1, \mathrm{P}_{\geqslant \frac{1}{2}}(\mathrm{F\ stable}), 1) = 1$，否则 $y(s_1,$

$\mathrm{P}_{\geqslant\frac{1}{2}}(\mathrm{F\ stable}),1)=0$；

(4) $p^{\min}_{s_2,1}(\mathrm{F\ stable})=y(s_2,\mathrm{stable},0)+(1-y(s_2,\mathrm{stable},0))\times\min\{\frac{1}{2}p^{\min}_{s_1,0}(\mathrm{F\ stable})+\frac{1}{2}p^{\min}_{s_4,0}(\mathrm{F\ stable}),\frac{1}{2}p^{\min}_{s_3,0}(\mathrm{F\ stable})+\frac{1}{2}p^{\min}_{s_6,0}(\mathrm{F\ stable})\}$；

(5) 如果 $p^{\min}_{s_2,1}(\mathrm{F\ stable})\geqslant\frac{1}{2}$,则 $y(s_2,\mathrm{P}_{\geqslant\frac{1}{2}}(\mathrm{F\ stable}),1)=1$，否则 $y(s_2,\mathrm{P}_{\geqslant\frac{1}{2}}(\mathrm{F\ stable}),1)=0$；

(6) $p^{\min}_{s_3,1}(\mathrm{F\ stable})=y(s_3,\mathrm{stable},0)+(1-y(s_3,\mathrm{stable},0))\times\min\{\frac{1}{2}p^{\min}_{s_1,0}(\mathrm{F\ stable})+\frac{1}{2}p^{\min}_{s_5,0}(\mathrm{F\ stable}),\frac{1}{2}p^{\min}_{s_6,0}(\mathrm{F\ stable})+\frac{1}{2}p^{\min}_{s_2,0}(\mathrm{F\ stable})\}$；

(7) 如果 $p^{\min}_{s_3,1}(\mathrm{F\ stable})\geqslant\frac{1}{2}$，则 $y(s_3,\mathrm{P}_{\geqslant\frac{1}{2}}(\mathrm{F\ stable}),1)=1$，否则 $y(s_3,\mathrm{P}_{\geqslant\frac{1}{2}}(\mathrm{F\ stable}),1)=0$；

(8) $y(s_1,\mathrm{stable},0)=y(s_2,\mathrm{stable},0)=y(s_3,\mathrm{stable},0)=0$ $y(s_4,\mathrm{stable},0)=y(s_5,\mathrm{stable},0)=y(s_6,\mathrm{stable},0)=1$；

(9) $p^{\min}_{s_1,0}(\mathrm{F\ stable})=p^{\min}_{s_2,0}(\mathrm{F\ stable})=p^{\min}_{s_3,0}(\mathrm{F\ stable})=0$ $p^{\min}_{s_4,0}(\mathrm{F\ stable})=p^{\min}_{s_5,0}(\mathrm{F\ stable})=p^{\min}_{s_6,0}(\mathrm{F\ stable})=1$。

对于上述方程组,变元求解的顺序如下。

(1) $y(s_1,\mathrm{stable},0),y(s_2,\mathrm{stable},0),y(s_3,\mathrm{stable},0),y(s_4,\mathrm{stable},0),y(s_5,\mathrm{stable},0),y(s_6,\mathrm{stable},0)$；

(2) $p^{\min}_{s_2,0}(\mathrm{F\ stable}),p^{\min}_{s_3,0}(\mathrm{F\ stable}),p^{\min}_{s_1,0}(\mathrm{F\ stable}),p^{\min}_{s_6,0}(\mathrm{F\ stable}),p^{\min}_{s_4,0}(\mathrm{F\ stable}),p^{\min}_{s_5,0}(\mathrm{F\ stable})$；

(3) $p^{\min}_{s_1,1}(\mathrm{F\ stable}),p^{\min}_{s_2,1}(\mathrm{F\ stable}),p^{\min}_{s_3,1}(\mathrm{F\ stable})$；

(4) $y(s_1,\mathrm{P}_{\geqslant\frac{1}{2}}(\mathrm{F\ stable}),1),y(s_2,\mathrm{P}_{\geqslant\frac{1}{2}}(\mathrm{F\ stable}),1),y(s_3,\mathrm{P}_{\geqslant\frac{1}{2}}(\mathrm{F\ stable}),1)$；

(5) $p^{\min}_{s_0,2}(\mathrm{XP}_{\geqslant\frac{1}{2}}(\mathrm{F\ stable}))$。

最终得出 $p^{\min}_{s_0,2}(\mathrm{XP}_{\geqslant\frac{1}{2}}(\mathrm{F\ stable}))=\frac{1}{2}$,所以 $s_0\models\mathrm{P}_{\geqslant\frac{1}{2}}(\mathrm{XP}_{\geqslant\frac{1}{2}}(\mathrm{F\ stable}))$。

3.5 实验结果

为了考察限界检测技术在实际应用中约简状态空间的效果,利用限界模型检测算法验证了三个实例:①自稳定协议;②Lehmann 等提出的解决哲学家就餐问题的策略[7];③带冲突避免的载波监听多路访问协议 CSMA/CA[8]。表 3.1、

表 3.2和表 3.3 分别给出了线性方程组变元数目随着进程数(主体数)、界的变化而变化的情况。表中的变元数目是依据 3.3.4 节中描述的变元数目与马尔可夫决策过程的状态展开空间、公式长度以及界之间的关系估算出的上界。

表中的几个属性说明如下。

$P_{\geqslant \frac{1}{2}}(XP_{\geqslant \frac{1}{2}}(F\ stable))$:令事件 E 表示一步可达状态到达稳定状态的概率不低于 0.5,则事件 E 成立的概率不低于 0.5。

$hungry \rightarrow P_{\geqslant \frac{1}{2}}((true)U(eat))$:哲学家饥饿后最终吃到晚餐的概率不低于 0.5。

$P_{\geqslant \frac{3}{4}}(GP_{\geqslant \frac{4}{5}}(F\ eat))$:令事件 E 表示任何时候哲学家想吃晚餐最终都能吃到晚餐的概率不低于 0.8,则事件 E 成立的概率不低于 0.75。

$P_{\geqslant 1}(trueU(s_1=12 \wedge s_2=12))$:数据成功发送的概率为 1。

表 3.1　自稳定协议的限界模型检测与无界模型检测比较

协议	属性	进程	界	变元	初始状态	全局状态	转换关系
自稳定协议	$P_{\geqslant \frac{1}{2}}(XP_{\geqslant \frac{1}{2}}(F\ stable))$	3	2	<56	1	7	21
自稳定协议	$P_{\geqslant \frac{1}{2}}(XP_{\geqslant \frac{1}{2}}(F\ stable))$	3	3	<68	1	7	21
自稳定协议	$P_{\geqslant \frac{1}{2}}(XP_{\geqslant \frac{1}{2}}(F\ stable))$	4	2	<86	1	15	56
自稳定协议	$P_{\geqslant \frac{1}{2}}(XP_{\geqslant \frac{1}{2}}(F\ stable))$	4	3	<170	1	15	56
自稳定协议	$P_{\geqslant \frac{1}{2}}(XP_{\geqslant \frac{1}{2}}(F\ stable))$	5	3	<272	1	31	140
自稳定协议	$P_{\geqslant \frac{1}{2}}(XP_{\geqslant \frac{1}{2}}(F\ stable))$	5	4	<452	1	31	140
自稳定协议	$P_{\geqslant \frac{1}{2}}(XP_{\geqslant \frac{1}{2}}(F\ stable))$	6	3	<410	1	63	336
自稳定协议	$P_{\geqslant \frac{1}{2}}(XP_{\geqslant \frac{1}{2}}(F\ stable))$	6	4	<746	1	63	336
自稳定协议	$P_{\geqslant \frac{1}{2}}(XP_{\geqslant \frac{1}{2}}(F\ stable))$	7	4	<1178	1	127	784
自稳定协议	$P_{\geqslant \frac{1}{2}}(XP_{\geqslant \frac{1}{2}}(F\ stable))$	7	5	<1892	1	127	784

表 3.2　哲学家就餐问题的限界模型检测与无界模型检测比较

协议	属性	主体个数	界	变元	初始状态	全局状态	转换关系
哲学家就餐策略	$hungry \rightarrow P_{\geqslant \frac{1}{2}}((true)U(eat))$	3	3	<470	1	956	3048
哲学家就餐策略	$hungry \rightarrow P_{\geqslant \frac{1}{2}}((true)U(eat))$	4	3	<1010	1	9440	40120
哲学家就餐策略	$hungry \rightarrow P_{\geqslant \frac{1}{2}}((true)U(eat))$	5	3	<1862	1	93068	49420

续表

协议	属性	主体个数	界	变元	初始状态	全局状态	转换关系
哲学家就餐策略	hungry→$P_{\geq\frac{1}{2}}$((true)U(eat))	6	3	<3098	1	917424	5848524
哲学家就餐策略	hungry→$P_{\geq\frac{1}{2}}$((true)U(eat))	7	3	<4790	1	9043420	67259808
哲学家就餐策略	$P_{\geq\frac{3}{4}}$(G$P_{\geq\frac{4}{5}}$(F eat))	3	3	<940	1	956	3048
哲学家就餐策略	$P_{\geq\frac{3}{4}}$(G$P_{\geq\frac{4}{5}}$(F eat))	4	3	<2020	1	9440	40120
哲学家就餐策略	$P_{\geq\frac{3}{4}}$(G$P_{\geq\frac{4}{5}}$(F eat))	5	3	<3724	1	93068	49420
哲学家就餐策略	$P_{\geq\frac{3}{4}}$(G$P_{\geq\frac{4}{5}}$(F eat))	6	3	<6196	1	917424	5848524
哲学家就餐策略	$P_{\geq\frac{3}{4}}$(G$P_{\geq\frac{4}{5}}$(F eat))	7	3	<9580	1	9043420	67259808

表 3.3 CSMA/CA 协议的限界模型检测与无界模型检测比较

协议	属性	进程	界	最大退避次数	变元	初始状态	全局状态
CSMA/CA	$P_{\geq 1}$(trueU(s_1=12∧s_2=12))	5	3	0	<108	1	16069
CSMA/CA	$P_{\geq 1}$(trueU(s_1=12∧s_2=12))	5	3	1	<108	1	34855
CSMA/CA	$P_{\geq 1}$(trueU(s_1=12∧s_2=12))	5	3	2	<108	1	87345
CSMA/CA	$P_{\geq 1}$(trueU(s_1=12∧s_2=12))	5	3	3	<108	1	217082
CSMA/CA	$P_{\geq 1}$(trueU(s_1=12∧s_2=12))	5	3	4	<108	1	586255
CSMA/CA	$P_{\geq 1}$(trueU(s_1=12∧s_2=12))	5	3	5	<108	1	1774068
CSMA/CA	$P_{\geq 1}$(trueU(s_1=12∧s_2=12))	5	3	6	<108	1	5958233
CSMA/CA	$P_{\geq 1}$(trueU(s_1=12∧s_2=12))	5	4	0	<144	1	16069
CSMA/CA	$P_{\geq 1}$(trueU(s_1=12∧s_2=12))	5	4	1	<144	1	34855
CSMA/CA	$P_{\geq 1}$(trueU(s_1=12∧s_2=12))	5	4	2	<144	1	87345
CSMA/CA	$P_{\geq 1}$(trueU(s_1=12∧s_2=12))	5	4	3	<144	1	217082
CSMA/CA	$P_{\geq 1}$(trueU(s_1=12∧s_2=12))	5	4	4	<144	1	586255
CSMA/CA	$P_{\geq 1}$(trueU(s_1=12∧s_2=12))	5	4	5	<144	1	1774068
CSMA/CA	$P_{\geq 1}$(trueU(s_1=12∧s_2=12))	5	4	6	<144	1	5958233

全局检测算法与限界检测算法状态空间可以显式表示也可以隐式表示，如符号化技术。因此，避开状态空间表示的具体数据结构，从所需遍历的状态空间规模的角度比较限界检测与全局检测算法对空间的需求。为此表3.1～表3.3同时给出了利用模型检测工具PRISM(Probabilistic Symbolic Model Checker)[9]计算出的在全局状态空间下每个实例的初始状态数目、状态的数目以及转换关系的数目。

从表3.1～表3.3可以看出，马尔可夫限界模型检测具有以下几方面的特点。

(1) 该技术是一种前向搜索技术，不需要访问所有的空间，且可以快速发现属性成立的证据。

(2) 在证据较短的情况下，所需内存空间少于基于MTBDD的符号化模型检测技术。

(3) 与基于MTBDD的方法不一样，该技术不需要对变量进行排序。

3.6　终止标准的修正

从理论上讲，$s\models_k\phi\Rightarrow s\models_{k+1}\phi$，因此随着界的增长概率度量会逐渐递增。首先以自稳定协议和图3.3所示的马尔可夫决策过程M_3为例，研究随着界的增长概率度量增长的规律。在M_3中验证的属性为$\mathrm{P}_{\geqslant\frac{5}{9}}(\mathrm{F}r)$，其中

$$r\in L(s_2)\cap L(s_5)\cap L(s_8),r\notin L(s_0)\cup L(s_1)$$
$$\cup L(s_3)\cup L(s_4)\cup L(s_6)\cup L(s_7)\cup L(s_8)$$

图3.4中的虚线给出了在主体为3的情况下，概率度量$p_{s_0,k}^{\min}(\mathrm{XP}_{\geqslant\frac{1}{2}}(\mathrm{F\ stable}))$的递增规律，实线给出了概率度量$p_{s_0,k}^{\min}(\mathrm{F}r)$的递增规律。图3.4中的两条曲线分别代表概率度量增长的典型规律。令p_i表示界为i时得到的概率度量。第一种规律是$p_0,p_1,\cdots$是从某点开始的严格递增序列，即存在$j\geqslant 0$使得对于任意$i\geqslant j$，有$p_i<p_{i+1}$，第二种规律是$p_0,p_1,\cdots$为非严格递增序列，即对于任意$j\geqslant 0$，存在$i\geqslant j$使得$p_i=p_{i+1}$。

判断准则3.1的核心是连续两次概率度量的差控制在预先设置的范围内时计算过程结束。对于数值序列$x_0,x_1,\cdots$，当对于任意自然数i，$|x_{i+2}-x_{i+1}|<|x_{i+1}-x_i|$时判断准则3.1是有效的，但是对于图3.4中的两个概率度量序列都无效。对于自稳定协议，界为1时检测过程终止，此时概率度量为0；对于M_3，当界为3时终止，此时概率度量为1/3。对于上述两个实例，按照判断准则3.1得到的近似概率度量与真实的概率度量误差较大，因此必须对判断准则进行修正，从而使判断准则适用于图3.4中的曲线。

修正方案3.1　比较界连续的多次概率度量之和

设n、k为自然数，在第k步如果

$\sum_{j=k-n+1}^{k}\min\{\Pr(s_{\text{in}},\psi,\text{Adv},j)\mid\text{Adv}\in\text{Adv}_M\}-\sum_{j=k-2n+1}^{k-n}\min\{\Pr(s_{\text{in}},\psi,\text{Adv},j)\mid\text{Adv}\in\text{Adv}_M\}<\xi$

则检测过程终止。具体过程如判断准则 3.2 所示。

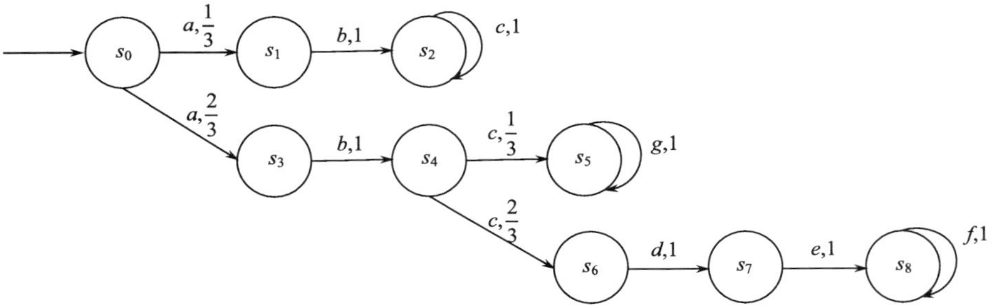

图 3.3　马尔可夫决策过程 M_3

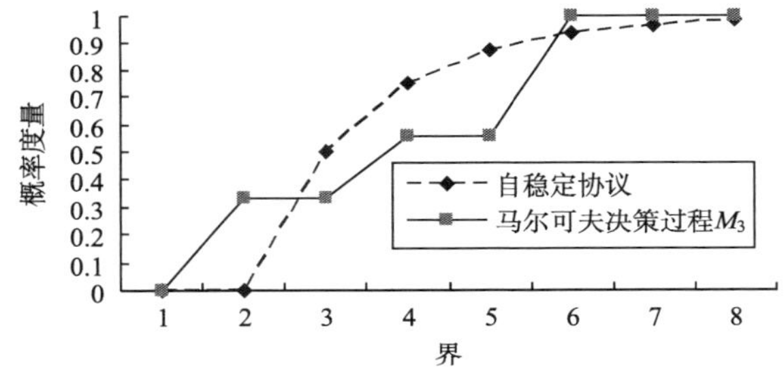

图 3.4　概率度量增长的规律

判断准则 3.2　PCTL$_{\geqslant}^{\exists}$限界模型检测的终止性判断(以修正方案 3.1 为终止标准)

输入：马尔可夫决策过程 $M=(S,s_{\text{in}},\text{Act},\text{Steps},\text{Ap},L)$，PCTL$_{\geqslant}^{\exists}$路径公式 ψ，预先设置的终止标准 ξ，预先设置的计算步长 m，自然数 n。

输出：$\min\{\Pr(s_{\text{in}},\psi,\text{Adv})\mid\text{Adv}\in\text{Adv}_M\}$的近似值。

(1) 计算 $\min\{\Pr(s_{\text{in}},\psi,\text{Adv},0)\mid\text{Adv}\in\text{Adv}_M\}$，$\min\{\Pr(s_{\text{in}},\psi,\text{Adv},1)\mid\text{Adv}\in\text{Adv}_M\}$，…，$\min\{\Pr(s_{\text{in}},\psi,\text{Adv},n)\mid\text{Adv}\in\text{Adv}_M\}$

(2) 令 $k=2n-1$

(3) While

$\sum_{j=k-n+1}^{k}\min\{\Pr(s_{\text{in}},\psi,\text{Adv},j)\mid\text{Adv}\in\text{Adv}_M\}-\sum_{j=k-2n+1}^{k-n}\min\{\Pr(s_{\text{in}},\psi,\text{Adv},j)\mid\text{Adv}\in\text{Adv}_M\}\geqslant\xi\wedge k\leqslant m$

do{令 $k=k+1$，计算 $\min\{\Pr(s_{\text{in}},\psi,\text{Adv},k)\mid\text{Adv}\in\text{Adv}_M\}$}

(4) 输出 $\min\{\Pr(s_{\text{in}},\psi,\text{Adv},k)\mid\text{Adv}\in\text{Adv}_M\}$

在判断准则 3.2 中取 $n=2$ 可避免两个测试用例中的收敛问题。限界检测计算的概率度量序列是非严格递增的,因此 n 的值越大,得出的度量越逼近真实值。这种方案的主要缺点在于需要预先设定 n 的值,而且 n 的最佳取值无法确定。

修正方案 3.2　比较概率度量和的比值

设 k 为自然数,在第 k 步如果

$$\frac{\sum_{j=k-n+1}^{k}\min\{\Pr(s_{\text{in}},\psi,\text{Adv},j)\mid\text{Adv}\in\text{Adv}_M\}}{\sum_{j=k-2n+1}^{k-n}\min\{\Pr(s_{\text{in}},\psi,\text{Adv},j)\mid\text{Adv}\in\text{Adv}_M\}}-1<\xi$$

则检测过程终止。具体过程如判断准则 3.3 所示。

判断准则 3.3　$\text{PCTL}_{\geqslant}^{\exists}$ 限界模型检测(以修正方案 3.2 为终止标准)

输入:马尔可夫决策过程 $M=(S,s_{\text{in}},\text{Act},\text{Steps},\text{Ap},L)$,$\text{PCTL}_{\geqslant}^{\exists}$ 路径公式 ψ,预先设置的终止标准 ξ,预先设置的计算步长 m,自然数 n。

输出:$\min\{\Pr(s_{\text{in}},\psi,\text{Adv})\mid\text{Adv}\in\text{Adv}_M\}$ 的近似值。

(1) 计算 $\min\{\Pr(s_{\text{in}},\psi,\text{Adv},0)\mid\text{Adv}\in\text{Adv}_M\}$,$\min\{\Pr(s_{\text{in}},\psi,\text{Adv},1)\mid\text{Adv}\in\text{Adv}_M\}$,$\min\{\Pr(s_{\text{in}},\psi,\text{Adv},2)\mid\text{Adv}\in\text{Adv}_M\}$

(2) 令 $k=2n-1$

(3) While

$$\frac{\sum_{j=k-n+1}^{k}\min\{\Pr(s_{\text{in}},\psi,\text{Adv},j)\mid\text{Adv}\in\text{Adv}_M\}}{\sum_{j=k-2n+1}^{k-n}\min\{\Pr(s_{\text{in}},\psi,\text{Adv},j)\mid\text{Adv}\in\text{Adv}_M\}}-1\geqslant\xi\wedge k\leqslant m$$

do{令 $k=k+1$,计算 $\min\{\Pr(s_{\text{in}},\psi,\text{Adv},k)\mid\text{Adv}\in\text{Adv}_M\}$}

(4) 输出 $\min\{\Pr(s_{\text{in}},\psi,\text{Adv},k)\mid\text{Adv}\in\text{Adv}_M\}$

判断准则 3.3 也可避免两个测试用例中的收敛问题,但是 n 的取值问题与判断准则 3.2 一样。

3.7　本章小结

为了克服模型检测马尔可夫决策过程中的状态空间爆炸问题,本章研究马尔可夫决策过程中 PCTL 的限界检测技术。在具有马尔可夫性的随机系统模型中,马尔可夫决策过程的主要特性在于具有非确定选择描述能力。在具体工作中,本章结合该特性分别研究了概率计算树逻辑的限界语义、基于概率度量序列演化规律的检测过程终止判断准则、基于线性方程组求解的限界检测算法。进一步通过实验说明了限界模型检测在属性为真的证据比较短的情况下,能快速验证属性,而

且需要的空间比无界模型检测技术小。

参考文献

[1] Baier C, Katoen J P. Principles of Model Checking. MA: MIT Press,2008.

[2] Rutten J, Kwiatkowska M, Norman G, et al. Mathematical Techniques for Analyzing Concurrent and Probabilistic Systems. Providence: American Mathematical Society, 2004.

[3] 张军. 数值计算. 北京:清华大学出版社,2008.

[4] Biere A, Cimatti A, Clarke E M, et al. Symbolic model checking without BDDs//Cleaveland W R. Proceedings of the 5th International Conference on Tools and Algorithms for the Construction and Analysis of Systems, Berlin: Springer-Verlag, 1999: 193-207.

[5] 周从华,叶萌,王昌达,等. 多智体系统中约简状态空间的限界模型检测算法. 软件学报,2012,23(11):2835-2861.

[6] Israeli A, Jalfon M. Token management schemes and random walks yield self-stabilizing mutual exclusion//Proceedings of the ninth annual ACM Symposium on Principles of Distributed Computing, Quebec, Canada,New York:ACM Press, 1990:119-131.

[7] Lehmann D, Rabin M. On the advantage of free choice: a symmetric and fully distributed solution to the dining philosophers problem (extended abstract)//Proceedings of 8th Annual ACM Symposium on Principles of Programming Languages (POPL'81), 1981:133-138.

[8] Fruth M. Probabilistic model checking of contention resolution in the IEEE 802. 15. 4 low-rate wireless personal area network protocol//Proceedings 2nd International Symposium on Leveraging Applications of Formal Methods, Verification and Validation (ISOLA'06), 2006:290-297.

[9] Kwiatkowska M, Norman G, Parker D. Probabilistic symbolic model checking with PRISM: a hybrid approach. International Journal on Software Tools for Technology Transfer, 2004, 6(2):128-142.

第 4 章　连续时间马尔可夫链的限界模型检测

4.1　连续随机逻辑与连续时间马尔可夫链

4.1.1　连续随机逻辑

连续随机逻辑[1]是计算树逻辑的扩展,允许对连续时间马尔可夫链[2]上的行为属性进行规约。

定义 4.1　CSL 的语法定义如下:$\psi ::= \mathrm{true} \mid a \mid \neg\psi \mid \psi \wedge \psi \mid \mathrm{P}_{\sim p}[\phi] \mid \mathrm{S}_{\sim p}[\phi]$;$\phi ::= \mathrm{X}\psi \mid \psi \mathrm{U}^{I}\psi$,其中,$a$ 为原子命题,$\sim \in \{<,\leqslant,\geqslant,>\}$,$p\in[0,1]$,$I$ 为$\mathbb{R}_{\geqslant 0}$上的区间。

与 PCTL 类似,$\mathrm{P}_{\sim p}[\phi]$说明从一个给定状态出发的满足 ϕ 的路径集合的概率度量满足约束$\sim p$。与 PCTL 相比,CSL 的主要不同在于 U 算子附加了一个非负实数的区间,引入了平稳分布算子 S。路径公式 $\phi\mathrm{U}^{I}\psi$ 成立当且仅当在 I 中的某个时刻系统所处的状态满足 ψ,在此之前的所有时刻所处的状态都满足 ϕ。为了与 U 算子相区别,将这种算子称为时间约束的 U 算子。类似于 PCTL,标准的没有约束的 U 算子可以通过令 $I=[0,\infty)$获得。S 算子描述了连续时间马尔可夫链的稳定状态行为。公式 $\mathrm{S}_{\sim p}[\phi]$断言处在一个满足 ϕ 的状态处的稳定概率满足约束$\sim p$。

现在考察一些 CSL 的实例。

(1) $\mathrm{P}_{>0.9}[\mathrm{F}^{[0,4.5]}\mathrm{served}]$:需求在 4.5s 内得到响应的概率大于 0.9。

(2) $\mathrm{P}_{\leqslant 0.1}[\mathrm{F}^{[10,\infty)}\mathrm{error}]$:在操作执行 10s 之后发生错误的概率不超过 0.1。

(3) $\mathrm{down}\rightarrow\mathrm{P}_{>0.75}[\neg\,\mathrm{fail}\mathrm{U}^{[1,2]}\mathrm{up}]$:宕机以后,系统在 1～2h 修复且不再发生错误的概率大于 0.75。

(4) $\mathrm{S}_{<0.01}[\mathrm{insufficient\_routers}]$:在长期运行中,可供使用的路由器数目不足的概率低于 0.01。

与 PCTL 一样,引入记号 $s\models\phi$ 说明状态 s 满足 CSL 公式 ϕ,记号 $\mathrm{Sat}(\phi)$表示满足 ϕ 的状态的集合,即 $\mathrm{Sat}(\phi)=\{s\in S \mid s\models\phi\}$。类似地,记号 $\omega\models\phi$ 表示路径 ω 满足 ϕ。

4.1.2　连续时间马尔可夫链

定义 4.2　连续时间马尔可夫链为一个四元组 $C=(S,\bar{s},\boldsymbol{R},L)$,其中,$S$ 为有

限状态集；$\bar{s}\in S$ 为初始状态；$\boldsymbol{R}:S\times S\to\mathbb{R}_{\geqslant 0}$ 为转移率矩阵；$L:S\to 2^{\mathrm{Ap}}$ 为状态标记函数，为每个状态指定该状态下值为真的原子命题。

转移率矩阵 $\boldsymbol{R}$ 为连续时间马尔可夫链中的每一对状态指定一个速率，该参数主要用在指数分布方面。对于状态 s、s'，只有 $\boldsymbol{R}(s,s')>0$ 时转换才会发生。在这种情况下，在 t 个时间单元内该转换被触发的概率为 $1-\mathrm{e}^{-R(s,s')\cdot t}$。典型情况下，状态 s 到有多个状态的转移率都大于 0，因此存在竞争。在连续时间马尔可夫链上，首先被触发的转换决定了下一个状态。在转换发生之前在状态 s 处的时间消耗对于速率 $E(s)$ 而言是呈指数分布的，其中，$E(s)=\sum_{s'\in S}\boldsymbol{R}(s,s')$。$E(s)$ 称为状态 s 处的退出率，如果 $E(s)=0$，即在状态 s 下没有转移关系可以发生，则称状态 s 为吸收状态。

路径是连续时间马尔可夫链 $C=(S,\bar{s},\boldsymbol{R},L)$ 上的一个非空序列 $s_0t_0s_1t_1s_2\cdots$，其中，对于任意 $i\geqslant 0$，$\boldsymbol{R}(s_i,s_{i+1})>0$，$t_i\in\mathbb{R}_{>0}$。有穷路径是一个有限序列 $s_0t_0s_1t_1s_2\cdots t_{k-1}s_k$，其中，$s_k$ 为吸收状态，t_i 表示在状态 s_i 处消耗的时间。类似于离散时间马尔可夫链，记号 $\omega(i)$ 表示路径 ω 上的第 i 个状态，即 s_i。对于无穷路径 ω，记号 $\mathrm{time}(\omega,i)$ 表示在状态 s_i 处消耗的时间，即 t_i，记号 $\omega@t$ 表示在时刻 t 系统所处的状态，即 $\omega(j)$，其中，j 为使得 $\sum_{i=0}^{j}t_i\geqslant t$ 成立的最小整数。对于有穷路径 $\omega=s_0t_0s_1t_1s_2\cdots t_{k-1}s_k$，$\mathrm{time}(\omega,i)$ 定义为：对于任意小于 k 的自然数 i，$\mathrm{time}(\omega,i)=t_i$，$\mathrm{time}(\omega,k)=\infty$。进一步，如果 $t\leqslant\sum_{i=0}^{k-1}t_i$，那么 $\omega@t$ 的定义类似于无穷路径，否则 $\omega@t=s_k$。

引入记号 $\mathrm{Path}^C(s)$ 表示连续时间马尔可夫链 C 上从状态 s 出发的路径的集合，包括有穷路径和无穷路径。现在考察 $\mathrm{Path}^C(s)$ 上的概率度量 Pr_s。令 $s_0,\cdots,s_n$ 为 S 中满足对于任意 $0\leqslant i<n$，$\boldsymbol{R}(s_i,s_{i+1})>0$ 的状态序列，$I_0,\cdots,I_{n-1}$ 为 $\mathbb{R}_{\geqslant 0}$ 的非空区间，柱体集 $C(s_0,I_0,\cdots,I_{n-1},s_n)$ 定义为 $\mathrm{Path}^C(s_0)$ 中满足如下性质的路径 ω 的集合：对于任意 $i\leqslant n$，$\omega(i)=s_i$，且对于任意 $i<n$，$\mathrm{time}(\omega,i)\in I_i$，即 $C(s_0,I_0,\cdots,I_{n-1},s_n)=\{\omega\in\mathrm{Path}^C(s_0)\mid\forall i\leqslant n(\omega(i)=s_i\wedge\mathrm{time}(\omega,i)\in I_i)\}$。

令 $\Sigma_{\mathrm{Path}^C(s)}$ 为 $\mathrm{Path}^C(s)$ 上包含所有柱体集 $C(s_0,I_0,\cdots,I_{n-1},s_n)$ 的最小 σ 代数，其中，$s_0,\cdots,s_n\in S$，$s_0=s$，且对于任意 $0\leqslant i<n$，$\boldsymbol{R}(s_i,s_{i+1})>0$，$I_0,\cdots,I_{n-1}$ 为 $\mathbb{R}_{\geqslant 0}$ 上的任意非空区间。$\Sigma_{\mathrm{Path}^C(s)}$ 上的概率度量 Pr_s 定义为满足下列条件的唯一度量：①$\mathrm{Pr}_s(C(s))=1$；②对于任意柱体集 $C(s_0,I_0,\cdots,I_{n-1},s_n,I',s')$，有

$$\mathrm{Pr}_s(C(s_0,I_0,\cdots,I_{n-1},s_n,I',s'))=\mathrm{Pr}_s(C(s_0,I_0,\cdots,I_{n-1},s_n))\cdot P^{\mathrm{emb}(C)}(s_n,s')\cdot(\mathrm{e}^{-E(s_n)\cdot\inf I'}-\mathrm{e}^{-E(s_n)\cdot\sup I'})$$

例 4.1　图 4.1 展示了一个简单的连续时间马尔可夫链 $C_1=(S_1,\overline{s_1},\boldsymbol{R}_1,L)$。该连续时间马尔可夫链描述了一个工作的排队情况，共有 4 个状态 s_0、s_1、s_2 和

s_3，其中，s_i 表示在队列中存在 i 个工作需要处理。开始时队列为空，即 $\bar{s}=s_0$，队列最大长度为 3。新工作到达的速率为 1，处理的速率为 2。对于状态 s_0，队列中没有工作需要处理，因此标记原子命题 empty，而对于状态 s_3，已经饱和，因此标记 full。

考察图 4.1 中的连续时间马尔可夫链 C_1 和由状态和时间区间形成的序列 $s_0,[0,2],s_1$。利用 $(\mathrm{Path}^{C_1}(s_0),\Sigma_{\mathrm{Path}^{C_1}(s_0)})$ 上的概率度量 Pr_{s_0}，对于柱体集 $C(s_0,[0,2],s_1)$ 有

$$\begin{aligned}\mathrm{Pr}_{s_0}(C(s_0,[0,2],s_1)) &= \mathrm{Pr}_s(C(s_0))\cdot P_1^{\mathrm{emb}(C_1)}(s_0,s_1)\cdot(\mathrm{e}^{-E(s_0)\cdot 0}-\mathrm{e}^{-E(s_0)\cdot 2})\\ &=1\times 1\times(\mathrm{e}^0-\mathrm{e}^{-3})=1-\mathrm{e}^{-3}\end{aligned}$$

直觉上，这意味着离开初始状态 s_0，在 3 个时间单元内经过状态 s_1 的概率是 $1-\mathrm{e}^{-3}\approx 0.950213$。

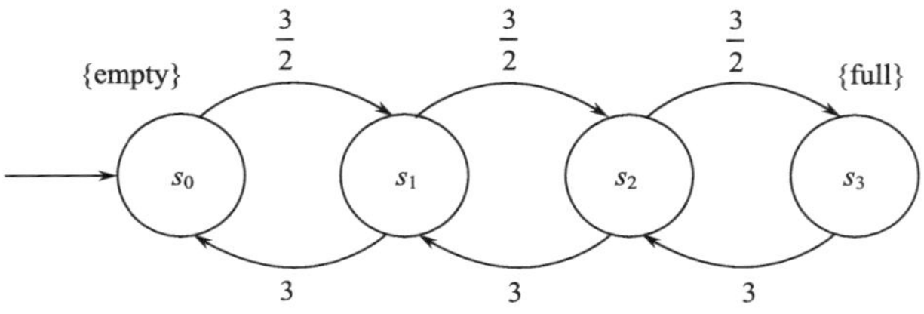

图 4.1　具有 4 个状态的连续时间马尔可夫链 C_1

4.1.3　转移概率与极限概率

除了路径的概率度量，还需考虑连续时间马尔可夫链上的两个非常传统的属性：转移概率与极限概率。这两个概率与后面的限界检测算法紧密相关。转移概率主要和某个时刻系统所处的状态有关。对于连续时间马尔可夫链 $C=(S,\bar{s},\boldsymbol{R},L)$，转移概率 $\pi_{s,t}^{C}(s')$ 定义为从状态 s 开始、在时刻 t 处于状态 s' 的概率。由前面的定义可知，$\pi_{s,t}^{C}(s')=\mathrm{Pr}_s\{\omega\in\mathrm{Path}^C(s)\mid\omega@t=s'\}$。极限概率主要描述了长期运行中连续时间马尔可夫链处于某个状态的概率。极限概率 $\pi_s^C(s')$，即从状态 s 出发在长期运行中处于状态 s' 的概率，定义为

$$\pi_s^C(s')=\lim_{t\to\infty}\pi_{s,t}^{C}(s')$$

对于路径 $\omega=s_0t_0s_1t_1s_2\cdots$，引入记号 $\mathrm{position}(\omega,t)$ 表示使得 $\sum_{i=0}^{j}t_i\geqslant t$ 成立的最小整数 j。对于连续时间马尔可夫链 $C=(S,\bar{s},\boldsymbol{R},L)$，$k$ 界转移概率 $\pi_{s,t}^{C}(s',k)$ 定义为从状态 s 开始、在步长 k 内在时刻 t 处于状态 s' 的概率，即

$$\pi_{s,t}^{C}(s',k)=\mathrm{Pr}_s\{\omega\in\mathrm{Path}^C(s)\mid\omega@t=s',\mathrm{position}(\omega,t)\leqslant k\}$$

k 界极限概率 $\pi_s^C(s',k)$，即在步长 k 的约束下从状态 s 出发在长期的运行当中处于状态 s' 的概率，定义为

$$\pi_s^C(s',k)=\lim_{t\to\infty}\pi_{s,t}^C(s',k)$$

4.1.4　连续随机逻辑的语义

定义 4.3　令 $C=(S,\bar{s},\boldsymbol{R},L)$ 为连续时间马尔可夫链，对于任意状态 $s\in S$ 和 CSL 公式 ϕ，满足性关系 $s\models\phi$ 递归定义如下。

(1) 对于任意 $s\in S$，$s\models \text{true}$。

(2) $s\models a$，当且仅当 $a\in L(s)$。

(3) $s\models\neg\phi$，当且仅当 $s\not\models\phi$。

(4) $s\models\phi\wedge\psi$，当且仅当 $s\models\phi$，$s\models\psi$。

(5) $s\models\phi\vee\psi$，当且仅当 $s\models\phi$ 或者 $s\models\psi$。

(6) $s\models \mathrm{P}_{\sim p}[\phi]$，当且仅当 $\mathrm{Prob}^C(s,\phi)\sim p$，$\mathrm{Prob}^C(s,\phi)=\mathrm{Pr}_s\{\omega\in \mathrm{Path}^C(s)\mid\omega\models\phi\}$，且对于任意路径 $\omega\in\mathrm{Path}^C(s)$，$\omega\models \mathrm{X}\phi$，当且仅当 $\omega(1)$ 被定义且 $\omega(1)\models\phi$；$\omega\models\phi\mathrm{U}^I\psi$，当且仅当 $\exists t\in I(\omega@t\models\psi\wedge\forall x\in[0,t).(\omega@x\models\phi))$。

(7) $s\models \mathrm{S}_{\sim p}[\phi]$，当且仅当 $\sum_{s'\models\phi}\pi_s^C(s')\sim p$。

4.2　连续随机逻辑的限界模型检测

4.2.1　连续随机逻辑的限界语义

限界模型检测的主要思想是在系统有限的局部空间中寻找属性成立的证据或者反例。对于 CSL 中的路径算子 X、U 可以采用 LTL 限界模型检测中的技术来定义其限界语义。对于概率算子部分，限界语义必须保证属性在有限局部空间中成立，在整个运行空间中也一定成立。对于算子 $\mathrm{P}_{\geqslant p}$、$\mathrm{S}_{\geqslant p}$（$\mathrm{P}_{>p}$、$\mathrm{S}_{>p}$），如果在有限局部空间中属性成立的概率不小于（大于）实数 p，自然在整个运行空间中属性成立的概率也不小于（大于）p。而对于 $\mathrm{P}_{\leqslant p}$、$\mathrm{S}_{\leqslant p}$（$\mathrm{P}_{<p}$、$\mathrm{S}_{<p}$）这类算子，由于未能遍历全局空间，在有限局部空间中属性成立的概率不大于（小于）实数 p 并不能保证在整个运行空间中属性成立的概率也不大于（小于）p。为了保证 $\mathrm{P}_{\leqslant p}$ 之类算子限界语义定义的正确性，本节探讨如何将 CSL 公式转换为等价的且概率约束为 $\geqslant p$ 或者 $>p$ 形式的 CSL 公式。

定义 4.4（CSL 公式的等价）　称 CSL 公式 ϕ、φ 是等价的，记为 $\phi\equiv\varphi$，当且仅当对于任意连续时间马尔可夫链 $C=(S,\bar{s},\boldsymbol{R},L)$，对于任意 $s\in S$，$s\models\phi$ 当且仅当 $s\models\varphi$。

不难验证有下面的等价关系，即

$$P_{<p}(X\phi)\equiv P_{\geqslant 1-p}(X\neg\phi)$$

$$P_{\leqslant p}(X\phi)\equiv P_{>1-p}(X\neg\phi)$$

$$P_{<p}(\phi U^{I}\psi)\equiv P_{\geqslant 1-p}(\neg(\phi U^{I}\psi))$$

$$P_{\leqslant p}(\phi U^{I}\psi)\equiv P_{>1-p}(\neg(\phi U^{I}\psi))$$

上面的等价关系说明，可将$\leqslant(<)p$ 的概率约束转换为$\geqslant(>)p$ 的约束。限界模型检测要求否定算子只能作用于原子命题，因此对于公式 $P_{\geqslant 1-p}(\neg(\phi U^{I}\psi))$，为了将否定算子推进到作用于 ϕ 和 ψ，引入算子 R。$\omega\models\phi R^{I}\psi$ 当且仅当 $\exists t\in I.(\omega@t\models\phi\wedge\forall x\in[0,t].(\omega@x\models\psi))$或者 $\forall t\in I.(\omega@t\models\psi)$。在此语义下，有

$$P_{\geqslant 1-p}(\neg(\phi U^{I}\psi))\equiv P_{\geqslant 1-p}(\neg\phi R^{I}\neg\psi)$$

$$P_{>1-p}(\neg(\phi U^{I}\psi))\equiv P_{>1-p}(\neg\phi R^{I}\neg\psi)$$

下面的等价关系说明可将否定算子直接作用于原子命题，且不会降低 CSL 的表达力。

(1) $\neg[\varphi]_{\leqslant p}\equiv[\varphi]_{>p}$；$\neg[\varphi]_{<p}\equiv[\varphi]_{\geqslant p}$。

(2) $\neg[\varphi]_{\geqslant p}\equiv[\varphi]_{<p}$；$\neg[\varphi]_{>p}\equiv[\varphi]_{\leqslant p}$。

(3) $\neg(\phi_1\wedge\phi_2)\equiv\neg\phi_1\vee\neg\phi_2$；$\neg(\phi_1\vee\phi_2)\equiv\neg\phi_1\wedge\neg\phi_2$。

上述两类等价关系表明，只需要在 CSL 的某个子集上讨论其限界模型检测问题，该子集与 CSL 具有相同的表达力，且概率约束只能为$\geqslant p$ 或者$>p$，否定算子只能作用于原子命题，将该子集记为 $CSL^{\geqslant}$。

$CSL^{\geqslant}$ 的语法定义为

$$\psi::=\text{true}\mid a\mid\neg a\mid\psi\wedge\psi\mid\psi\vee\psi\mid P_{\sim p}[\phi]\mid S_{\sim p}[\phi],\phi::=X\psi\mid\psi U^{I}\psi\mid\psi R^{I}\psi$$

式中，a 为原子命题，$\sim\in\{\geqslant,>\}$，$p\in[0,1]$，I 为$\mathbb{R}_{\geqslant 0}$上的区间。

定义 4.5　令 $C=(S,\bar{s},\boldsymbol{R},L)$为连续时间马尔可夫链。对于任意状态 $s\in S$ 和界 k，$\phi\in CSL^{\geqslant}$，满足性关系 $s\models_k\phi$ 递归定义如下。

(1) 对于任意 $s\in S$，$s\models_k\text{true}$。

(2) $s\models_k a$，当且仅当 $a\in L(s)$。

(3) $s\models_k\neg a$，当且仅当 $a\notin L(s)$。

(4) $s\models_k\phi\wedge\psi$，当且仅当 $s\models_k\phi$，$s\models_k\psi$。

(5) $s\models_k\phi\vee\psi$，当且仅当 $s\models_k\phi$ 或者 $s\models_k\psi$。

(6) $s\models_k P_{\sim p}[\phi]$，当且仅当 $\text{Prob}^{C}(s,\phi,k)\sim p$，其中，$\text{Prob}^{C}(s,\phi,k)=\Pr_s\{\omega\in\text{Path}^{C}(s)\mid\omega\models_k\phi\}$，且对于任意路径 $\omega\in\text{Path}^{C}(s)$，$\omega\models_k X\phi$，当且仅当 $k\geqslant 1$，且 $\omega(1)\models_k\phi$；$\omega\models_k\phi U^{I}\psi$，当且仅当

$$\exists t\in I.(\omega@t\models_k\psi\wedge\forall x\in[0,t).(\omega@x\models_k\phi)\wedge\text{position}(\omega,t)\leqslant k)$$

$\omega\models_k\phi R^{I}\psi$，当且仅当

$$\exists t \in I.(\omega@t \models_k \phi \wedge \forall x \in [0,t].(\omega@x \models_k \psi) \wedge \text{position}(\omega,t) \leqslant k)$$

或者

$$\exists t \in I.(\forall t' \leqslant t(\omega@t' \models \psi \wedge \text{position}(\omega,t) \leqslant k))$$

(7) $s \models_k S_{\sim p}[\phi]$，当且仅当 $\sum_{s' \models \phi} \pi_s^C(s',k) \sim p$。

引理 4.1 对于公式 $\phi \in \{X\psi, \psi U^I \psi, \psi R^I \psi\}$，如果 $\omega \models_k \phi$，则 $\omega \models \phi$。

引理 4.1 的证明是平凡的，可通过对 ϕ 的语法结构实施归纳直接实现，这里忽略证明过程。

引理 4.2 $\sum_{s' \models \phi} \pi_s^C(s',k) \leqslant \sum_{s' \models \phi} \pi_s^C(s')$。

证明：由 $\pi_s^C(s')$ 和 $\pi_s^C(s',k)$ 的定义直接可得。

定理 4.1 令 $C=(S,\bar{s},\boldsymbol{R},L)$ 为连续时间马尔可夫链，$\phi \in \text{CSL}^{\geqslant}$。对于任意状态 $s \in S$ 和界 k，如果 $s \models_k \phi$，则 $s \models \phi$。

证明：对于原子命题，否定算子、合取算子及析取算子，证明是平凡的，因此下面考虑概率度量算子 P 和稳定算子 S。

对于概率度量算子 P，由引理 4.1 可知 $\Pr_s\{\omega \in \text{Path}^C(s) \mid \omega \models_k \phi\} \leqslant \Pr_s\{\omega \in \text{Path}^C(s) \mid \omega \models \phi\}$，即 $\text{Prob}^C(s,\phi,k) \leqslant \text{Prob}^C(s,\phi)$，因此如果 $\text{Prob}^C(s,\phi,k) \sim p$ 成立，则 $\text{Prob}^C(s,\phi) \sim p$ 也成立，从而 $s \models \phi$。

对于稳定算子 S，$s \models_k S_{\sim p}[\phi]$ 蕴涵 $\sum_{s' \models \phi} \pi_s^C(s',k) \sim p$，由引理 4.2 可知如果 $\sum_{s' \models \phi} \pi_s^C(s',k) \sim p$ 成立，则 $\sum_{s' \models \phi} \pi_s^C(s') \sim p$ 也成立，即 $s \models \phi$。

4.2.2 限界下转移概率的计算

对于连续时间马尔可夫链 $C=(S,\bar{s},\boldsymbol{R},L)$，记号 $\Pi_{t,k}^C$ 表示在时刻 t 的 k 界瞬时概率，即 $\Pi_{t,k}^C(s,s')=\pi_s^C(s',k)$。

定义 4.6 连续时间马尔可夫链 $C=(S,\bar{s},\boldsymbol{R},L)$ 上的嵌入离散时间马尔可夫链定义为 $\text{emb}(C)=(S,\bar{s},P^{\text{emb}(C)},L)$，其中，对 S 中的任意状态 s、s'，有

$$P^{\text{emb}(C)}(s,s')=\begin{cases}\dfrac{R(s,s')}{E(s)}, & E(s)\neq 0\\ 1, & E(s)=0, s=s'\\ 0, & \text{其他}\end{cases}$$

现在换一种方式考察连续时间马尔可夫链的动态行为：在状态 s 的延迟是以 $E(s)$ 为速率的指数分布中，一旦转换发生，从状态 s 转换到状态 s' 的概率由 $P^{\text{emb}(C)}(s,s')$ 给出。现在定义下面的 $\boldsymbol{Q}$ 矩阵来完成连续时间马尔可夫链的分析。

定义 4.7 连续时间马尔可夫链 $C=(S,\bar{s},\boldsymbol{R},L)$ 上的矩阵 $\boldsymbol{Q}: S\times S \to \mathbb{R}$ 定义为

$$
\boldsymbol{Q}(s,s')=\begin{cases}\boldsymbol{R}(s,s'), & s\neq s'\\ -\sum_{s''\neq s}\boldsymbol{R}(s,s'), & \text{其他}\end{cases}
$$

定义 4.8 对于任意连续时间马尔可夫链 $C=(S,\bar{s},\boldsymbol{R},L)$和矩阵 $\boldsymbol{Q}$,均匀化的离散时间马尔可夫链定义为 $\text{unif}(C)=(S,\bar{s},\boldsymbol{P}^{\text{unif}(C)},L)$,其中,$\boldsymbol{P}^{\text{unif}(C)}=I+\boldsymbol{Q}/q$,$q\geqslant\max\{E(s)\mid s\in S\}$。

例 4.2 考察图 4.1 中的连续时间马尔可夫链,其对应的转换速率矩阵 $\boldsymbol{R}_1$、嵌入离散时间马尔可夫链上的转换概率矩阵 $\boldsymbol{P}_1^{\text{emb}(C_1)}$ 和无穷矩阵 $\boldsymbol{Q}_1$ 分别为

$$
\boldsymbol{R}_1=\begin{pmatrix}0 & \frac{3}{2} & 0 & 0\\ 3 & 0 & \frac{3}{2} & 0\\ 0 & 3 & 0 & \frac{3}{2}\\ 0 & 0 & 3 & 0\end{pmatrix},\boldsymbol{P}_1^{\text{emb}(C_1)}=\begin{pmatrix}0 & 1 & 0 & 0\\ \frac{2}{3} & 0 & \frac{1}{3} & 0\\ 0 & \frac{2}{3} & 0 & \frac{1}{3}\\ 0 & 0 & 1 & 0\end{pmatrix}
$$

$$
\boldsymbol{Q}_1=\begin{pmatrix}-\frac{3}{2} & \frac{3}{2} & 0 & 0\\ 3 & -\frac{9}{2} & \frac{3}{2} & 0\\ 0 & 3 & -\frac{9}{2} & \frac{3}{2}\\ 0 & 0 & 3 & -3\end{pmatrix}
$$

在无界约束的情况下,转移概率的计算方法为

$$
\Pi_t^C=\sum_{i=0}^{\infty}\gamma_{i,q,t}\cdot(\boldsymbol{P}^{\text{unif}(C)})^i
$$

式中,$\gamma_{i,q,t}=\mathrm{e}^{-q\cdot t}\cdot\dfrac{(q\cdot t)^i}{i!}$。上述公式直观上的解释是:均匀化的离散时间马尔可夫链中每一步都对应着参数为 q 的指数分布延迟,矩阵的幂运算$(\boldsymbol{P}^{\text{unif}(C)})^i$ 给出了离散时间马尔可夫链中在 i 步内状态之间的转换概率,$\gamma_{i,q,t}$ 为参数 $q\cdot t$ 的泊松过程。依据这种解释,k 界转移概率计算方法为

$$
\Pi_{t,k}^C=\sum_{i=0}^{k}\gamma_{i,q,t}\cdot(\boldsymbol{P}^{\text{unif}(C)})^i
$$

4.2.3 限界检测算法

本节考察连续时间马尔可夫链上 CSL 的限界模型检测问题。算法输入连续

时间马尔可夫链 $C=(S,\bar{s},\boldsymbol{R},L)$、CSL 公式 ϕ 以及界 k，输出是在界 k 的约束下所有满足 ϕ 的状态的集合 $\mathrm{Sat}(\phi)=\{s\in S\mid s\models_k\phi\}$。与 CSL 的模型检测一样，首先构造公式 ϕ 的语法树，然后从叶子节点开始逐层往上处理，递归计算满足每个子公式的状态的集合，最后得出集合 $\mathrm{Sat}(\phi)$。$\mathrm{Sat}(\phi)$的计算过程为

$$\mathrm{Sat}(\mathrm{true})=S$$

$$\mathrm{Sat}(a)=\{s\mid a\in L(s)\}$$

$$\mathrm{Sat}(\neg\phi)=S\backslash\mathrm{Sat}(\phi)$$

$$\mathrm{Sat}(\phi\wedge\psi)=\mathrm{Sat}(\phi)\cap\mathrm{Sat}(\psi)$$

$$\mathrm{Sat}(\phi\vee\psi)=\mathrm{Sat}(\phi)\cup\mathrm{Sat}(\psi)$$

$$\mathrm{Sat}(\mathrm{P}_{\sim p}[\phi])=\{s\in S\mid \mathrm{Prob}^C(s,\phi,k)\sim p\}$$

$$\mathrm{Sat}(\mathrm{S}_{\sim p}[\phi])=\{s\in S\mid \Sigma_{s'\models\phi}\pi_s^C(s',k)\sim p\}$$

上述计算过程除了 $\mathrm{P}_{\sim p}[\cdot]$和 $\mathrm{S}_{\sim p}[\cdot]$算子，其他算子的处理是平凡的，因此现在讨论这两个算子当中概率度量的计算。

Case1：公式 $\mathrm{P}_{\sim p}[\mathrm{X}\phi]$

CSL 中的 X 算子和 PCTL 中的定义一样。该定义与连续时间马尔可夫链中的时间延迟无关，仅依赖于从当前状态转移到下一状态的概率，因此该算子可以在嵌入离散时间马尔可夫链 emb(C)上利用 PCTL 中相应的算法完成。概率度量为

$$\mathrm{Prob}^C(s,\mathrm{X}\phi,k)=\begin{cases}0, & k=0\\ \sum\limits_{s'\models_k\phi}\boldsymbol{P}^{\mathrm{emb}(C)}(s,s'), & k>0\end{cases}$$

Case2：公式 $\mathrm{P}_{\sim p}[\phi\mathrm{U}^I\psi]$

对于该算子，需要对每个状态 s 计算概率 $\mathrm{Prob}^C(s,\phi\mathrm{U}^I\psi,k)$，其中，$I$ 为任意非负实数区间。注意到 $\mathrm{Prob}^C(s,\phi\mathrm{U}^I\psi,k)=\mathrm{Prob}^C(s,\phi\mathrm{U}^{\mathrm{cl}(I)}\psi,k)$，其中，$\mathrm{cl}(I)$为区间 I 的闭包，且 $\mathrm{Prob}^C(s,\phi U^{[0,\infty)}\psi,k)=\mathrm{Prob}^{\mathrm{emb}(C)}(s,\phi\mathrm{U}^{\leqslant\infty}\psi,k)$。具体分下列三种情况讨论 $\mathrm{Prob}^C(s,\phi\mathrm{U}^I\psi,k)$的计算。

(1) $I=[0,t]$，其中 $t\in\mathbb{R}_{\geqslant 0}$。

(2) $I=[t,t']$，其中 $t,t'\in\mathbb{R}_{\geqslant 0}$且 $t\leqslant t'$。

(3) $I=[t,\infty)$，其中 $t\in\mathbb{R}_{\geqslant 0}$。

Case2.1：$I=[0,t]$

依据 $\omega\models_k\phi\mathrm{U}^{[0,t]}\psi$ 的解释，$\mathrm{Prob}^C(s,\phi\mathrm{U}^{[0,t]}\psi,k)$可以直接按如下方式计算。

① 如果 $s\in\mathrm{Sat}(\psi)$，则 $\mathrm{Prob}^C(s,\phi\mathrm{U}^{[0,t]}\psi,k)=1$。

② 如果 $s\in\mathrm{Sat}(\neg\phi\wedge\neg\psi)$，则 $\mathrm{Prob}^C(s,\phi\mathrm{U}^{[0,t]}\psi,k)=0$。

③ 否则 $\mathrm{Prob}^C(s,\phi\mathrm{U}^{[0,t]}\psi,k)=\int_0^t\sum\limits_{s'\in\mathrm{Sat}(\phi)}\boldsymbol{P}^{\mathrm{emb}(C)}(s,s')\cdot E(s)\cdot \mathrm{e}^{-E(s)\cdot x}\cdot$

$\mathrm{Prob}^{C}(s',\phi\mathrm{U}^{[0,t-x]}\psi,k-1)\mathrm{d}x$ 。

上述积分公式可以理解为在时刻 x 系统在满足 ϕ 的状态之间完成一步转换，转换之后的行为在时间 $t-x$ 之内需要满足 $\phi\mathrm{U}\psi$。但是该方法需要计算积分，因此是不可行的。现在研究如何利用 k 界转移概率计算 $\mathrm{Prob}^{C}(s,\phi\mathrm{U}^{[0,t]}\psi,k)$。

定义 4.9　对于任意连续时间马尔可夫链 $C=(S,\bar{s},\boldsymbol{R},L)$ 和 CSL 公式 ϕ，令 $C[\phi]=(S,\bar{s},\boldsymbol{R}[\phi],L)$ 为连续时间马尔可夫链，其中，对任意不满足 ϕ 的状态 s，$\boldsymbol{R}[\phi](s,s')=\boldsymbol{R}(s,s')$，否则 $\boldsymbol{R}[\phi](s,s')=0$。

命题 4.1　对于连续时间马尔可夫链 $C=(S,\bar{s},\boldsymbol{R},L)$ 和 CSL 公式 ϕ、ψ，以及正实数 $t\in\mathbb{R}_{\geqslant 0}$，有

$$\mathrm{Prob}^{C}(s,\phi\mathrm{U}^{[0,t]}\psi,k)=\sum_{s'\models\psi}\pi_{s,t}^{C[\neg\phi\vee\psi]}(s',k)$$

命题 4.1 直观上可以解释为在连续时间马尔可夫链 $C[\neg\phi\vee\psi]$ 中，一旦到达一个满足 ψ 的状态，路径就不能退出这个状态，且一旦进入满足 $\neg\phi\wedge\neg\psi$ 的状态，就永远不能到达满足 ψ 的状态，所以路径公式 $\phi\mathrm{U}^{[0,t]}\psi$ 在 k 界的约束下被满足的概率等价于在连续时间马尔可夫链 $C[\neg\phi\vee\psi]$ 中，在 k 界的约束下在时刻 t 处于满足 ϕ 的状态概率。

在实际的计算过程中，不单独为每一个状态计算概率 $\mathrm{Prob}^{C}(s,\phi\mathrm{U}^{[0,t]}\psi,k)$，而是利用均匀化技术计算概率向量 $\mathrm{Prob}^{C}(\phi\mathrm{U}^{[0,t]}\psi)$。由命题 4.1 可知

$$\begin{aligned}\mathrm{Prob}^{C}(\phi\mathrm{U}^{[0,t]}\psi,k)&=\Pi_{t,k}^{C[\neg\phi\vee\psi]}\cdot\psi\\&=\left(\sum_{i=0}^{k}\gamma_{i,q,t}(\boldsymbol{P}^{\mathrm{unif}(C[\neg\phi\vee\psi])})^{i}\right)\cdot\boldsymbol{\psi}\\&=\sum_{i=0}^{k}(\gamma_{i,q,t}(\boldsymbol{P}^{\mathrm{unif}(C[\neg\phi\vee\psi])})^{i}\cdot\boldsymbol{\psi})\end{aligned}$$

注意到把 $\boldsymbol{\psi}$ 括到括号里面是非常重要的，因为这样可以避免矩阵的幂运算。每个积可以计算方式为

$$(\boldsymbol{P}^{\mathrm{unif}(C)})^{0}\cdot\boldsymbol{\psi}=\boldsymbol{\psi}\text{ 且}(\boldsymbol{P}^{\mathrm{unif}(C)})^{i+1}\cdot\boldsymbol{\psi}=\boldsymbol{P}^{\mathrm{unif}(C)}\cdot((\boldsymbol{P}^{\mathrm{unif}(C)})^{i}\cdot\boldsymbol{\psi})$$

该计算过程的主要优势在于可以利用前面的计算结果，从而降低计算的工作量。

例 4.3　考察图 4.1 中的连续时间马尔可夫链 C_1 和 CSL 公式 $P_{>0.65}[\mathrm{true}\ \mathrm{U}^{[0,7.5]}\mathrm{full}]$。为了计算概率的向量 $\mathrm{Prob}^{C}[\mathrm{true}\ \mathrm{U}^{[0,7.5]}\mathrm{full}]$，即从每个状态出发在 7.5 个时间单元内到达满足原子命题 full 的状态的概率，采取上面展示的计算过程。首先观察到只有状态 s_3 满足原子命题 full，没有状态满足 ¬ true。因此，对于连续时间马尔可夫链 $C_1[\neg\mathrm{true}\vee\mathrm{full}]$，与 C_1 唯一的区别是状态 s_3 是吸收状态，即状态 s_3 到 s_2 的转换被删除了。使用均匀化参数 $q=4.5$，对于连续时间马尔可夫链 $C_1[\neg\mathrm{true}\vee\mathrm{full}]$，均匀化后的离散时间马尔可夫链的概率矩阵为

$$\boldsymbol{P}^{\mathrm{unif}(C_1[\neg \mathrm{true} \vee \mathrm{full}])} = \begin{pmatrix} \frac{2}{3} & \frac{1}{3} & 0 & 0 \\ \frac{2}{3} & 0 & \frac{1}{3} & 0 \\ 0 & \frac{2}{3} & 0 & \frac{1}{3} \\ 0 & 0 & 0 & 1 \end{pmatrix}$$

计算上面描述的矩阵乘积的和,得到解

$$\mathrm{Prob}^{C_1}[\mathrm{true}\ \mathrm{U}^{[0,7.5]}\mathrm{full}] \approx (0.6405, 0.6753, 0.7763, 1)$$

因此满足该公式的状态有 s_1、s_2 和 s_3。

Case2.2:$I=[t,t']$

依据 $\omega \models_k \phi \mathrm{U}^{[t,t']}\psi$ 的语义解释,在这种情况下可以将路径 ω 分解成两部分:①在时间 t 内处于满足 ϕ 的状态;②在时间 $t'\sim t$ 内到达满足 ψ 的状态,之前一直处于满足 ϕ 的状态。对于前者,利用 $I=[0,t]$当中的思想通过计算连续时间马尔可夫链中的转移概率得到相应的概率度量。$\mathrm{Prob}^C(s,\phi \mathrm{U}^{[t,t']}\psi,k)$计算方式为

$$\mathrm{Prob}^C(s,\phi \mathrm{U}^{[t,t']}\psi,k) = \sum_{i=1}^{k}\sum_{s'\models\phi}\pi_{s,t}^{C[\neg\phi]}(s',i)\cdot \mathrm{Prob}^C(s',\phi \mathrm{U}^{[0,t'-t]}\psi,k-i)$$

利用均匀化技术计算概率向量$\mathrm{Prob}^C(\phi \mathrm{U}^{[t,t']}\psi)$为

$$\begin{aligned}\mathrm{Prob}^C(\phi \mathrm{U}^{[0,t]}\psi,k) &= \sum_{i=1}^{k}\Pi_{t,i}^{C[\neg\phi]}\cdot \mathrm{Prob}^C(s',\phi \mathrm{U}^{[0,t'-t]}\psi,k-i) \\ &= \sum_{i=1}^{k}(\Pi_{t,i}^{C[\neg\phi]}\cdot \Pi_{t,k-i}^{C[\neg\phi\vee\psi]}\cdot \boldsymbol{\psi})\end{aligned}$$

Case2.3:$I=[t,\infty)$

依据 $\omega \models_k \phi \mathrm{U}^{[t,\infty)}\psi$ 的语义解释,在这种情况下可以将路径 ω 分解成两部分:①在时间 t 内一直处于满足 ϕ 的状态;②在之后的时间内到达满足 ψ 的状态,且到达之前一直处于满足 ϕ 的状态。第二部分对时间没有约束,因此嵌入离散时间马尔可夫链在这种情况下可被使用。精确地讲,有

$$\begin{aligned}\mathrm{Prob}^C(s,\phi \mathrm{U}^{[t,\infty]}\psi,k) &= \sum_{i=1}^{k}\pi_{s,t}^{C[\neg\phi]}(s',i)\cdot \mathrm{Prob}(s',\phi U\psi,k-i) \\ &= \sum_{i=1}^{k}\pi_{s,t}^{C[\neg\phi]}(s',i)\cdot \mathrm{Prob}^{\mathrm{emb}(C)}(s',\phi \mathrm{U}\psi,k-i)\end{aligned}$$

文献[1]中已经说明

$$\mathrm{Prob}^{\mathrm{emb}(C)}(s',\phi \mathrm{U}\psi,k-i) = \sum_{s''\models\phi}\pi_{s',k-i}^{\mathrm{emb}(C)[\neg\phi\vee\psi]}(s'')$$

对于所有的状态可以计算为

$$\mathrm{Prob}_{\phi}^{C}(\phi \mathrm{U}^{[t,\infty)}\psi) = \sum_{i=1}^{k} \Pi_{t,i}^{C[\neg\phi]} \cdot \mathrm{Prob}^{\mathrm{emb}(C)}(\phi \mathrm{U}\psi, k-i)$$
$$= \sum_{i=1}^{k} (\Pi_{t,i}^{C[\neg\phi]} \cdot \Pi_{k-i}^{\mathrm{emb}(C)[\neg\phi\vee\psi]} \cdot \boldsymbol{\psi})$$

式中，$\Pi_{k-i}^{\mathrm{emb}(C)[\neg\phi\vee\psi]}(s', s'') = \pi_{s',k-i}^{\mathrm{emb}(C)[\neg\varphi\vee\psi]}(s'')$。

Case3：公式 $\mathrm{P}_{\sim p}[\phi \mathrm{R}^{I}\psi]$

与公式 $\mathrm{P}_{\sim p}[\phi \mathrm{U}^{I}\psi]$类似，分三种情况讨论。

Case3.1：$I=[0,t]$

依据 $\omega \models_{k} \phi \mathrm{R}^{[0,t]}\psi$ 的语义解释，ω 只需满足两种路径约束的一种即可，因此概率度量 $\mathrm{Prob}^{C}(s, \phi \mathrm{R}^{[0,t]}\psi, k)$需分成两部分计算。存在同时满足两种约束的路径，因此为了避免重复计算，下面定义一种结构。

定义 4.10　对于任意连续时间马尔可夫链 $C=(S, \bar{s}, \boldsymbol{R}, L)$和 CSL 公式 ϕ，令 $C\langle\phi\rangle=(S, \bar{s}, \boldsymbol{R}\langle\phi\rangle, L)$为连续时间马尔可夫链，其中，对于任意满足 ϕ 的状态 s，$\boldsymbol{R}\langle\phi\rangle(s, s')=\boldsymbol{R}(s, s')$，否则 $\boldsymbol{R}[\phi](s, s')=0$。

命题 4.2　对于连续时间马尔可夫链 $C=(S, \bar{s}, \boldsymbol{R}, L)$和 CSL 公式 ϕ、ψ，以及正实数 $t\in\mathbb{R}_{\geqslant 0}$，有

$$\mathrm{Prob}^{C}(s, \phi \mathrm{R}^{[0,t]}\psi, k) = \sum_{s'\models\phi\wedge\psi} \pi_{s,t}^{C[\neg\psi\vee\phi]}(s', k) + \sum_{s'\models\psi} \pi_{s,t}^{C\langle\psi\wedge\neg\phi\rangle}(s', k)$$

命题 4.2 直观上可以解释为：①在连续时间马尔可夫链 $C[\neg\phi\vee\psi]$中，一旦到达一个满足 ϕ 的状态，路径就不能退出这个状态，且一旦进入满足$\neg\phi\wedge\neg\psi$ 的状态，就永远不能到达满足 ϕ 的状态；②在连续时间马尔可夫链 $C\langle\neg\phi\wedge\psi\rangle$中，路径一直处于满足$\neg\phi\wedge\psi$ 的状态。

在实际计算过程中，不单独为每一个状态计算概率 $\mathrm{Prob}^{C}(s, \phi \mathrm{R}^{[0,t]}\psi, k)$，而是利用均匀化技术计算概率向量$\mathrm{Prob}^{C}(\phi \mathrm{R}^{[0,t]}\psi)$。由命题 4.2 可知

$$\mathrm{Prob}^{C}(\phi \mathrm{R}^{[0,t]}\psi, k) = \Pi_{t,k}^{C[\neg\phi\vee\psi]} \cdot (\phi \wedge \psi) + \Pi_{t,k}^{C[\psi\wedge\neg\phi]} \cdot \psi$$

Case3.2：$I=[t, t']$

依据 $\omega \models_{k} \phi \mathrm{R}^{[t,t']}\psi$ 的语义解释，将路径 ω 分解成两部分：①在时间 t 内处于满足 ψ 的状态；②在时间 $t'-t$ 内到达满足 ϕ 的状态，之前(包括现在)一直处于满足 ψ 的状态，或者在$[t, t']$区间内一直处于满足 ψ 的状态。依据这种分解，概率度量 $\mathrm{Prob}^{C}(s, \phi \mathrm{R}^{[t,t']}\psi, k)$计算方式为

$$\mathrm{Prob}^{C}(s, \phi \mathrm{R}^{[t,t']}\psi, k) = \sum_{i=1}^{k} \sum_{s'\models\psi} \pi_{s,t}^{C[\neg\phi]}(s', i) \cdot \mathrm{Prob}^{C}(s', \phi \mathrm{R}^{[0,t'-t]}\psi, k-i)$$

概率向量$\mathrm{Prob}^{C}(\phi \mathrm{R}^{[t,t']}\psi)$计算方式为

$$\mathrm{Prob}^{C}(\phi \mathrm{U}^{[t,t']}\psi, k) = \sum_{i=1}^{k} \mathit{\Pi}_{t,i}^{C[\neg\phi]} \cdot \mathrm{Prob}^{C}(s', \phi \mathrm{R}^{[0,t'-t]}\psi, k-i)$$

Case3. 3：$I=[t,\infty)$

这种情况几乎等同于 $I=[t,t']$的情况。依据 $\omega \models_k \phi \mathrm{R}^{[t,\infty)} \psi$ 的语义解释，将路径 ω 分解成两部分：①在时间 t 内处于满足 ψ 的状态；②在此后的时间内到达满足 ϕ 的状态，到达之前（包括到达时刻）一直处于满足 ψ 的状态，或者在$[t,\infty)$区间的一直处于满足 ψ 的状态。精确地讲，有

$$\mathrm{Prob}^C(s,\phi\mathrm{R}^{[t,\infty)}\psi,k)=\sum_{i=1}^{k}\sum_{s'\models\psi}\pi_{s,t}^{C[\neg\phi]}(s',i)\cdot\mathrm{Prob}^C(s',\phi\mathrm{R}^{[0,\infty)}\psi,k-i)$$

概率向量$\mathrm{Prob}^C(\phi\mathrm{R}^{[t,\infty)}\psi)$计算方式为

$$\mathrm{Prob}^C(\phi\mathrm{U}^{[t,\infty)}\psi,k)=\sum_{i=1}^{k}\Pi_{t,i}^{C[\neg\phi]}\cdot\mathrm{Prob}^C(s',\phi\mathrm{R}^{[0,\infty)}\psi,k-i)$$

Case4：公式 $\mathrm{S}_{\sim p}[\phi]$

定义 4.11（l 步可达）　令 $C=(S,\bar{s},\boldsymbol{R},L)$为连续时间马尔可夫链，$\mathrm{emb}(C)=(S,\bar{s},\boldsymbol{P}^{\mathrm{emb}(C)},L)$为嵌入离散时间马尔可夫链。对于状态 $s\in S$：①如果 $s_1=s$，则称 s_1 是从 s 出发 0 步可达的；②如果 s_{l-1} 是从 s 出发 $l-1$ 步可达的，且 $\boldsymbol{P}^{\mathrm{emb}(C)}(s_{l-1},s_l)>0$，则称 s_l 是从 s 出发 l 步可达的。

引入记号 $S^{s,k}$ 表示从状态 s 出发 k 步内可达的状态组成的集合。对于 $S^{\bar{s},k}$ 引入记号 $\mathrm{pre}(s)=\{s'\mid s'\in S^{\bar{s},k}\wedge\boldsymbol{P}^{\mathrm{emb}(C)}(s',s)>0\}$表示 s 的前驱状态的集合。记号 $x(s,k)$表示 $\pi_s^C(s,k)$。由于得到的是局部空间，所以有下面的关系。

对于任意 $s\in S^{\bar{s},k}$

$$x(s,k)\leqslant\sum_{s'\in\mathrm{pre}(s)}x(s')\cdot\boldsymbol{P}^{\mathrm{emb}(C)}(s',s)$$

对于上述不等式，求出该不等式的最小解，从而得到极限概率的下近似值。

4.3　实验结果

本节通过实验来分析限界检测技术的实用性，选择的验证工具为 PRISM[3]，它是由牛津大学开发的一款可自由使用的概率模型检测工具，通过对 PRISM 的输入模型进行约束，从而得到在限界下各种概率度量的近似值。虽然无法得到限界下的精确值，但是修改后的方法保证了正确反映限界检测和无界检测之间的差异。

对模型的具体修改如下。

(1) 令自然数 m 为所设定的界，在模型描述语言中增加全局变量声明 global k ：$[0\cdots m]$ init 0。

(2) 对状态之间的转换关系进行修改，对于命令[] guard→rate_1 ：update_1 + … + rate_n ：update_n，将其修改为[] guard&k<m→rate_1 ：update_1&

$(k'=k+1)$ + … + rate_n : update_n&$(k'=k+1)$。

实验平台:PC,CPU 为 Intel Core i3-2310M,2.10GHz;RAM 为 2GB;操作系统为 Windows 7。

PRISM 中各种系统参数如表 4.1 所示。

表 4.1　PRISM 中各种系统参数

参数类型	参数值
Engine	Hybrid
PTA model checking method	Stochastic games
Linear equations method	Jacobi
Over-relaxation parameter	0.9
MDP solution method	Value iteration
Termination criteria	Relative
Termination epsilon	1×10^{-6}
Termination max iterations	100000
Use precomputation	√
Use Prob0 precomputation	√
Use Prob1 precomputation	√
Use fairness	
Do probability/rate checks	√
Use steady-state detection	√
SCC decomposition method	Lockstep
Symmetry reduction parameters	
Abstraction refinement options	
Verbose output	
Extra MTBDD information	
Extra reachability information	
Use compact schemes	√
Hybrid sparse levels	−1

续表

参数类型	参数值
Hybrid sparse memory/KB	1024
Hybrid GS levels	−1
Hybrid GS memory/KB	1024
CUDD max memory/KB	409600
CUDD epsilon	1×10^{-15}
Adversary export	None
Adversary export filename	adv. tra

在 PRISM 主页[4-6]中随机选择 3 组测试用例，具体信息如下。

测试用例 1[4,7]：嵌入式控制器。

验证的属性如下。

(1) P1：P>0.005 [!"down" U "fail_sensors"]。

(2) P2：P>0.010 [!"down" U "fail_io"]。

测试结果如表 4.2 所示。

测试用例 2[5]：一个简单的 P2P 协议。

验证的属性：P3：P=? [true U<10"done"]。

测试结果如表 4.3 所示，其中 M1 表示模型中存在 4 个客户端，文件分成 4 个模块传输，M2 表示模型中存在 4 个客户端，文件分成 5 个模块传输。

测试用例 3[6,8]：成纤维细胞生长因子。

验证的属性：①P4：S=? [FRS2_GRB>0&relocFRS2=0&degFRS2=0]；②P5：P=? [relocFRS2=0&degFRS2=0&degFGFR=0 U[0,2] relocFRS2=1]。

测试结果如表 4.4 所示，其中 N/A 表示程序运行中部分参数超过规定的设置而没有得到结果。

从表 4.2～表 4.4 所述的实验结果可以得出以下结论。

(1) 表 4.2 所述实验结果表明，如果在可达深度较小的局部空间上可以完成属性的验证，则限界检测在时间和空间消耗上优于全局检测算法。

(2) 表 4.3 所述实验结果表明，如果需要遍历全局空间才能完成属性的验证，则全局检测算法在时间和空间消耗上略优于限界检测。

(3) 表 4.4 所述实验结果表明，当模型太大超过内存空间而无法计算任何概率度量时，利用限界检测技术可以得到一个逐渐逼近真实值的数值序列，该序列有助于理解所需验证的属性。

表 4.2　测试用例 1 的实验结果

属性	Max-count	真值	状态数	转换关系	大小/KB	时间/s	边界	真值	状态数	转换关系	大小/KB	时间/s
P1	3	T	4323	18206	230.2	0.312	3	F	1318	3796	80.6	0.016
P1	4	T	5168	21773	268.1	0.359	3	F	1548	4442	90.9	0.016
P1	5	T	6013	25340	285.3	0.405	3	F	1778	5088	94.8	0.016
P1	6	T	6858	28907	312.1	0.468	3	F	2008	5374	101.8	0.016
P1	3	T	4323	18206	230.2	0.312	4	T	3417	11401	206.7	0.031
P1	4	T	5168	21773	268.1	0.359	4	T	4034	13432	237.8	0.031
P1	5	T	6013	25340	285.3	0.405	4	T	4651	15463	248.6	0.031
P1	6	T	6858	28907	312.1	0.468	4	T	5268	17494	269.1	0.031
P2	3	T	4323	18206	302.6	0.249	3	T	1318	3796	154.7	0.031
P2	4	T	5168	21773	350.6	0.296	3	F	1548	4442	175.7	0.031
P2	5	T	6013	25340	369.4	0.374	3	F	1778	5088	179.4	0.032
P2	6	T	6858	28907	401.8	0.405	3	F	2008	5374	191.0	0.031
P2	3	T	4323	18206	302.6	0.249	4	T	3417	11401	304.8	0.047
P2	4	T	5168	21773	350.6	0.296	4	T	4034	13432	349.9	0.063
P2	5	T	6013	25340	369.4	0.374	4	T	4651	15463	361.7	0.063
P2	6	T	6858	28907	401.8	0.405	4	T	5268	17494	389.0	0.063

表 4.3　测试用例 2 的实验结果

属性	模型	真值	状态数	转换关系	大小/KB	时间/s	边界	真值	状态数	转换关系	大小/KB	时间/s
P3	M1	0.99999939	65536	524289	2560	0.79	3	0	696	2496	54	0.016
P3	M1	0.99999939	65536	524289	2560	0.79	5	0	6885	35424	402.2	0.032
P3	M1	0.99999939	65536	524289	2560	0.79	10	0	58651	453192	2764.8	0.125
P3	M1	0.99999939	65536	524289	2560	0.79	12	0	64839	516892	2764.8	0.171
P3	M1	0.99999939	65536	524289	2560	0.79	20	0.99999939	65536	524289	2867.2	1.014
P3	M2	0.99999914	1048576	10485761	27545.6	19.953	5	0	21700	116224	1228.8	0.046
P3	M2	0.99999914	1048576	10485761	27545.6	19.953	10	0	616666	5427636	17612.8	1.123
P3	M2	0.99999914	1048576	10485761	27545.6	19.953	15	0	1042380	10400544	28876.8	3.65
P3	M2	0.99999914	1048576	10485761	27545.6	19.953	20	0.99999914	1048576	10485761	29081.6	29.047

表 4.4　测试用例 3 的实验结果

属性	概率度量	状态数	转换关系	大小/KB	时间/s	边界	概率度量	状态数	转换关系	大小/KB	时间/s
P4	N/A	80616	562536	1536	407.59	2	0	144	736	14.4	0.031
P4	N/A	80616	562536	1536	407.59	3	0.00277989	360	1980	99.6	0.093
P4	N/A	80616	562536	1536	407.59	4	N/A	848	4760	17.8	9.83
P5	0.00000193	80616	562536	3788.8	54.818	2	0	144	736	69.7	0
P5	0.00000193	80616	562536	3788.8	54.818	3	0	360	1980	130.7	0.016
P5	0.00000193	80616	562536	3788.8	54.818	4	0	848	4760	263.3	0.655
P5	0.00000193	80616	562536	3788.8	54.818	5	0.00000145	2584	16312	541.0	2.152
P5	0.00000193	80616	562536	3788.8	54.818	9	0.00000193	77736	586180	4915.2	75.051

4.4 本章小结

为了克服模型检测连续时间马尔可夫链中的状态空间爆炸问题，本章研究连续时间马尔可夫链的限界模型检测技术。围绕限界模型检测的核心问题，分别提出有效的解决方案，这些方案不是传统限界模型检测技术的直接推广，而是全新的限界模型检测过程，解决方案的思想完全异于传统限界检测技术。进一步通过实验说明了限界模型检测在属性为真的证据比较短的情况下，能快速验证属性，而且需求的空间比无界模型检测技术小。

参考文献

[1] Kwiatkowska M, Norman G, Parker D. Stochastic model checking//Bernardo M, Hillston J. Formal Methods for the Design of Computer, Communication and Software Systems: Performance Evaluation (SFM'07), Lecture Notes in Computer Science 4486, 2007: 220-270.

[2] Baier C, Haverkort B, Hermanns H, et al. Model checking algorithms for continuous time Markov chains. IEEE Transactions on Software Engineering, 2003, 29(6): 524-541.

[3] Kwiatkowska M, Norman G, Parker D. Probabilistic symbolic model checking with PRISM: a hybrid approach. International Journal on Software Tools for Technology Transfer, 2004, 6(2): 128-142.

[4] Embedded Control System. http://www.prismmodelchecker.org/casestudies/embedded.php.

[5] Simple Peer-to-Peer Protocol. http://www.prismmodelchecker.org/casestudies/peer2peer.php.

[6] FGF (Fibroblast Growth Factor) Signalling. http://www.prismmodelchecker.org/casestudies/fgf.php.

[7] Kwiatkowska M, Norman G, Parker D. Controller dependability analysis by probabilistic model checking. Control Engineering Practice, 2007, 15(11): 1427-1434.

[8] Heath J, Kwiatkowska M, Norman G, et al. Probabilistic model checking of complex biological pathways. Theoretical Computer Science, 2008, 391(3): 239-257.

第5章　多智体系统的限界模型检测

5.1 概　　述

知识推理[1]一直是多个领域的研究人员积极探索的课题，如哲学、经济、人工智能、分布式系统等。特别是在分布式系统领域，时态认知逻辑能更准确地描述系统和协议的规范，因此，自 1991 年 Halpern 等提出利用模型检测技术完成时态认知逻辑的演绎推理之后[2]，模型检测时态认知逻辑一直是一个重要的研究领域，并且在多智体系统中得到了广泛应用。例如，在文献[3]中 Meyden 等将每一个保密家视为一个智体，就餐的多位保密家构成一个多智体系统，使用时态认知逻辑刻画了协议的匿名性，利用模型检测技术判断出逻辑公式成立，从而验证了保密家协议的匿名性；在文献[4]中骆翔宇等将铁路控制系统视为一个多智体系统，并利用模型检测技术验证了控制系统的灵活性。

模型检测时态认知逻辑的研究主要围绕三方面进行，包括模型检测算法、系统和属性规范，以及状态空间约简技术。给定一个系统模型和一个逻辑公式描述的属性规约，检测算法主要判断系统是否满足规约，例如，Hoek 等提出一种将时态认知逻辑的模型检测问题转化为 LTL 模型检测问题的方法[5]，规范主要研究不同特性的逻辑刻画，基本的认知时态逻辑包括 CKLn[6]、CTLK(Computation Tree Logic of Knowledge)[7]。然而在实际应用中，有时必须考虑实时性，例如，在火车穿越控制系统中，火车进站的信号发出后，安全门必须在 50s 内关闭等，为此 Lomuscio 等提出了实时认知逻辑的存在片断(Existential Fragment of Logic for Knowledge and Real Time，TECTLK)[8]。在另外一些重要领域，对某些事件发生的可能性进行推理也比较重要，例如，“事件 E1 发生的概率小于 1/3”、“在请求发出之后 2s 内得到响应的概率不低于 98%”等。这些规范可以通过在时态认知逻辑中引入表示概率分布的算子得到表示，为此 Ferreira 等提出了概率认知逻辑 P_FKD45[9]，Wan 等提出了概率认知逻辑 PCTLK(Probabilistic Computation Tree Logic of Knowledge)[10]。本章的第一个重点是提出一种概率实时认知逻辑(Probabilistic Time Computation Tree Logic of Knowledge，PTCTLK)，从而可以对涉及概率、实时与认识相关的性质进行推理。这种集成是自然的、平凡的，本章的主要创新点在于提出能同时处理概率度量和实时算子的限界检测技术。

模型检测通过遍历全局空间完成系统的验证。然而对于实际的设计，系统中状态的数目随着并发分量的增加呈指数级增长，限界模型检测已经成为有效应对这种指数级增长的状态空间约简技术。限界模型检测有三个核心问题，即限界语义的定义、限界模型检测算法、判断检测过程终止的准则。PTCTLK 中的概率度量算子给限界检测带来很多新的理论问题，本章致力于解决这些问题，并对新问题展开系统的研究，具体工作包括四个方面。

(1) 将 PTCTLK 的模型检测问题转换为无实时算子的 PBTLK(Probabilistic Branching Temporal Logic of Knowledge)的模型检测问题。

(2) 定义了 PBTLK 的限界语义，并证明了其正确性。

(3) 设计了基于线性方程组求解的限界模型检测算法，即将 PBTLK 的限界模型检测问题转换为线性方程组的求解问题。

(4) 说明以路径长度作为检测过程终止的判别条件已经失效，基于数值计算中牛顿迭代法使用的迭代过程终止判断准则设计一系列终止判别准则，并分析了各种准则适用的场景。

另外针对线性方程组的特点，给出了变元求解的次序，从而避免了不必要的迭代运算。实例研究表明，与传统的限界模型检测一样，PTCTLK 的限界模型检测是一种前向搜索状态空间的方法，在属性为真的证据较短的情况下，完成验证所需内存空间较小。

5.2 相关工作

1999 年，Biere 等首次提出将 LTL 的模型检测问题转换为命题公式的可满足性判定问题[11]，这被认为是限界模型检测的起源。限界模型检测的基本思想是：只遍历足以用来验证某一规范的部分状态空间，优点是不会遇到状态爆炸问题，并且能够快速获取最小长度的反例，内存消耗远小于基于有序二叉决策图(Ordered Binary Decision Diagram，OBDD) 的方法，而且无须对变量进行静态或动态排序。

2002 年，Penczek 等将限界检测技术应用于 CTL 的全称片断的验证[12]。2003 年，Penczek 等进一步提出了多智体系统中验证时态认知逻辑 ACTLK (CTLK 的全称片断) 的限界模型检测方法，并开发了相应的限界检测工具 BMCIS。Luo 等在时态逻辑 CTL^* 的语言中引入认知模态词，得到一个新的时态认知逻辑 ECKLn，并展示了相应的限界模型检测算法。Lomuscio 等将实时性引入认知逻辑中，得到一种实时认知逻辑 TECTLK，并提出了 TECTLK 的限界模型检测算法。

上述不同逻辑系统的限界检测本质上是为验证的属性寻找反例的过程，并将反例的存在性转换为命题公式的可满足性判定问题，其关键在于这些反例仅涉及状态转换，转换关系可以用命题公式编码。而概率算子的反例由于在路径的转换过程中涉及概率度量，利用命题公式很难进行编码。因此，概率算子的限界检测有很多新的特性,必须对概率算子的限界检测进行系统的研究。

例如,公式 $F\phi$ 的证据是一条有穷路径 $s_0,s_1,\cdots,s_k$,其中,s_k 满足 ϕ,因此只需对 s_i、s_{i+1}之间的转换关系以及 s_k 满足 ϕ 进行编码。而对于公式 $P_{\geqslant\frac{1}{3}}(F\phi)$,证据是路径的集合,如$\{s_0 \xrightarrow{1/4} s_1 \xrightarrow{1} s_2, s_0 \xrightarrow{1/5} s_1 \xrightarrow{1} s_3\}$,其中,$s_2$、$s_3$ 满足 ϕ。因为事先无法预知状态之间的转换概率,所以无法计算集合当中包含多少条路径,从而无法使用命题公式编码。

此外,传统的限界检测会对路径的长度设置一个界,使得如果存在反例,则必存在长度不超过界的反例,从而保证了限界检测技术的完备性。但是对于概率算子这种方法将失效,考察图 5.1 所示的例子,验证的属性是初始状态 s_0 是否满足 $P_{\geqslant 1}(F\phi)$。很明显 s_0 满足 $P_{\geqslant 1}(F\phi)$,但是随着步长的增加(从步长 0 开始)得到这样一个概率度量序列

$$0,\frac{2}{3},\frac{2}{3},\frac{8}{9},\frac{8}{9},\frac{26}{27},\frac{26}{27},\cdots,1-\left(\frac{1}{3}\right)^{\lceil\frac{k-1}{2}\rceil},\cdots$$

因此,在事先不能确定是否已经遍历全局空间的情况下,无论步长如何增长始终不能得到真实的概率度量 1。此实例说明,以设置路径长度的上限作为判断算法终止的标准已经失效,必须设计新的标准等。总之,概率度量算子为限界检测技术带来了很多新问题,本章将对这些新问题进行详细研究。

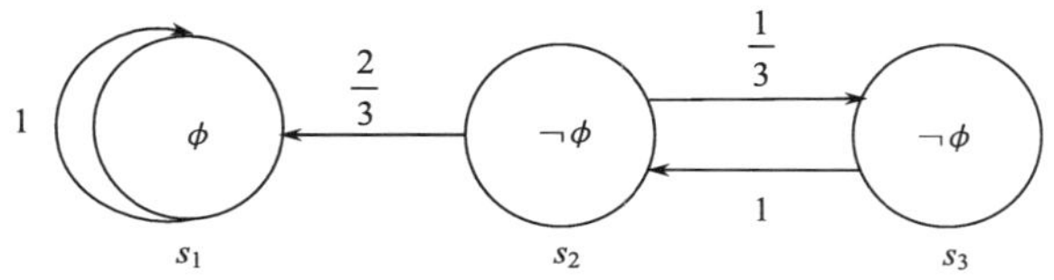

图 5.1　一个简单的概率转换系统

5.3　概率实时解释系统

5.3.1　概率时间自动机

本节主要介绍概率时间自动机的基本内容,并定义概率实时解释系统来描述多智体系统的动态行为。令$\mathbb{R}=[0,\infty)$为非负实数的集合,$\mathbb{N}=\{0,1,2,\cdots\}$为自然数的集合,$\chi$ 为有限时钟集,$v:\chi\to\mathbb{R}$ 为时钟赋值,$\mathbb{R}^{\chi}$ 为时钟集 χ 上的赋值集合。令 $t\in\mathbb{R}$,$v+t:\chi\to\mathbb{R}$ 形式化定义为 $\forall x\in\chi,(v+t)(x)=v(x)+t$。令 $X\subseteq\chi$,$v[X:=0]:\chi\to\mathbb{R}$形式化定义为

$$\forall x \in X, v[X:=0](x)=0, \forall x \in \chi\backslash X, v[X:=0](x)=v(x)$$

时钟约束 ζ 刻画了对时钟的约束，形式化定义为

$$\zeta ::= \text{true} \mid x \leqslant d \mid c \leqslant x \mid x + c \leqslant y + d \mid \neg \zeta \mid \zeta \vee \zeta \mid \zeta \wedge \zeta$$

式中，$x, y \in \chi$，$c, d \in \mathbb{N}$。χ 上时钟约束的集合定义为域，记为 Zones(χ)。时钟约束 ζ 和时钟赋值 v 的满足性关系 $\models$ 定义如下。

(1) $v \models \text{true}$。

(2) $v \models x \leqslant d$，当且仅当 $v(x) \leqslant d$。

(3) $v \models c \leqslant x$，当且仅当 $c \leqslant v(x)$。

(4) $v \models x + c \leqslant y + d$，当且仅当 $v(x) + c \leqslant v(y) + d$。

(5) $v \models \neg \zeta$，当且仅当 $v \mid\neq \zeta$。

(6) $v \models \zeta_1 \vee \zeta_2$，当且仅当 $v \models \zeta_1$ 或者 $v \models \zeta_2$。

(7) $v \models \zeta_1 \wedge \zeta_2$，当且仅当 $v \models \zeta_1$ 且 $v \models \zeta_2$。

定义 5.1(概率时间自动机)　概率时间自动机 T 是一个八元组($L, \bar{l}, \chi$, Act, inv, enab, prob, ℓ)，说明如下。

(1) L 为有限的位置集合。

(2) $\bar{l} \in L$ 为初始位置。

(3) χ 为时钟的集合。

(4) Act 为有限的动作集合。

(5) inv: $L \to$ Zones(χ) 为每个位置应该满足的不变量条件。

(6) enab: $L \times \text{Act} \to$ Zones(χ) 为动作触发应该满足的条件。

(7) prob: $L \otimes \text{Act} \to 2^{\text{Dist}(2^{\chi} \times L)}$ 为概率转换函数。

(8) $\ell: L \to 2^{\text{Ap}}$ 为位置标记函数，其中，Ap 为原子命题集合。

在概率时间自动机中，时间的流失和动作的执行均可导致系统的状态发生变化。开始时系统处于初始位置 $\bar{l}$，所有时钟的初始值为 0，并且以统一的速率增加。概率时间自动机上的状态是一个满足 $v \models \text{inv}(l)$ 的二元组 $(l, v) \in L \times \mathbb{R}^{\chi}$。在任何状态 (l, v) 下，时间都会自动流失，然后在某个时间点系统执行动作 $a \in \text{Act}$，从而导致系统所处的位置发生变化。时间的流失必须保证 inv(l) 不能失效。对于动作 $a \in \text{Act}$，只有当 $v + t$ 满足 enab(l, a) 时才能被选择执行。一旦执行动作 a，某个时钟集合将会被重置，后继的位置依据分布 prob(l, a) 随机选择。

图 5.2 显示的是一个不可靠信道上的简单通信协议的概率时间自动机模型。系统由发送者和接收者两个主体组成，主体之间通过一个信道和全局时钟 x、y 进行通信。消息的传递认为是瞬时的。初始状态设定为新的数据到达发送端，此时 x、y 的值设定为 0。发送者将数据保留 2～3 个时间单元，然后发送数据，同时将 x 的值设置为 0。数据成功到达接收端的概率是 0.90。接收端在接收到数据之后必须在一个时间单元内给发送者发送消息到达的确认信息。确认信息成功到达发

送端的概率是 0.95。一旦确认信息到达接收端，在下一个数据包到达发送端之前，时间可以任意流失。但是如果数据包丢失了，接收端将处于空闲状态，而发送端会一直处于等待确认信息的状态。因此，发送端将在发送信息之后的 2～3 个时间单元内重新发送消息。如果消息重发多于 7 个时间单元或者接收端接收到了数据，本次信息传递过程结束。

下面说明图 5.2 中原子命题表达的含义。发送端共有 4 个状态，即接收到数据包、发送数据后等待数据确认信息、接收到确认信息、终止，分别用原子命题 receivedata、waitack、receiveack、sabort 表示。接收端共有 3 个状态：空闲、接收到数据、终止，分别用原子命题 idle、receivedata、rabort 表示。

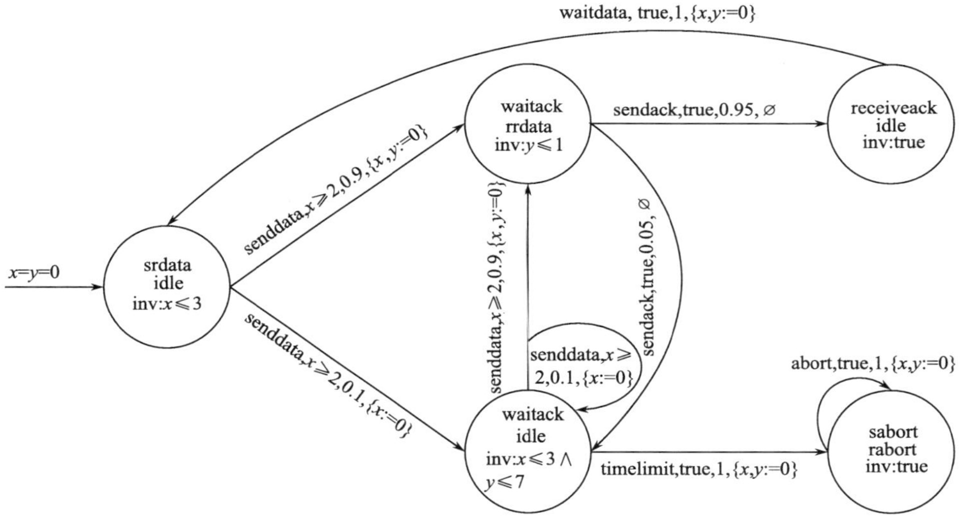

图 5.2　一个简单通信协议的概率时间自动机模型

5.3.2　概率时间自动机的平行组合

对于分布

$$p_1 \in \mathrm{Dist}(2^{\chi_1} \times L_1),\ p_2 \in \mathrm{Dist}(2^{\chi_2} \times L_2)$$

定义分布 $p_1 \otimes p_2 \in \mathrm{Dist}(2^{\chi_1 \cup \chi_2} \times (L_1 \times L_2))$ 如下：对于任意 $X_1 \subseteq \chi_1, X_2 \subseteq \chi_2$，$l_1 \in L_1, l_2 \in L_2$，令 $p_1 \otimes p_2(X_1 \cup X_2,(l_1,l_2)) = p_1(X_1,l_1) \cdot p_2(X_2,l_2)$。引入记号 $(\varnothing,l_1) \mapsto 1$ 表示 $\mathrm{Dist}(2^{\chi_1} \times L_1)$ 上的一种特殊概率分布 $(\varnothing,l_1) \mapsto 1((\varnothing,l_1))=1$，对于任意 $X_1 \neq \varnothing \& X_1 \subseteq \chi_1, l \in L_1, (\varnothing,l_1) \mapsto 1((X_1,l))=0$。引入记号 $(\varnothing,l_2) \mapsto 1$ 表示 $\mathrm{Dist}(2^{\chi_2} \times L_2)$ 上的一种概率分布 $(\varnothing,l_2) \mapsto 1((\varnothing,l_2))=1$，对于任意 $X_2 \neq \varnothing \& X_2 \subseteq \chi_2, l \in L_2, (\varnothing,l_2) \mapsto 1((X_2,l))=0$。

定义 5.2(概率时间自动机的平行组合)　令 $T_i=(L_i,\overline{l_i},\chi_i,\mathrm{Act}_i,\mathrm{inv}_i,\mathrm{enab}_i,\mathrm{prob}_i,\ell_i)(i\in\{1,2\})$为两个概率时间自动机,$\chi_1\cap\chi_2=\varnothing$。$T_1$、$T_2$ 的平行组合定义为

$$T_1\,||\,T_2=(L_1\times L_2,(\overline{l_1},\overline{l_2}),\chi_1\cup\chi_2,\mathrm{Act}_1\cup\mathrm{Act}_2,\mathrm{inv},\mathrm{enab},\mathrm{prob},\ell)$$

(1) 对于任意$(l_1,l_2)\in L_1\times L_2$,有 $\mathrm{inv}(l_1,l_2)=\mathrm{inv}_1(l_1)\wedge\mathrm{inv}_2(l_2)$。

(2) $\mathrm{enab}:(L_1\times L_2)\times(\mathrm{Act}_1\cup\mathrm{Act}_2)\rightarrow\mathrm{Zones}(\chi_1\cup\chi_2)$定义如下:

如果 $a\in\mathrm{Act}_1\backslash\mathrm{Act}_2$,则 $\mathrm{enab}((l_1,l_2),a)=\mathrm{enab}_1(l_1,a)$;

如果 $a\in\mathrm{Act}_2\backslash\mathrm{Act}_1$,则 $\mathrm{enab}((l_1,l_2),a)=\mathrm{enab}_2(l_2,a)$;

如果 $a\in\mathrm{Act}_1\cap\mathrm{Act}_2$,则 $\mathrm{enab}((l_1,l_2),a)=\mathrm{enab}_1(l_1,a)\wedge\mathrm{enab}_2(l_2,a)$。

(3) $p\in\mathrm{prob}((l_1,l_2),a)$当且仅当下面三个条件中的一个成立:

如果 $a\in\mathrm{Act}_1\backslash\mathrm{Act}_2$,则存在 $p_1\in\mathrm{prob}(l_1,a)$使得 $p=p_1\otimes\{(\phi,l_2)\mapsto 1\}$;

如果 $a\in\mathrm{Act}_2\backslash\mathrm{Act}_1$,则存在 $p_2\in\mathrm{prob}(l_2,a)$使得 $p=\{(\phi,l_1)\mapsto 1\}\otimes p_2$;

如果 $a\in\mathrm{Act}_1\cap\mathrm{Act}_2$,则存在 $p_1\in\mathrm{prob}(l_1,a)$,$p_2\in\mathrm{prob}(l_2,a)$使得 $p=p_1\otimes p_2$。

(4) $\ell(l_1,l_2)=\ell(l_1)\cup\ell(l_2)$。

图 5.3、图 5.4 分别给出了两个简单的概率时间自动机 T_1、T_2,现在考察 T_1 与 T_2 的平行组合 $T_1||T_2$。对于初始位置(L_{11},L_{21}),在 T_1 中初始位置 L_{11} 下 a 是唯一可以被触发的动作,在 T_2 中初始位置 L_{21} 下 b 是唯一可以被触发的动作。因为 $a\in\mathrm{Act}_1\backslash\mathrm{Act}_2$,所以 a 的执行会导致 T_1 的状态发生变化,T_2 的状态保持不变。对于动作 b,因为 $b\in\mathrm{Act}_2\backslash\mathrm{Act}_1$,所以 b 的执行会导致 T_2 中的状态发生变化,T_1 中的状态保持不变。在 T_1 中 a 的执行导致位置变为 L_{12}的概率是 0.6,变为 L_{13}的概率是 0.4,因此在 $T_1||T_2$ 中执行动作 a 导致(L_{11},L_{21})变为(L_{12},L_{21})的概率是 0.6,变为(L_{13},L_{21})的概率是 0.4。在 T_2 中 b 的执行导致位置变为 L_{21} 的概率是 0.2,变为 L_{22} 的概率是 0.8。因此,在 $T_1||T_2$ 中执行动作 b 导致(L_{11},L_{21})保持不变的概率是 0.2,变为(L_{11},L_{22})的概率是 0.8。

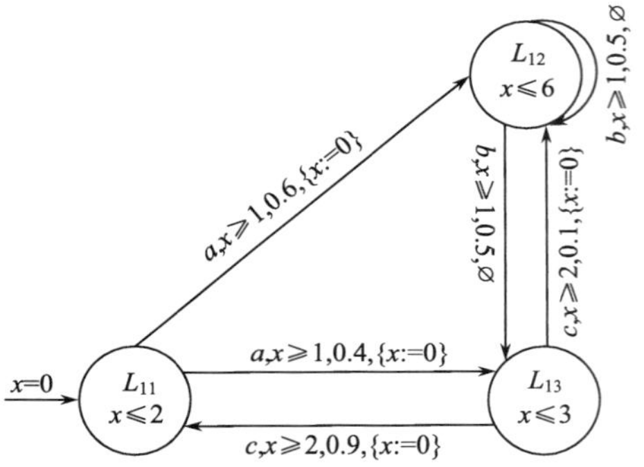

图 5.3　概率时间自动机 T_1

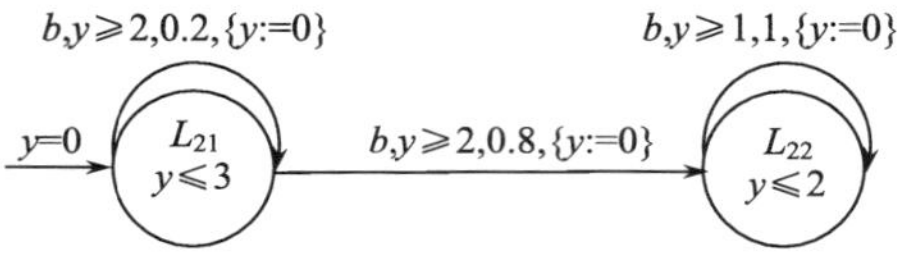

图 5.4　概率时间自动机 T_2

上述考察的动作 a 和 b 在(L_{11},L_{21})下执行只能导致一个位置发生变化,而对于位置(L_{12},L_{21}),执行动作 b 会导致两个位置同时发生变化。在 L_{12} 下执行 b 导致位置从 L_{12} 变为 L_{13} 的概率是 0.5,在 L_{21} 下执行 b 导致位置从 L_{21} 变为 L_{22} 的概率是 0.8。因此,在(L_{12},L_{21})下执行 b 导致位置变为(L_{13},L_{22})的概率是 0.4。同样,变为(L_{12},L_{22})的概率是 0.4,变为(L_{13},L_{21})的概率是 0.1,位置不发生改变的概率是 0.1。依据定义 5.2,最终的平行组合 $T_1||T_2$ 如图 5.5 所示。

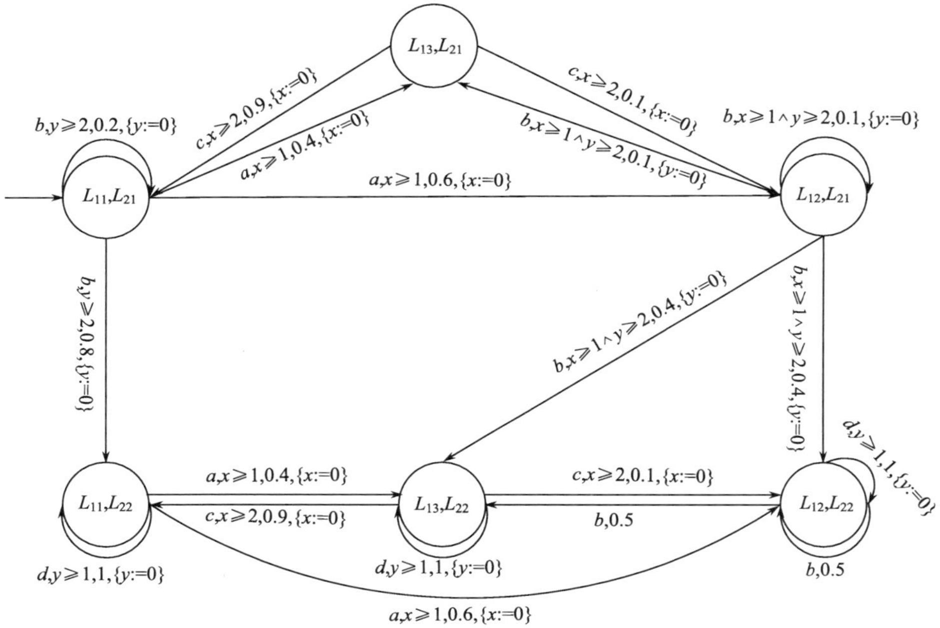

图 5.5　概率时间自动机 T_1、T_2 的平行组合 $T_1||T_2$

5.3.3　概率时间自动机的语义

定义 5.3　一个马尔可夫决策过程 M 是一个五元组(S, $\bar{s}$, Action, Step, Label),其中,S 为有限状态集;$\bar{s}\in S$ 为初始状态;Action 为动作集;Step: $S\times \text{Act}\to 2^{\text{Dist}(S)}$ 为概率转换函数;Label: $S\to 2^{\text{Ap}}$ 为状态标记函数,其中,Ap 为原子命题集合。

图 5.6 所示为一个简单的马尔可夫决策过程。在该过程中,$S=\{\bar{s}, s_1, s_2\}$,$\bar{s}$ 是初始状态,Action$=\{a, b, c\}$,概率转换函数为 $\text{Step}(\bar{s},c)(\bar{s})=\frac{1}{2}$,$\text{Step}(\bar{s},c)(s_2)=\frac{1}{2}$,$\text{Step}(\bar{s},b)(s_1)=1$,$\text{Step}(s_2,a)(\bar{s})=1$,$\text{Step}(s_1,a)(\bar{s})=1$,状态标记函

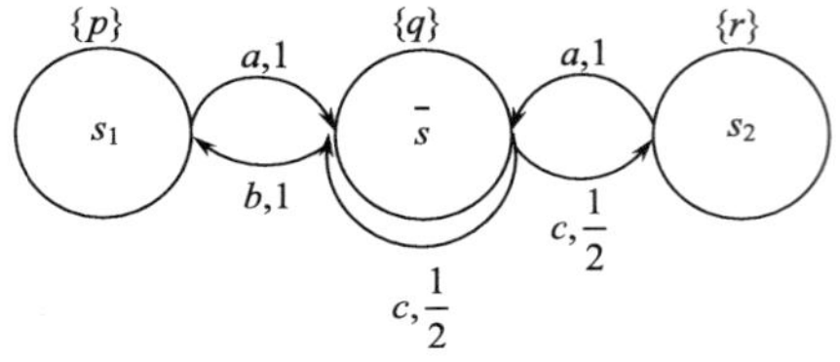

图 5.6　一个简单的马尔可夫决策过程

数为 Label($\bar{s}$) = {q}, Label(s_1) = {p}, Label(s_2) = {r}。

在马尔可夫决策过程 M 中，路径是一个有穷的序列 $s_0, a_0, s_1, a_1, s_2, a_2, \cdots, a_{n-1}, s_n$，满足 $\forall\, 0 \leqslant i \leqslant n-1$，$\text{Step}(s_i, a_i)(s_{i+1}) > 0$。称状态 s 是从状态 s_0 可达的当且仅当存在路径 $s_0, a_0, s_1, a_1, s_2, a_2, \cdots, a_{n-1}, s_n$ 使得 $s_n = s$。

定义 5.4(概率时间自动机的语义)　令 $T = (L, \bar{l}, \chi, \text{Act}, \text{inv}, \text{enab}, \text{prob}, \ell)$ 是一个概率时间自动机，其语义定义为一个马尔可夫决策过程 $(S, \bar{s}, \text{Action}, \text{Step}, \text{Label})$，其中，$S = \{(l, v) \in L \times \mathbb{R}^{\chi} \mid v \models \text{inv}(l)\}$，$\bar{s} = (\bar{l}, 0)$，$\text{Action} = \mathbb{R} \times \text{Act}$，$\lambda \in \text{Step}((l, v), (t, a))$ 当且仅当对于任意 $0 \leqslant t' \leqslant t$，$v + t' \models \text{inv}(l)$，$v + t \models \text{enab}(l, a)$，对任意 $(l', v') \in S$，有

$$\lambda(l', v') = \sum \{\text{prob}(l, a)(X, l') \mid X \in 2^{\chi} \wedge v' = (v + t)[X := 0]\},$$

$$\text{Label}(l, v) = \ell(l)$$

考察图 5.4 中的概率时间自动机 T_2，设马尔可夫决策过程 M_2 是 T_2 的语义，如图 5.7 所示。在 M_2 中初始状态是 $(L_{21}, 0)$。由 T_2 中 L_{21} 下动作 b 触发的条件可以知道，在 M_2 中动作 $(1.5, b)$ 不会导致初始状态发生任何变化，而动作 $(2.1, b)$ 的触发会导致状态发生变化，具体变化是以 0.2 的概率变为状态 $(L_{21}, 0)$，以 0.8 的概率变为状态 $(L_{22}, 0)$。

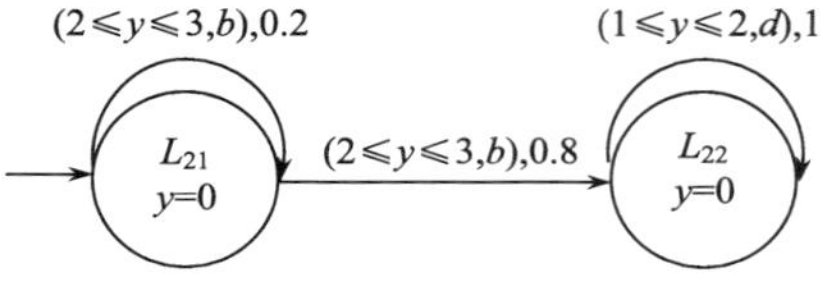

图 5.7　T_2 的语义解释

5.3.4　概率实时解释系统

令 $T = (L, \bar{l}, \chi, \text{Act}, \text{inv}, \text{enab}, \text{prob}, \ell)$ 为概率时间自动机，定义 $\text{Zones}_{\chi}(T)$ 为 T 中所有出现在不变量约束 inv 和触发条件 enab 中时钟约束的集合。形式化定义为

$$\text{Zones}_{\chi}(T) = \{\text{inv}(l) \in \text{Zones}(\chi) \mid l \in L\} \cup \{\text{enab}(l, a) \mid l \in L, a \in \text{Act}\}$$

定义

$$c_{\max}(T) = \max\{c_{\max}(\zeta) \mid \zeta \in \text{Zones}_{\chi}(T)\}$$

式中，$c_{\max}(\zeta)$ 为约束 ζ 中出现的最大常量。对于任意实数 r，记号 $\lfloor r \rfloor$ 为 r 的整数部分，$\text{frac}(r)$ 为 r 的小数部分。

定义 5.5(时钟赋值等价)　令 $T=(L,\bar{l},\chi,\mathrm{Act},\mathrm{inv},\mathrm{enab},\mathrm{prob},\ell)$为概率时间自动机,对于任意时钟赋值 $v,v'\in\mathbb{R}^{\chi}$,$v\simeq v'$当且仅当下面的条件得到满足。

(1) 对于任意 $x\in\chi$,$v(x)>c_{\max}(T)$当且仅当 $v'(x)>c_{\max}(T)$。

(2) 对于任意 $x,y\in\chi$,如果 $v(x)\leqslant c_{\max}(T)$,$v'(x)\leqslant c_{\max}(T)$,那么:

① $\lfloor v(x)\rfloor=\lfloor v'(x)\rfloor$;

② $\mathrm{frac}(v(x))=0$ 当且仅当 $\mathrm{frac}(v'(x))=0$;

③ $\mathrm{frac}(v(x))\leqslant\mathrm{frac}(v(y))$当且仅当 $\mathrm{frac}(v'(x))\leqslant\mathrm{frac}(v'(y))$。

直觉上,两个时钟赋值是等价的,当且仅当对同样的时钟它们的值同时大于 $c_{\max}(T)$;或者整数部分相同,小数部分为零或者保持序的关系。等价关系将时钟赋值划分成了不同的等价类。图 5.8 所示为 $\chi=\{x,y\}$,$c_{\max}(T)=2$ 时时钟赋值等价关系的划分。

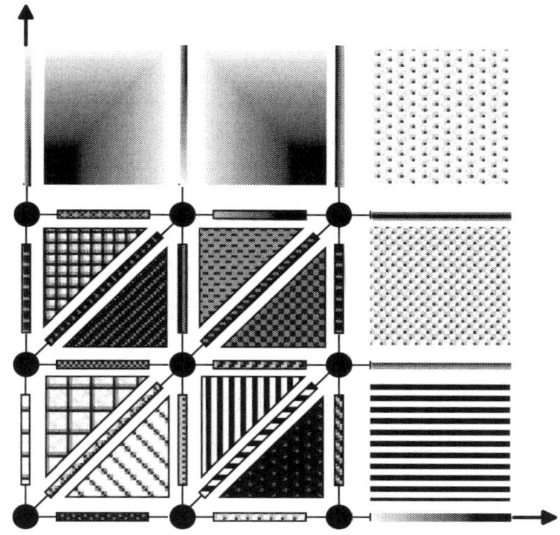

图 5.8　$c_{\max}(T)=2$ 的情形下两个时钟变量的等价类划分

令 $\mathrm{Ag}=\{1,\cdots,n\}$表示智体的集合,每个智体的行为模型化为一个概率时间自动机 $T_i=(L_i,\bar{l}_i,\chi_i,\mathrm{Act}_i,\mathrm{inv}_i,\mathrm{enab}_i,\mathrm{prob}_i,\ell_i)$。令 $T=(L,\bar{l},\chi,\mathrm{Act},\mathrm{inv},\mathrm{enab},\mathrm{prob},\ell)$为 $T_1,\cdots,T_n$ 的平行组合,用来表示 n 智体组成的系统的行为。首先定义位置函数 Loc_i:对于组合系统中的任一位置 $l=(l_1,\cdots,l_n)$,$\mathrm{Loc}_i(l)=l_i$。

定义 5.6(概率实时解释系统)　一个概率实时解释系统 PM 是一个多元组 $(S,\bar{s},\mathbb{R}\times\mathrm{Act},\mathrm{Step},\mathrm{Label},\sim_1,\cdots,\sim_n,\mathrm{PK}_1,\cdots,\mathrm{PK}_n)$,说明如下。

(1) S 是 $L\times\mathbb{R}^{\chi}$ 的子集,且从初始状态$(\bar{l},0)$可达。

(2) $(S,\bar{s},\mathbb{R}\times\mathrm{Act},\mathrm{Step},\mathrm{Label})$是一个马尔可夫决策过程。

(3) $\sim_i\subseteq S\times S$ 是认知等价关系$(l,v)\sim_i(l',v')$,当且仅当 $\mathrm{Loc}_i(l)=$

$\mathrm{Loc}_i(l')$，$v \simeq v'$。

(4) $\mathrm{PK}_i: S \to \mathrm{Dist}(S)(1 \leqslant i \leqslant n)$是概率认知关系，满足 $\sum_{s \sim_i s'} \mathrm{PK}_i(s)(s') = 1$，且对于任意$(l,v)$、$(l',v')$、$(l_1,v_1)$、$(l'_1,v'_1)$，如果$(l,v) \sim_i (l_1,v_1)$且$(l',v') \sim_i (l'_1,v'_1)$，则 $\mathrm{PK}_i(l,v)(l',v') = \mathrm{PK}_i(l_1,v_1)(l'_1,v'_1)$。

概率实时解释系统 PM 上的路径 π 是一个非空的有穷或者无穷序列 $s_0 \xrightarrow{(t_0,a_0),p_0} s_1 \xrightarrow{(t_1,a_1),p_1} s_2 \cdots$，其中对于任意 $i \geqslant 0$，$s_i \in S$，$p_i \in \mathrm{Step}(s_i,(t_i,a_i))$，$p_i(s_{i+1}) > 0$。为表述方便引入下列记号。

$\pi_i = s_0 \xrightarrow{(t_0,a_0),p_0} s_1 \xrightarrow{(t_1,a_1),p_1} s_2 \cdots \xrightarrow{(t_{i-1},a_{i-1}),p_{i-1}} s_i$：$\pi$ 的前缀。

$\pi(i) = s_i$：π 上的第 i 个状态。

$|\pi|$：π 的长度，即转换关系的数目(无穷路径长度为∞)。

$\mathrm{Path}_{\mathrm{fin}}$：有穷路径的集合。

$\mathrm{Path}_{\mathrm{fin}}(s)$：从 s 出发的有穷路径的集合。

$\mathrm{Path}_{\mathrm{ful}}$：无穷路径的集合。

$\mathrm{Path}_{\mathrm{ful}}(s)$：从 s 出发的无穷路径的集合。

考察无穷路径 π，称二元组(i,t')是一个方位当且仅当 $i \leqslant |\pi|$，$t' \in \mathbb{R}$，$0 \leqslant t' \leqslant t_i$。方位$(i,t')$处的状态表示为 $s_i + t'$，与 s_i 具有相同的位置，时钟赋值为 s_i 中的时钟赋值加上 t'。给定路径 π，称方位(j,t')是(i,t)的前驱，记为$(j,t') < (i,t)$，当且仅当 $j < i$ 或者 $j = i$，$t' < t$。

定义 5.7(路径延迟)　对于任意路径 π，任意自然数 $0 \leqslant i \leqslant |\pi|$，定义 $D_\pi(i)$表示直到第 i 个转换发生所流失的时间。形式化定义为 $D_\pi(0) = 0$，对于任意 $0 \leqslant i \leqslant |\pi|$，有 $D_\pi(i) = \sum_{j=0}^{i-1} t_j$。

进一步，无穷路径 π 是发散的当且仅当对于任意 $t \in \mathbb{R}$，存在 $i \in \mathbb{N}$ 使得 $D_\pi(i) > t$。下面引入调度的概念，调度的主要目的是解决模型中的非确定性选择问题。

定义 5.8(调度)　概率实时解释系统

$$\mathrm{PM} = (S, \bar{s}, \mathbb{R} \times \mathrm{Act}, \mathrm{Step}, \mathrm{Label}, \sim_1, \cdots, \sim_n, \mathrm{PK}_1, \cdots, \mathrm{PK}_n)$$

上的调度 θ 为映射有穷路径

$$\pi = s_0 \xrightarrow{(t_0,a_0),p_0} s_1 \xrightarrow{(t_1,a_1),p_1} s_2 \cdots \xrightarrow{(t_{m-1},a_{m-1}),p_{m-1}} s_m$$

到概率分布 Dist(S)的函数，且满足 $\theta(\pi) \in \mathrm{Step}(s_m,(t_m,a_m))$。令 Θ 表示 PM 上所有调度的集合。

对于调度 θ，定义如下记号。

$\mathrm{Path}^{\theta}_{\mathrm{fin}}$：满足 $p_i = \theta(\pi_i)$的有穷路径的集合。

$\mathrm{Path}^{\theta}_{\mathrm{ful}}$：满足 $p_i = \theta(\pi_i)$的无穷路径的集合。

对于任意概率实时解释系统 PM、调度 θ，定义 Π^{θ} 为 $\mathrm{Path}^{\theta}_{\mathrm{ful}}$ 上包含 $\bigcup_{\pi_i \in \mathrm{Path}^{\theta}_{\mathrm{fin}}} \{\pi \mid \pi \in \mathrm{Path}^{\theta}_{\mathrm{ful}} \& \pi_i$ 是 π 的前缀$\}$的最小 σ 代数。

定义 $\mathrm{Path}^{\theta}_{\mathrm{fin}} \to [0,1]$上的概率计算函数 $\mathrm{Pr}^{\theta}_{\mathrm{fin}}$ 如下。

(1) 如果$|\pi| = 0$，$\mathrm{Pr}^{\theta}_{\mathrm{fin}}(\pi) = 1$。

(2) 对于任意有穷路径 $\pi' \in \mathrm{Path}^{\theta}_{\mathrm{fin}}$。如果 $\pi' = \pi \xrightarrow{(t,a),p} s$，那么 $\mathrm{Pr}^{\theta}_{\mathrm{fin}}(\pi') = \mathrm{Pr}^{\theta}_{\mathrm{fin}}(\pi) \cdot p(s)$。

定义 5.9(概率度量函数)　概率度量函数 Pr^{θ} 定义为

$$\mathrm{Pr}^{\theta}\{\pi \mid \pi \in \mathrm{Path}^{\theta}_{\mathrm{ful}} \& \pi_i \in \mathrm{Path}^{\theta}_{\mathrm{fin}}\} = \mathrm{Pr}^{\theta}_{\mathrm{fin}}(\pi_i)$$

5.4　概率实时认知逻辑

为了推理多智体系统的行为属性，在 TCTLK 中引入概率度量算子，提出一种概率实时认知逻辑，该逻辑可以对概率、实时性以及知识进行推理。

5.4.1　概率实时认识逻辑的语法

令 Ap 为原子命题集，$\mathrm{Ag} = \{1, \cdots, n\}$表示智体的集合，$\gamma$ 为公式中出现的时钟集合，简称公式时钟集。

定义 5.10(PTCTLK 的语法)　PTCTLK 的语法定义为

$$\phi ::= \mathrm{true} \mid a \mid \zeta \mid \phi \wedge \phi \mid \neg \phi \mid z.\phi \mid [\phi \exists \mathrm{U} \phi]_{\rhd \eta} \mid [\phi \forall \mathrm{U} \phi]_{\rhd \eta} \mid [\exists \mathrm{G} \phi]_{\rhd \eta} \mid [\forall \mathrm{G} \phi]_{\rhd \eta} \mid [\phi \exists \mathrm{R} \phi]_{\rhd \eta} \mid [\phi \forall \mathrm{R} \phi]_{\rhd \eta} \mid [\mathrm{K}_i \phi]_{\rhd \eta} \mid [\mathrm{E}_{\Gamma} \phi]_{\rhd \eta}$$

式中，$a \in \mathrm{Ap}$ 为原子命题，$\zeta \in \mathrm{Zones}(\chi \cup \gamma)$ 为时钟约束，$z \in \gamma$，$\rhd \in \{>, \geqslant\}$，$\Gamma \subseteq \mathrm{Ag}$。

利用 PTCTLK 可以表示以下属性。

(1) 在任何调度下，系统在 5 个时间单元内发送第一个数据包而没有发送第二个数据包的概率大于 0.99，即

$$z.[\mathrm{packet2unsent} \forall \mathrm{U}(\mathrm{packet1delivered} \wedge (z < 5))]_{>0.99}$$

(2) 在任何调度下，在 8 个时间单元流失之前，系统时钟 x 的值不会超过 3 的概率不低于 0.95，即

$$z.[(x \leqslant 3) \forall \mathrm{U}(z = 8)]_{\geqslant 0.95}$$

5.4.2　概率实时认识逻辑的语义

令 $\mathfrak{I}: \gamma \to \mathbb{R}$ 表示公式时钟赋值。χ 和 γ 中时钟的值可分别从状态和公式时钟赋值获得。给定一个状态 $s = (l, v)$，公式时钟赋值 $\mathfrak{I}$，时钟约束 $\zeta \in \mathrm{Zones}(\chi \cup \gamma)$，定

义记号 $\zeta[s,\mathfrak{I}]$ 表示将 ζ 中任意系统时钟 $x\in\chi$ 的每一次出现，任意公式时钟 $z\in\gamma$ 的每一次出现分别替换为 $v(x)$、$\mathfrak{I}(z)$ 获得的布尔函数值。$\zeta[s,\mathfrak{I}]=\text{true}$，当且仅当 $(v,\mathfrak{I})\models\zeta$。

定义 5.11（PTCTLK 语义） 给定一个概率实时解释系统

$$\text{PM}=(S,\bar{s},\mathbb{R}\times\text{Act},\text{Step},\text{Label},\sim_1,\cdots,\sim_n,\text{PK}_1,\cdots,\text{PK}_n)$$

PM 上的调度集合为 Θ，对 PM 中的任意状态 s，时钟赋值 $\mathfrak{I}$，PTCTLK 公式 ϕ，满足性关系 $s,\mathfrak{I}\models_\Theta\phi$ 递归定义如下。

(1) $s,\mathfrak{I}\models_\Theta\text{true}$，对所有的 s 和 $\mathfrak{I}$ 都成立。

(2) $s,\mathfrak{I}\models_\Theta a$，当且仅当 $a\in\text{Label}(s)$。

(3) $s,\mathfrak{I}\models_\Theta\zeta$，当且仅当 $\zeta[s,\mathfrak{I}]=\text{true}$。

(4) $s,\mathfrak{I}\models_\Theta\phi_1\wedge\phi_2$，当且仅当 $s,\mathfrak{I}\models_\Theta\phi_1$ 且 $s,\mathfrak{I}\models_\Theta\phi_2$。

(5) $s,\mathfrak{I}\models_\Theta z.\phi$，当且仅当 $s,\mathfrak{I}[z:=0]\models_\Theta\phi$。

(6) $s,\mathfrak{I}\models_\Theta[\phi_1\exists\text{U}\phi_2]_{\rhd\eta}$，当且仅当存在调度 $\theta\in\Theta$ 使得

$$\Pr^\theta(\{\pi\mid\pi\in\text{Path}^\theta_{\text{ful}}(s)\,\&\,\pi,\mathfrak{I}\models_\Theta\phi_1\text{U}\phi_2\})\rhd\eta$$

(7) $s,\mathfrak{I}\models_\Theta[\phi_1\forall\text{U}\phi_2]_{\rhd\eta}$，当且仅当对于任意调度 $\theta\in\Theta$，有

$$\Pr^\theta(\{\pi\mid\pi\in\text{Path}^\theta_{\text{ful}}(s)\,\&\,\pi,\mathfrak{I}\models_\Theta\phi_1\text{U}\phi_2\})\rhd\eta$$

(8) $\pi,\mathfrak{I}\models_\Theta\phi_1\text{U}\phi_2$，当且仅当存在位置 (j,t) 使得

$$\pi(j)+t,\mathfrak{I}+D_\pi(j)+t\models_\Theta\phi_2$$

对于所有位置 (j',t')，如果 $(j',t')<(j,t)$，则

$$\pi(j')+t',\mathfrak{I}+D_\pi(j')+t'\models_\Theta\phi_1$$

(9) $s,\mathfrak{I}\models_\Theta[\exists\text{G}\phi]_{\rhd\eta}$，当且仅当存在调度 $\theta\in\Theta$ 使得

$$\Pr^\theta(\{\pi\mid\pi\in\text{Path}^\theta_{\text{ful}}(s)\,\&\,\pi,\mathfrak{I}\models_\Theta\text{G}\phi\})\rhd\eta$$

(10) $s,\mathfrak{I}\models_\Theta[\forall\text{G}\phi]_{\rhd\eta}$，当且仅当对于任意调度 $\theta\in\Theta$，有

$$\Pr^\theta(\{\pi\mid\pi\in\text{Path}^\theta_{\text{ful}}(s)\,\&\,\pi,\mathfrak{I}\models_\Theta\text{G}\phi\})\rhd\eta$$

(11) $\pi,\mathfrak{I}\models_\Theta\text{G}\phi$，当且仅当对于任意位置 (j,t)，有

$$\pi(j)+t,\mathfrak{I}+D_\pi(j)+t\models_\Theta\phi$$

(12) $s,\mathfrak{I}\models_\Theta[\phi_1\exists\text{R}\phi_2]_{\rhd\eta}$，当且仅当存在调度 $\theta\in\Theta$ 使得

$$\Pr^\theta(\{\pi\mid\pi\in\text{Path}^\theta_{\text{ful}}(s)\,\&\,\pi,\mathfrak{I}\models_\Theta\phi_1\text{R}\phi_2\})\rhd\eta$$

(13) $s,\mathfrak{I}\models_\Theta[\phi_1\forall\text{R}\phi_2]_{\rhd\eta}$，当且仅当对于任意调度 $\theta\in\Theta$，有

$$\Pr^\theta(\{\pi\mid\pi\in\text{Path}^\theta_{\text{ful}}(s)\,\&\,\pi,\mathfrak{I}\models_\Theta\phi_1\text{R}\phi_2\})\rhd\eta$$

(14) $\pi,\mathfrak{I}\models_\Theta\phi_1\text{R}\phi_2$，当且仅当：①存在位置 (j,t) 使得

$$\pi(j)+t,\mathfrak{I}+D_\pi(j)+t\models_\Theta\phi_1$$

对于所有位置(j',t')，如果$(j',t')<(j,t)$或者$(j',t')=(j,t)$，则

$$\pi(j')+t',\mathfrak{I}+D_\pi(j')+t' \models_\Theta \phi_2$$

或者对于任意位置(j,t)，有

$$\pi(j)+t,\mathfrak{I}+D_\pi(j)+t \models_\Theta \phi_2$$

(15) $s,\mathfrak{I}\models_\Theta[\mathrm{K}_i\phi]_{\triangleright\eta}$，当且仅当 $\sum\limits_{s',\mathfrak{I}\models_\Theta\phi}\mathrm{PK}_i(s,s')\triangleright\eta$。

(16) $s,\mathfrak{I}\models_\Theta[\mathrm{E}_\Gamma\phi]_{\triangleright\eta}$，当且仅当对于任意 $i\in\Gamma$，有 $s,\mathfrak{I}\models_\Theta[\mathrm{K}_i\phi]_{\triangleright\eta}$，即 $\sum\limits_{s',\mathfrak{I}\models_\Theta\phi}\mathrm{PK}_i(s,s')\triangleright\eta$。

PCTL 是在 CTL 的基础上引入概率度量算子而得到的一种逻辑系统，且两者是不等价的，CTL 也不是 PCTL 的子集。因为 CTL 是 TCTLK 的子集，PCTL 是 PTCTLK 的子集，所以 PTCTLK 与 TCTLK 不等价，且 TCTLK 也不是 PTCTLK 的子集。

5.5　概率知识区域图

概率时间自动机的模型检测是通过区域图实现的，本节首先将时钟赋值等价扩展到系统时钟 χ 和公式时钟 γ 上。用 $c_{\max}(\phi)$表示公式 ϕ 中出现的最大常量。

定义 5.12(扩展时钟赋值等价)　令 $T=(L,\bar{l},\chi,\mathrm{Act},\mathrm{inv},\mathrm{enab},\mathrm{prob},\ell)$为一个概率时间自动机，$\phi$ 为 PTCTLK 公式，对于任意时钟赋值 $v,v'\in\mathbb{R}^{\chi\cup\gamma}$，$v\simeq v'$，当且仅当下面的条件得到满足。

(1) 对于任意 $x\in\chi\cup\gamma$，$v(x)>\max(c_{\max}(T),c_{\max}(\phi))$，当且仅当 $v'(x)>\max(c_{\max}(T),c_{\max}(\phi))$。

(2) 对于任意 $x,y\in\chi\cup\gamma$，如果 $v(x)\leqslant\max(c_{\max}(T),c_{\max}(\phi))$，$v'(x)\leqslant\max(c_{\max}(T),c_{\max}(\phi))$，那么：

① $\lfloor v(x)\rfloor=\lfloor v'(x)\rfloor$；

② $\mathrm{frac}(v(x))=0$，当且仅当 $\mathrm{frac}(v'(x))=0$；

③ $\mathrm{frac}(v(x))\leqslant\mathrm{frac}(v(y))$，当且仅当 $\mathrm{frac}(v'(x))\leqslant\mathrm{frac}(v'(y))$。

引入记号$[v]$表示与 v 等价的时钟赋值形成的等价类。给定概率时间自动机 T 和 PTCTLK 公式 ϕ，记号 $\mathrm{equiv}(T,\phi)$表示时钟赋值等价类的集合。

定义 5.13(时钟等价类的满足性)　给定概率时间自动机 T 和 PTCTLK 公式 ϕ，令 $\alpha\in\mathrm{equiv}(T,\phi)$，$\zeta$ 为一个时钟约束，称 α 满足 ζ 当且仅当对于任意$(v,\mathfrak{I})\in\alpha$，$\zeta[s,\mathfrak{I}]$为真。

定义 5.14(区域的刻画)　令 $\alpha,\beta\in\mathrm{equiv}(T,\phi)$为$\mathbb{R}^{\chi\cup\gamma}$上不同的等价类。

(1) 后继：β 为 α 的后继，记为 $\mathrm{succ}(\alpha)$，当且仅当对于每个$(v,\mathfrak{I})\in\alpha$，存在一个正实数 $t\in\mathbb{R}$ 使得$(v+t,\mathfrak{I}+t)\in\beta$，且对于任意 $t'\leqslant t$，有$(v+t',\mathfrak{I}+t')\in\alpha\cup\beta$。

(2) x 零类：对 $\chi\cup\gamma$ 中的任意时钟 x，称等价类 α 为 x 零类，当且仅当对于任意$(v,\mathfrak{J})\in\alpha$，有$(v,\mathfrak{J})(x)=0$。

(3) x 无界类：对 $\chi\cup\gamma$ 中的任意时钟 x，称等价类 α 为 x 无界类，当且仅当对于任意$(v,\mathfrak{J})\in\alpha$，有$(v,\mathfrak{J})(x)>\max(c_{\max}(T),c_{\max}(\phi))$。

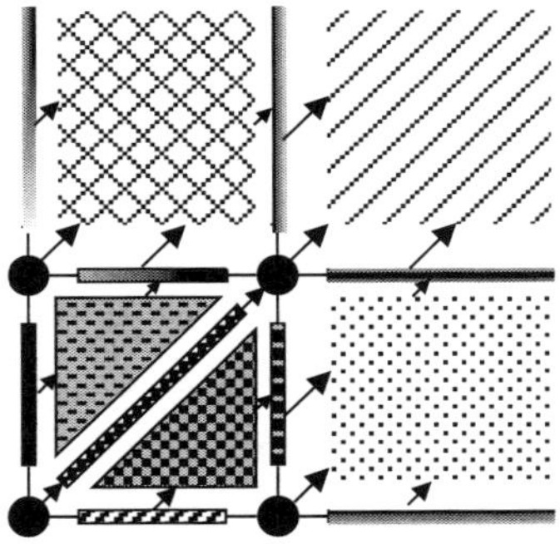

图 5.9　等价类之间的后继关系

考察如下实例。令 x 为系统时钟，z 为公式时钟，$\max(c_{\max}(T),c_{\max}(\phi))=1$，等价类之间的后继关系如图 5.9 所示。图 5.9 中箭头指向的等价类是箭头发起端代表的等价类的后继（忽略了自身到自身的后继关系）。由图 5.9 可知，等价类$[(0,0.5)]$为 x 零类，等价类$[(1.5,1.5)]$为 x 无界类。

后继关系可自然地扩展到状态上面：如果 $l'=l$，$\beta=\mathrm{succ}(\alpha)$，则称$(l',\beta)$是$(l,\alpha)$的后继。类似地，如果 α 为 x 零类，则(l,α)也是 x 零类；如果 α 为 x 无界类，则(l,α)也是 x 无界类。

定义 5.15（概率知识区域图）　令 $T=(L,\bar{l},\chi,\mathrm{Act},\mathrm{inv},\mathrm{enab},\mathrm{prob},\ell)$为一个概率时间自动机，$\phi$ 为 PTCTLK 公式，$\mathrm{PM}=(S,\bar{s},\mathbb{R}\times\mathrm{Act},\mathrm{Step},\mathrm{Label},\sim_1,\cdots,\sim_n,\mathrm{PK}_1,\cdots,\mathrm{PK}_n)$为与 T 对应的概率实时解释系统。概率知识区域图 Region(T,ϕ)为一个多元组$(S^*,\overline{s^*},\mathrm{Act}^*,\mathrm{Step}^*,\mathrm{Label}^*,\mathrm{PK}_1^*,\cdots,\mathrm{PK}_n^*)$。

(1) $S^*=L\times\mathrm{equiv}(T,\phi)$为区域的集合。

(2) $\overline{s^*}=(\bar{l},(0,0))$为初始状态。

(3) $\mathrm{Act}^*=\mathrm{Act}$ 为动作集。

(4) $\mathrm{Step}^*:S^*\rightarrow 2^{\mathrm{Dist}(s^*)}$定义如下。

① 时间流逝，无动作发生：如果 $\mathrm{succ}(\alpha)$满足 $\mathrm{inv}(l)$，那么 $p^{l,\alpha}\in\mathrm{Step}^*((l,\alpha))$，这里对于任何$(l',\beta)\in S^*$，有

$$p^{l,\alpha}=\begin{cases}1, & (l',\beta)=(l,\mathrm{succ}(\alpha))\\ 0, & \text{其他}\end{cases}$$

② 离散转换：$p^{l,\alpha}\in\mathrm{Step}^*((l,\alpha))$，当且仅当存在动作 $a\in\mathrm{Act}$，$p'\in\mathrm{prob}(l,a)$使得 α 满足触发条件 $\mathrm{enab}(l,\alpha)$，且对于任意 l'和等价类 β，有

$$p^{l,\alpha}(l',\beta)=\sum_{X\subseteq\chi\&\alpha[X:=0]=\beta}p'(l',X)$$

(5) $\mathrm{Label}^*:S\rightarrow 2^{\mathrm{Ap}}$是状态标记函数，其中，$\mathrm{label}^*(l,\alpha)=\ell(l)$。

(6) $\mathrm{PK}_i^*:S^*\rightarrow\mathrm{Dist}(S^*)$定义为：设 $s^*=(l,\alpha)$，$s_1^*=(l',\beta)$，$v\in\alpha$，$v'\in\beta$，则有 $\mathrm{PK}_i^*(s^*)(s_1^*)=\mathrm{PK}_i(l,v)(l',v')$。

由 PK_i 的定义可知，如果$(l,v)\sim_i(l_1,v_1)$，$(l',v')\sim_i(l'_1,v'_1)$，则 $\mathrm{PK}_i(l,v)(l',v')=\mathrm{PK}_i(l_1,v_1)(l'_1,v'_1)$，因此 PK_i^* 是良定义的，即与 v、v'的选择无关。

考察图 5.10 所示的概率时间自动机 T_3。令 x 为系统时钟，z 为公式时钟，ϕ 为 PTCTLK 公式，$\max(c_{\max}(T_3),c_{\max}(\phi))=1$。图 5.11 给每个等价类进行标号。考察初始状态$\overline{s^*}=(\bar{l},\alpha_1)$下执行各类动作引起的状态转换。首先考虑时间流逝，在这种情况下，位置不会发生变化，时钟 x、z 同步增长，如变为(0.5,0.5)，此时(0.5,0.5)属于等价类 α_3，因此$\overline{s^*}=(\bar{l},\alpha_1)$转换为状态$(\bar{l},\alpha_3)$的概率为 1。在$\overline{s^*}$下执行动作 b，位置保持不变的概率是 0.2，变为 l_1 的概率是 0.8。因此执行动作 b，状态$(\bar{l},\alpha_1)$保持不变的概率是 0.2，变为状态(l_1,α_1)的概率是 0.8。在$\overline{s^*}$下执行动作 a，位置保持不变的概率是 1，因此执行动作 a，状态$(\bar{l},\alpha_1)$保持不变的概率是 1。

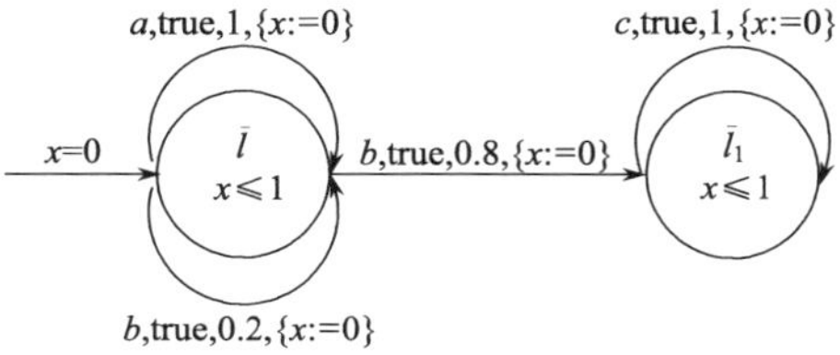

图 5.10　概率时间自动机 T_3

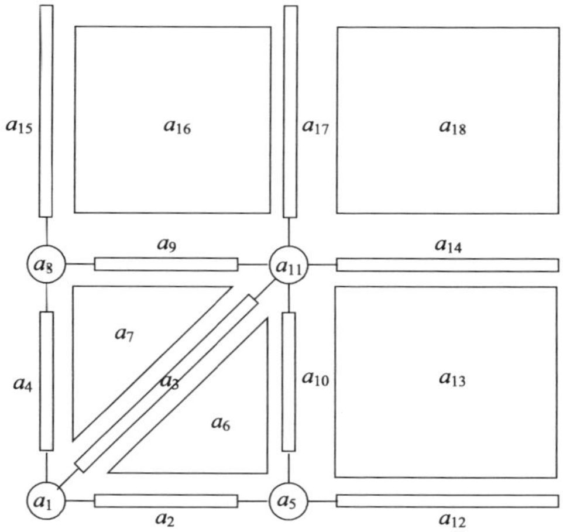

图 5.11　时钟赋值等价类

现在考察状态$(\bar{l},\alpha_{16})$。首先在 α_{16} 中选择元素$(x,z)=(0.5,1.5)$。当 $x=0.5$ 时，依据概率时间自动机 P_3 的语义解释，动作 a 和 b 都是可以执行的。当执行动作 a 时，位置保持不变的概率是 1，且 x 被重置，因此状态变为$(\bar{l},(0,1.5))$。而$(0,1.5)\in\alpha_{15}$，故执行动作 a，状态将由$(\bar{l},\alpha_{16})$变为$(\bar{l},\alpha_{15})$，且概率为 1。同理当执行动作 b 时，位置保持不变的概率是 0.2，位置变为 l_1 的概率是 0.8，且 x 被重置。在位置保持不变的情况下，状态变为$(\bar{l},(0,1.5))$，而$(0,1.5)\in\alpha_{15}$，因此状态变为$(\bar{l},\alpha_{15})$的概率为 1。位置变为 l_1 时，状态变为$(l_1,(0,1.5))$，而$(0,1.5)\in\alpha_{15}$，因此状态变为(l_1,α_{15})的概率为 0.8。最终的概率知识区域图如图 5.12 所示。

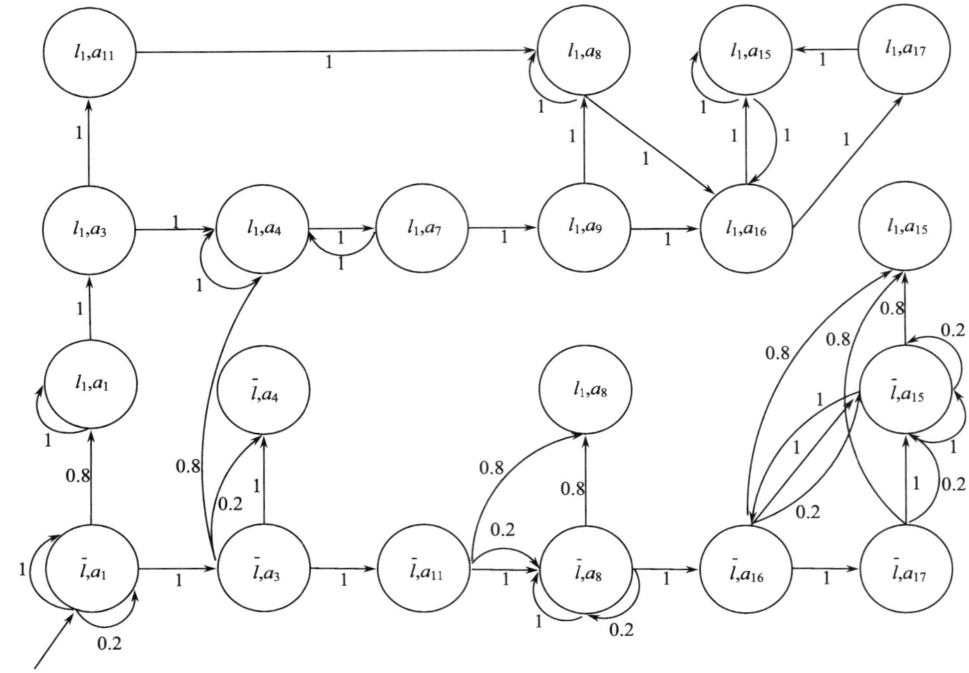

图 5.12　T_3 的概率知识区域图

定义 5.16（概率知识区域图上的路径）　$\mathrm{Region}(T,\phi)=(S^*,\overline{s^*},\mathrm{Act}^*,\mathrm{Step}^*,\mathrm{Label}^*,\mathrm{PK}_1^*,\cdots,\mathrm{PK}_n^*)$ 上的路径为一个无穷或者有穷序列，具体形式为

$$\pi^*=(l_0,\alpha_0)\xrightarrow{\mu_0^*}(l_1,\alpha_1)\xrightarrow{\mu_1^*}\cdots$$

式中，$l_i\in L$，$\alpha_i\in \mathrm{equiv}(T,\phi)$，$\mu_i^*\in \mathrm{Step}^*(l_i,\alpha_i)$ 且满足 $\mu_i^*(l_{i+1},\alpha_{i+1})>0$。

定义 5.17（概率知识区域图上的调度）　$\mathrm{Region}(T,\phi)=(S^*,\overline{s^*},\mathrm{Act}^*,\mathrm{Step}^*,\mathrm{Label}^*,\mathrm{PK}_1^*,\cdots,\mathrm{PK}_n^*)$ 上的调度 θ^* 为有穷路径 $\pi^*=(l_0,\alpha_0)\xrightarrow{\mu_0}(l_1,\alpha_1)\xrightarrow{\mu_1}\cdots\xrightarrow{\mu_{m-1}}(l_m,\alpha_m)$ 到概率分布 $\mathrm{Dist}(S^*)$ 的映射函数，满足 $\theta^*(\pi^*)\in \mathrm{Step}^*(s^*,(l_m,\alpha_m))$。令 Θ^* 表示所有调度的集合，对于调度 $\theta^*\in\Theta^*$，定义如下记号。

$\mathrm{Path}_{\mathrm{fin}}^{\theta^*}$：满足 $\mu_i^*=\theta^*(\pi_i^*)$ 的有穷路径的集合。

$\mathrm{Path}_{\mathrm{ful}}^{\theta^*}$：满足 $\mu_i^*=\theta^*(\pi_i^*)$ 的无穷路径的集合。

$\mathrm{Path}_{\mathrm{fin}}^{\theta^*}(s^*)$：从 s^* 出发满足 $\mu_i^*=\theta^*(\pi_i^*)$ 的有穷路径的集合。

$\mathrm{Path}_{\mathrm{ful}}^{\theta^*}(s^*)$：从 s^* 出发满足 $\mu_i^*=\theta^*(\pi_i^*)$ 的无穷路径的集合。

对于任意概率知识区域图 $\mathrm{Region}(T,\phi)=(S^*,\overline{s^*},\mathrm{Act}^*,\mathrm{Step}^*,\mathrm{Label}^*,$

$PK_1^*, \cdots, PK_n^*$)上的调度 θ^*，定义 Π^{θ^*} 为 $Path_{ful}^{\theta^*}$ 上包含 $\bigcup_{\pi_i \in Path_{fin}^{\theta^*}} \{\pi \mid \pi \in Path_{ful}^{\theta^*} \wedge$ π_i 是 π 的前缀$\}$的最小 σ 代数。

定义 $Path_{fin}^{\theta^*} \to [0,1]$上的概率计算函数 $Pr_{fin}^{\theta^*}$ 如下。

(1) 如果 $|\pi^*| = 0$，$Pr_{fin}^{\theta^*}(\pi^*) = 1$。

(2) 对于任意有穷路径 $\pi^{*\prime} \in Path_{fin}^{\theta^*}$，如果 $\pi^{*\prime} = \pi^* \xrightarrow{\mu^*} s^*$，则 $Pr_{fin}^{\theta^*}(\pi^{*\prime}) = Pr_{fin}^{\theta^*}(\pi^*) \cdot \mu^*(s^*)$。

定义 5.18(概率度量函数)　概率度量函数 Pr^{θ^*} 定义为

$$Pr^{\theta^*}\{\pi^* \mid \pi^* \in Path_{ful}^{\theta^*} \& \pi_i^* \in Path_{fin}^{\theta^*}\} = Pr_{fin}^{\theta^*}(\pi_i^*)$$

5.6　基于概率知识区域图的限界模型检测

本节介绍如何将 PTCTLK 的模型检测问题归约为区域图上无实时约束的某种时态逻辑的检测问题，然后为缓解状态空间爆炸研究限界模型检测算法。

5.6.1　时态逻辑的转换

定义 5.19(PBTLK 的语法)　PBTLK 的语法定义为

$$\phi ::= true \mid a \mid \phi \wedge \phi \mid \neg \phi \mid z.\phi \mid [\phi \exists U \phi]_{\triangleright \eta} \mid [\phi \forall U \phi]_{\triangleright \eta}$$
$$\mid [\phi \exists R \phi]_{\triangleright \eta} \mid [\phi \forall R \phi]_{\triangleright \eta} \mid [\exists G \phi]_{\triangleright \eta} \mid [\forall G \phi]_{\triangleright \eta} \mid [K_i \phi]_{\triangleright \eta} \mid [E_\Gamma \phi]_{\triangleright \eta}$$

式中，$a \in Ap$ 为原子命题，$z \in \gamma$，$\triangleright \in \{>, \geqslant\}$，$\Gamma \subseteq Ag$。

将 PTCTLK 公式转换为 PBTLK 公式的主要思路是，将时钟约束 ζ 转换为原子命题 a_ζ，其余公式保持不变。

定义 5.20(PBTLK 的满足性关系)　令

$$Region(T, \phi) = (S^*, \overline{s^*}, Act^*, Step^*, Label^*, PK_1^*, \cdots, PK_n^*)$$

ϕ 为 PBTLK 公式，Θ^* 为调度的集合，满足性关系 $\models_{\Theta^*}$ 递归定义如下。

(1) $s^* \models_{\Theta^*} true$，对所有的 s^* 都成立。

(2) $s^* \models_{\Theta^*} a$，当且仅当 $a \in Label^*(s^*)$。

(3) $s^* \models_{\Theta^*} \neg \phi$，当且仅当 $s* \not\models_{\Theta^*} \phi$。

(4) $s^* \models_{\Theta^*} \phi_1 \wedge \phi_2$，当且仅当 $s^* \models_{\Theta^*} \phi_1$，$s^* \models_{\Theta^*} \phi_2$。

(5) $s^* \models_{\Theta^*} z.\phi$，当且仅当$(l, \alpha[z := 0]) \models_{\Theta^*} \phi$(设 $s^* = (l, \alpha)$)。

(6) $s^* \models_{\Theta^*} [\phi_1 \exists U \phi_2]_{\triangleright \eta}$，当且仅当存在调度 $\theta^* \in \Theta^*$ 使得 $Pr^{\theta^*}(\{\pi^* \mid \pi^* \in Path_{ful}^{\theta^*}(s^*) \& \pi^* \models_{\Theta^*} \phi_1 U \phi_2\}) \triangleright \eta$。

(7) $s^* \models_{\Theta^*} [\phi_1 \forall U \phi_2]_{\triangleright \eta}$，当且仅当对于任意的调度 $\theta^* \in \Theta^*$，$Pr^{\theta^*}(\{\pi^* \mid \pi^* \in Path_{ful}^{\theta^*}(s^*) \& \pi^* \models_{\Theta^*} \phi_1 U \phi_2\}) \triangleright \eta$。

(8) $\pi^* \models_{\Theta^*} \phi_1 \mathrm{U} \phi_2$，当且仅当存在 $j \in \mathbb{N}$ 使得 $\pi^*(j) \models_{\Theta^*} \phi_2$，且对所有的 $i < j$，$\pi^*(i) \models_{\Theta^*} \phi_1$。

(9) $s^* \models_{\Theta^*} [\exists \mathrm{G} \phi]_{\triangleright \eta}$，当且仅当存在调度 $\theta^* \in \Theta^*$ 使得 $\mathrm{Pr}^{\theta^*}(\{\pi^* \mid \pi^* \in \mathrm{Path}_{\mathrm{ful}}^{\theta^*}(s^*) \& \pi^* \models_{\Theta^*} \mathrm{G}\phi\}) \triangleright \eta$。

(10) $s^* \models_{\Theta^*} [\forall \mathrm{G} \phi]_{\triangleright \eta}$，当且仅当对于任意的调度 $\theta^* \in \Theta^*$，$\mathrm{Pr}^{\theta^*}(\{\pi^* \mid \pi^* \in \mathrm{Path}_{\mathrm{ful}}^{\theta^*}(s^*) \& \pi^* \models_{\Theta^*} Gf\}) > \eta$。

(11) $\pi^* \models_{\Theta^*} \mathrm{G}\phi$，当且仅当对于任意的 $j \in \mathbb{N}$，$\pi * (j) \models_{\Theta^*} \phi$。

(12) $s^* \models_{\Theta^*} [\phi_1 \exists \mathrm{R} \phi_2]_{\triangleright \eta}$，当且仅当存在调度 $\theta^* \in \Theta^*$ 使得 $\mathrm{Pr}^{\theta^*}(\{\pi^* \mid \pi^* \in \mathrm{Path}_{\mathrm{ful}}^{\theta^*}(s^*) \& \pi^* \models_{\Theta^*} \phi_1 \mathrm{R} \phi_2\}) \triangleright \eta$。

(13) $s^* \models_{\Theta^*} [\phi_1 \forall \mathrm{R} \phi_2]_{\triangleright \eta}$，当且仅当对于任意的调度 $\theta^* \in \Theta^*$，$\mathrm{Pr}^{\theta^*}(\{\pi^* \mid \pi^* \in \mathrm{Path}_{\mathrm{ful}}^{\theta^*}(s^*) \& \pi^* \models_{\Theta^*} \phi_1 \mathrm{R} \phi_2\}) \triangleright \eta$。

(14) $\pi^* \models_{\Theta^*} \phi_1 \mathrm{R} \phi_2$，当且仅当存在 $j \in \mathbb{N}$ 使得 $\pi^*(j) \models_{\Theta^*} \phi_1$，且对所有的 $i \leqslant j$，$\pi^*(i) \models_{\Theta^*} \phi_2$；或者对任意的 $j \in \mathbb{N}$，$\pi^*(j) \models_{\Theta^*} \phi_2$。

(15) $s^* \models_{\Theta^*} [\mathrm{K}_i \phi]_{\triangleright \eta}$，当且仅当 $\sum_{s_1^* \models_{\Theta^*} \phi} \mathrm{PK}_i^*(s^*, s_1^*) \triangleright \eta$。

(16) $s^* \models_{\Theta^*} [\mathrm{E}_\Gamma \phi]_{\triangleright \eta}$，当且仅当对于任意的 $i \in \Gamma$，$\sum_{s_1^* \models_{\Theta^*} \phi} \mathrm{PK}_i^*(s^*, s_1^*) \triangleright \eta$。

定理 5.1(模型检测的正确性)　给定概率时间自动机 $T = (L, \bar{l}, \chi, \mathrm{Act}, \mathrm{inv}, \mathrm{enab}, \mathrm{prob}, \ell)$，对应的概率实时解释系统 $\mathrm{PM} = (S, \bar{s}, \mathbb{R} \times \mathrm{Act}, \mathrm{Step}, \mathrm{Label}, \sim_1, \cdots, \sim_n, \mathrm{PK}_1, \cdots, \mathrm{PK}_n)$，PM 上的调度集合 Θ，PTCTLK 公式 ϕ，转换 ϕ 得到的 PBTLK 公式 ψ，$\bar{s}, 0 \models_{\Theta} \phi$，当且仅当在对应的概率知识区域图 $\mathrm{Region}(T, \phi) = (S^*, \overline{s^*}, \mathrm{Act}^*, \mathrm{Step}^*, \mathrm{Label}^*, \mathrm{PK}_1^*, \cdots, \mathrm{PK}_n^*)$ 中，$\overline{s^*} \models_{\Theta^*} \psi$。

证明：采用对公式 ϕ 的长度进行归纳完成证明。对于原子命题，公式的否定与合取形式结论显然成立。选取 U 算子来证明结论成立，其他算子的证明类似，此处不再赘述。

设 $\bar{s}, 0 \models_{\theta} [\phi_1 \exists \mathrm{U} \phi_2]_{\triangleright \eta}$。由定义 5.11 可知，存在调度 $\theta \in \Theta$ 使得 $\mathrm{Pr}^{\theta}(\{\pi \mid \pi \in \mathrm{Path}_{\mathrm{ful}}^{\theta}(\bar{s}) \& \pi, 0 \models_{\Theta} \phi_1 \mathrm{U} \phi_2\}) \triangleright \eta$。再由定义 5.11 可知，$\pi, 0 \models_{\Theta} \phi_1 \mathrm{U} \phi_2$ 当且仅当存在位置 (j, t) 使得 $\pi(j) + t, D_\pi(j) + t \models_{\Theta} \phi_2$，对于所有位置 (j', t')，如果 $(j', t') < (j, t)$，则 $\pi(j') + t', D_\pi(j') + t' \models_{\Theta} \phi_1$。由归纳假设可知，$\pi^*(j) \models_{\Theta^*} \phi_2$，对于任意 $j' < j$，$\pi^*(j') \models_{\Theta^*} \phi_1$，即 $\pi^* \models_{\Theta^*} \phi_1 \mathrm{U} \phi_2$。因此由概率知识区域图的定义可知，$\mathrm{Pr}^{\theta}(\{\pi \mid \pi \in \mathrm{Path}_{\mathrm{ful}}^{\theta}(\bar{s}) \& \pi, 0 \models_{\Theta} \phi_1 \mathrm{U} \phi_2\}) = \mathrm{Pr}^{\theta^*}(\{\pi^* \mid \pi^* \in \mathrm{Path}_{\mathrm{ful}}^{\theta^*}(\overline{s^*}) \& \pi^* \models_{\Theta^*} \phi_1 \mathrm{U} \phi_2\})$，即 $\overline{s^*} \models_{\Theta^*} [\phi_1 \exists \mathrm{U} \phi_2]_{\triangleright \eta}$。

设 $\overline{s^*} \models_{\Theta^*} [\phi_1 \exists \mathrm{U} \phi_2]_{\triangleright \eta}$。由定义 5.20 可知，存在调度 $\theta^* \in \Theta^*$ 使得 $\mathrm{Pr}^{\theta^*}(\{\pi^* \mid \pi^* \in \mathrm{Path}_{\mathrm{ful}}^{\theta^*}(\overline{s^*}) \& \pi^* \models_{\Theta^*} \phi_1 \mathrm{U} \phi_2\}) \triangleright \eta$。再由定义 5.20 可知，$\pi^* \models_{\Theta^*}$

$\phi_1 U\phi_2$ 当且仅当存在 $j\in \mathbf{N}$ 使得 $\pi^*(j)\models_{\Theta^*}\phi_2$，且对于所有 $i<j$，有 $\pi^*(i)\models_{\Theta^*}\phi_1$。由归纳假设和概率知识区域图的定义可知，存在位置 (j,t) 使得 $\pi(j)+t$，$D_\pi(j)+t\models_\Theta\phi_2$，对于所有位置 (j',t')，如果 $(j',t')<(j,t)$，则 $\pi(j')+t'$，$D_\pi(j')+t'\models_\Theta\phi_1$。因此

$$\Pr^{\theta^*}(\{\pi^* \mid \pi^* \in \mathrm{Path}^{\theta^*}_{\mathrm{ful}}(\overline{s^*})\ \&\ \pi^* \models_{\Theta^*}\phi_1 U\phi_2\})$$
$$=\Pr^{\theta}(\{\pi \mid \pi \in \mathrm{Path}^{\theta}_{\mathrm{ful}}(\bar{s})\ \&\ \pi,0 \models_{\Theta}\phi_1 U\phi_2\})$$

即 $\bar{s},0\models_\theta[\phi_1\exists U\phi_2]_{\rhd\eta}$。

5.6.2　转换逻辑的限界模型检测

限界模型检测的主要思想是：在系统有限的局部空间中寻找属性成立的证据或者反例。对于 PBTLK 中的计算树逻辑部分，可以采用 LTL 限界模型检测中的技术来定义其限界语义。对于概率算子部分，限界语义必须保证属性在有限局部空间中成立，在整个运行空间中也一定成立。对于算子 $[\,]_{\geqslant p}$，如果在有限局部空间中属性成立的概率不小于实数 p，则在整个运行空间上属性成立的概率也不小于 p。而对于 $[\,]_{\leqslant p}$ 这类算子，如果在有限局部空间中属性成立的概率不大于实数 p，并不能保证在整个运行空间上属性成立的概率也不大于 p。为了保证 $P_{\leqslant p}$ 算子限界语义定义的正确性，本节探讨如何将 PBTLK 公式转换为等价的且概率约束为 $[\,]_{\geqslant p}$ 或者 $[\,]_{>p}$ 形式的 PBTLK 公式。

定义 5.21（PBTLK 公式的等价）　称 PBTLK 状态公式 ϕ、φ 是等价的，记为 $\phi\equiv\varphi$，当且仅当对于任意 $\mathrm{Region}(T,\phi)=(S^*,\overline{s^*},\mathrm{Act}^*,\mathrm{Step}^*,\mathrm{Label}^*,\mathrm{PK}_1^*,\cdots,\mathrm{PK}_n^*)$，对于任意 $s^*\in S^*$，$s^*\models\phi$ 当且仅当 $s^*\models\varphi$。

不难验证存在下面的等价关系。

(1) $[\exists G\phi]_{\leqslant p}\equiv[\mathrm{true}\,\exists U(\neg\phi)]_{\geqslant 1-p}$；$[\forall G\phi]_{\leqslant p}\equiv[\mathrm{true}\,\forall U(\neg\phi)]_{\geqslant 1-p}$；

(2) $[\exists G\phi]_{<p}\equiv[\mathrm{true}\,\exists U(\neg\phi)]_{>1-p}$；$[\forall G\phi]_{<p}\equiv[\mathrm{true}\,\forall U(\neg\phi)]_{>1-p}$；

(3) $[\phi\exists U\varphi]_{\leqslant p}\equiv[(\neg\phi)\exists R(\neg\varphi)]_{\geqslant 1-p}$；$[\phi\forall U\varphi]_{\leqslant p}\equiv[(\neg\phi)\forall R(\neg\varphi)]_{\geqslant 1-p}$；

(4) $[\phi\exists U\varphi]_{<p}\equiv[(\neg\phi)\exists R(\neg\varphi)]_{>1-p}$；$[\phi\forall U\varphi]_{<p}\equiv[(\neg\phi)\forall R(\neg\varphi)]_{>1-p}$；

(5) $[\phi\exists R\varphi]_{\leqslant p}\equiv[(\neg\phi)\exists U(\neg\varphi)]_{\geqslant 1-p}$；$[\phi\forall R\varphi]_{\leqslant p}\equiv[(\neg\phi)\forall U(\neg\varphi)]_{\geqslant 1-p}$；

(6) $[\phi\exists R\varphi]_{<p}\equiv[(\neg\phi)\exists U(\neg\varphi)]_{>1-p}$；$[\phi\exists R\varphi]_{<p}\equiv[(\neg\phi)\exists U(\neg\varphi)]_{>1-p}$；

(7) $[K_i\phi]_{\leqslant p}\equiv[K_i\neg\phi]_{\geqslant 1-p}$；$[K_i\phi]_{<p}\equiv[K_i\neg\phi]_{>1-p}$；

(8) $[E_\Gamma\phi]_{\leqslant p}\equiv[E_\Gamma\neg\phi]_{\geqslant 1-p}$；$[E_\Gamma\phi]_{<p}\equiv[E_\Gamma\neg\phi]_{>1-p}$。

上面的等价关系说明，可将 $\leqslant(<)p$ 的概率约束转换为 $\geqslant(>)p$ 的约束。下面的等价关系说明，可将否定算子直接作用于原子命题，且不会降低 PBTLK 的表达力。

(1) $\neg[\varphi]_{\leqslant p}\equiv[\varphi]_{>p}$；$\neg[\varphi]_{<p}\equiv[\varphi]_{\geqslant p}$。

(2) $\neg[\varphi]_{\geq p} \equiv [\varphi]_{<p}$；$\neg[\varphi]_{>p} \equiv [\varphi]_{\leq p}$。

(3) $\neg(\phi_1 \wedge \phi_2) \equiv \neg\phi_1 \vee \neg\phi_2$；$\neg(\phi_1 \vee \phi_2) \equiv \neg\phi_1 \wedge \neg\phi_2$。

上述两类等价关系表明，只需要在 PBTLK 的某个子集上讨论其限界模型检测问题。该子集与 PBTLK 具有相同的表达力，且概率约束只能为$\geq p$ 或者$>p$，否定算子只能作用于原子命题，将该子集记为 $\text{PBTLK}^{\geq}$。

$\text{PBTLK}^{\geq}$的语法定义如下

$$\phi ::= \text{true} \mid a \mid \neg a \mid \phi \wedge \phi \mid z.\phi \mid [\phi \exists \text{U}\phi]_{\rhd\eta} \mid [\phi \forall \text{U}\phi]_{\rhd\eta} \mid [\phi \exists \text{R}\phi]_{\rhd\eta}$$
$$\mid [\phi \forall \text{R}\phi]_{\rhd\eta} \mid [\exists \text{G}\phi]_{\rhd\eta} \mid [\forall \text{G}\phi]_{\rhd\eta} \mid [\text{K}_i\phi]_{\rhd\eta} \mid [\text{E}_\Gamma\phi]_{\rhd\eta}$$

式中，$a \in \text{Ap}$ 为原子命题，$z \in \gamma$，$\rhd \in \{>, \geq\}$，$\Gamma \subseteq \text{Ag}$。

给定概率知识区域图 $\text{Region}(T,\phi)=(S^*,\overline{s^*},\text{Act}^*,\text{Step}^*,\text{Label}^*,\text{PK}_1^*,\cdots,\text{PK}_n^*)$，定义 $\text{Reach}(\overline{s^*},k)$为从初始状态$\overline{s^*}$出发 k 步内可达的状态集。形式化定义为 $\text{Reach}(\overline{s^*},k)=\{s^* \mid \exists \pi^* \in \text{Path}_{\text{ful}}^{\theta^*}(\overline{s^*}) \exists i \leq k(\pi^*(i)=s^*)\}$。

定义 5.22（$\text{PBTLK}^{\geq}$的满足性关系）　令

$$\text{Region}(T,\phi)=(S^*,\overline{s^*},\text{Act}^*,\text{Step}^*,\text{Label}^*,\text{PK}_1^*,\cdots,\text{PK}_n^*)$$

ϕ 为 $\text{PBTLK}^{\geq}$公式，Θ^* 为调度的集合，$k \in \mathbf{N}$，满足性关系$\models_{\Theta^*,k}$递归定义如下。

(1) $s^* \models_{\Theta^*,k} \text{true}$ 对所有 s^* 都成立。

(2) $s^* \models_{\Theta^*,k} a$，当且仅当 $a \in \text{Label}^*(s^*)$。

(3) $s^* \models_{\Theta^*,k} \neg a$，当且仅当 $a \notin \text{Label}^*(s^*)$。

(4) $s^* \models_{\Theta^*,k} \phi_1 \wedge \phi_2$，当且仅当 $s^* \models_{\Theta^*,k} \phi_1$ 且 $s^* \models_{\Theta^*,k} \phi_2$。

(5) $s^* \models_{\Theta^*} z.\phi$，当且仅当 $l,\alpha[z:=0] \models_{\Theta^*,k} \phi$（设 $s^*=(l,\alpha)$）。

(6) $s^* \models_{\Theta^*,k} [\phi_1 \exists \text{U}\phi_2]_{\rhd\eta}$，当且仅当存在调度 $\theta^* \in \Theta^*$ 使得 $\text{Pr}^{\theta^*}(\{\pi^* \mid \pi^* \in \text{Path}_{\text{ful}}^{\theta^*}(s^*) \& \pi^* \models_{\Theta^*,k} \phi_1 \text{U} \phi_2\}) \rhd \eta$。

(7) $s^* \models_{\Theta^*,k} [\phi_1 \forall \text{U}\phi_2]_{\rhd\eta}$，当且仅当对于任意调度 $\theta^* \in \Theta^*$，$\text{Pr}^{\theta^*}(\{\pi^* \mid \pi^* \in \text{Path}_{\text{ful}}^{\theta^*}(s^*) \& \pi^* \models_{\Theta^*,k} \phi_1 \text{U} \phi_2\}) \rhd \eta$。

(8) $\pi^* \models_{\Theta^*,k} \phi_1 \text{U} \phi_2$，当且仅当存在 $j \leq k$ 使得$\pi^*(j) \models_{\Theta^*,k} \phi_2$，对于所有 $i<j$，有 $\pi^*(i) \models_{\Theta^*,k} \phi_1$。

(9) $s^* \models_{\Theta^*,k} [\exists \text{G}\phi]_{\rhd\eta}$，当且仅当存在调度 $\theta^* \in \Theta^*$ 使得 $\text{Pr}^{\theta^*}(\{\pi^* \mid \pi^* \in \text{Path}_{\text{ful}}^{\theta^*}(s^*) \& \pi^* \models_{\Theta^*,k} \text{G}\phi\}) \rhd \eta$。

(10) $s^* \models_{\Theta^*,k} [\forall \text{G}\phi]_{\rhd\eta}$，当且仅当对于任意调度 $\theta^* \in \Theta^*$，$\text{Pr}^{\theta^*}(\{\pi^* \mid \pi^* \in \text{Path}_{\text{ful}}^{\theta^*}(s^*) \& \pi^* \models_{\Theta^*,k} \text{G}\phi\}) \rhd \eta$。

(11) $\pi^* \models_{\Theta^*,k} \text{G}\phi$，当且仅当对于任意 $j \leq k$，$\pi^*(j) \models_{\Theta^*,k} \phi$，且存在 $i \leq k$ 使得$\pi^*=\pi^*(0)\cdots\pi^*(i-1)(\pi^*(i),\cdots,\pi^*(k))^\omega$。

(12) $s^* \models_{\Theta^*,k} [\phi_1 \exists \text{R}\phi_2]_{\rhd\eta}$，当且仅当存在调度 $\theta^* \in \Theta^*$ 使得 $\text{Pr}^{\theta^*}(\{\pi^* \mid \pi^*$

$\in \text{Path}_{\text{ful}}^{\theta^*}(s^*) \& \pi^* \models_{\Theta^*,k} \phi_1 \text{R} \phi_2\}) \rhd \eta$。

(13) $s^* \models_{\Theta^*,k} [\phi_1 \forall \text{R} \phi_2]_{\rhd \eta}$，当且仅当对于任意调度 $\theta^* \in \Theta^*$，有 $\text{Pr}^{\theta^*}(\{\pi^* \mid \pi^* \in \text{Path}_{\text{ful}}^{\theta^*}(s^*) \& \pi^* \models_{\Theta^*,k} \phi_1 \text{R} \phi_2\}) \rhd \eta$。

(14) $\pi^* \models_{\Theta^*,k} \phi_1 \text{R} \phi_2$，当且仅当：①存在 $j \leqslant k$ 使得 $\pi^*(j) \models_{\Theta^*,k} \phi_1$，对于所有 $i \leqslant j$，有 $\pi^*(i) \models_{\Theta^*,k} \phi_2$；②对于任意 $j \leqslant k$，有 $\pi^*(j) \models_{\Theta^*,k} \phi_2$，且存在 $i \leqslant k$ 使得 $\pi^* = \pi^*(0) \cdots \pi^*(i-1)(\pi^*(i), \cdots, \pi^*(k))^\omega$。

(15) $s^* \models_{\Theta^*,k} [\text{K}_i \phi]_{\rhd \eta}$，当且仅当 $\sum_{s_1^* \models \phi \wedge s_1^* \in \text{Reach}(\overline{s^*}, k)} \text{PK}_i^*(s^*, s_1^*) \rhd \eta$。

(16) $s^* \models_{\Theta^*,k} [\text{E}_\Gamma \phi]_{\rhd \eta}$，当且仅当对于所有 $i \in \Gamma$，$\sum_{s_1^* \models \phi \wedge s_1^* \in \text{Reach}(\overline{s^*}, k)} \text{PK}_i^*(s^*, s_1^*) \rhd \eta$。

定理 5.2 令 $\text{Region}(T, \phi) = (S^*, \overline{s^*}, \text{Act}^*, \text{Step}^*, \text{Label}^*, \text{PK}_1^*, \cdots, \text{PK}_n^*)$，$\phi$ 是 $\text{PBTLK}^{\geqslant}$ 公式，Θ^* 是调度的集合，$k \in \mathbb{N}$，如果 $s^* \models_{\Theta^*,k} \phi$，则 $s^* \models_{\Theta^*} \phi$。

证明：采用对公式 ϕ 的长度进行归纳完成证明。对于原子命题及其否定形式，公式的合取形式结论显然成立。选取 U 与 K_i 算子来证明结论成立，其他算子的证明类似，此处不再赘述。

Case1：U 算子

设 $s^* \models_{\Theta^*,k} [\phi_1 \exists \text{U} \phi_2]_{\rhd \eta}$。由定义 5.22 可以知道，存在调度 $\theta^* \in \Theta^*$ 使得 $\text{Pr}^{\theta^*}(\{\pi^* \mid \pi^* \in \text{Path}_{\text{ful}}^{\theta^*}(s^*) \& \pi^* \models_{\Theta^*,k} \phi_1 \text{U} \phi_2\}) \rhd \eta$。由归纳假设可知，如果 $\pi^* \models_{\Theta^*,k} \phi_1 \text{U} \phi_2$，则 $\pi^* \models_{\Theta^*} \phi_1 \text{U} \phi_2$，因此

$$\begin{aligned} &\text{Pr}^{\theta^*}(\{\pi^* \mid \pi^* \in \text{Path}_{\text{ful}}^{\theta^*}(s^*) \& \pi^* \models_{\Theta^*,k} \phi_1 \text{U} \phi_2\}) \\ &\leqslant \text{Pr}^{\theta^*}(\{\pi^* \mid \pi^* \in \text{Path}_{\text{ful}}^{\theta^*}(s^*) \& \pi^* \models_{\Theta^*} \phi_1 \text{U} \phi_2\}) \end{aligned}$$

从而

$$\text{Pr}^{\theta^*}(\{\pi^* \mid \pi^* \in \text{Path}_{\text{ful}}^{\theta^*}(s^*) \& \pi^* \models_{\Theta^*} \phi_1 \text{U} \phi_2\}) \rhd \eta$$

即 $s^* \models_{\Theta^*} [\phi_1 \exists \text{U} \phi_2]_{\rhd \eta}$。对于 $s^* \models_{\Theta^*,k} [\phi_1 \forall \text{U} \phi_2]_{\rhd \eta}$，情形类似，不再赘述。

Case2：K_i 算子

设 $s^* \models_{\Theta^*,k} [\text{K}_i \phi]_{\rhd \eta}$。由定义 5.22 可知

$$\sum_{s_1^* \models \phi \wedge s_1^* \in \text{Reach}(\overline{s^*}, k)} \text{PK}_i^*(s^*, s_1^*) \rhd \eta$$

因为

$$\sum_{s_1^* \models \phi \wedge s_1^* \in \text{Reach}(\overline{s^*}, k)} \text{PK}_i^*(s^*, s_1^*) \leqslant \sum_{s_1^* \models \phi} \text{PK}_i^*(s^*, s_1^*)$$

所以 $\sum_{s_1^* \models \phi} \text{PK}_i^*(s^*, s_1^*) \rhd \eta$，即 $s^* \models_{\Theta^*} [\text{K}_i \phi]_{\rhd \eta}$。

5.7　限界模型检测算法

本节探讨如何将初始状态对 PBTLK$^{\geqslant}$公式的满足性判定问题转换为线性方程组的求解问题。对于公式$[\phi_1\ \forall\ \mathrm{U}\phi_2]_{\rhd\eta}$、$[\forall\ \mathrm{G}\phi]_{\rhd\eta}$、$[\phi_1\ \forall\ \mathrm{R}\phi_2]_{\rhd\eta}$，主要通过计算$p^{\min}_{s^*,k}(\phi)=\min\{\Pr^{\theta^*}(\{\pi^*\mid\pi^*\in\mathrm{Path}^{\theta^*}_{\mathrm{ful}}(s^*)\&\pi^*\models_{\Theta^*,k}\phi_1\mathrm{U}\phi_2\})\mid\theta^*\in\Theta^*\}$来完成验证过程。对于公式$[\phi_1\ \exists\ \mathrm{U}\phi_2]_{\rhd\eta}$、$[\exists\ \mathrm{G}\phi]_{\rhd\eta}$、$[\phi_1\ \exists\ \mathrm{R}\phi_2]_{\rhd\eta}$，主要通过计算$p^{\max}_{s^*,k}(\phi)=\max\{\Pr^{\theta^*}(\{\pi^*\mid\pi^*\in\mathrm{Path}^{\theta^*}_{\mathrm{ful}}(s^*)\&\pi^*\models_{\Theta^*,k}\phi_1\mathrm{U}\phi_2\})\mid\theta^*\in\Theta^*\}$来完成验证过程。对于 PBTLK$^{\geqslant}$公式$\phi$，假设其所有的子公式已经处理过，即对于$\phi$的任意子公式$\varphi$，对于$S^*$中的每一个状态$s^*$，均已经知道$s^*$是否满足$\varphi$。令$k\geqslant0$为限界模型检测的界，则$S^*_{\phi,k}=\{s^*\in S^*\mid s^*\models_{\Theta^*,k}\phi\}$，调度集$\Theta^*$为所有可能的调度的集合。

对于 PBTLK$^{\geqslant}$公式ϕ，引入记号$y(s^*,\phi,k)\in\{0,1\}$来表示$s^*\models_{\Theta^*,k}\phi$是否成立：$y(s^*,\phi,k)=1$表示$s^*\models_{\Theta^*,k}\phi$；为 0 表示$s^*\not\models_{\Theta^*,k}\phi$。$y(s^*,\phi,k)$定义如下。

(1) 对于原子命题ϕ，如果$\phi\in\mathrm{Label}^*(s^*)$，则$y(s^*,\phi,k)=1$，否则$y(s^*,\phi,k)=0$。

(2) 对于原子命题ϕ，如果$\phi\in\mathrm{Label}^*(s^*)$，则$y(s^*,\neg\phi,k)=0$，否则$y(s^*,\neg\phi,k)=1$。

(3) $\phi=\phi_1\vee\phi_2$：$y(s^*,\phi,k)=y(s^*,\phi_1,k)\vee y(s^*,\phi_2,k)$。

(4) $\phi=\phi_1\wedge\phi_2$：$y(s^*,\phi,k)=y(s^*,\phi_1,k)\wedge y(s^*,\phi_2,k)$。

(5) ϕ为$[\phi_1\ \forall\ \mathrm{U}\phi_2]_{\rhd\eta}$、$[\forall\ \mathrm{G}\phi]_{\rhd\eta}$、$[\phi_1\ \forall\ \mathrm{R}\phi_2]_{\rhd\eta}$三者之一时，如果$p^{\min}_{s^*,k}(\phi)\rhd\eta$，则$y(s^*,\phi,k)=1$，否则$y(s^*,\phi,k)=0$。

(6) ϕ为$[\phi_1\ \exists\ \mathrm{U}\phi_2]_{\rhd\eta}$、$[\exists\ \mathrm{G}\phi]_{\rhd\eta}$、$[\phi_1\ \exists\ \mathrm{R}\phi_2]_{\rhd\eta}$三者之一时，如果$p^{\max}_{s^*,k}(\phi)\rhd\eta$，则$y(s^*,\phi,k)=1$，否则$y(s^*,\phi,k)=0$。

(7) ϕ为$[\mathrm{K}_i\phi]_{\rhd\eta}$、$[\mathrm{E}_\Gamma\phi]_{\rhd\eta}$两者之一时，如果$p_{s^*,k}(\phi)\rhd\eta$，则$y(s^*,\phi,k)=1$，否则$y(s^*,\phi,k)=0$。

首先讨论$p^{\min}_{s^*,k}(\phi)$和$p^{\max}_{s^*,k}(\phi)$的计算。对于$p^{\min}_{s^*,k}(\phi)$和$p^{\max}_{s^*,k}(\phi)$，不同的时态算子对应不同的转换方法，下面分别讨论。首先讨论$p^{\min}_{s^*,k}(\phi)$的计算。

Case1：ϕ为原子命题

如果$\phi\in\mathrm{Label}^*(s^*)$，则$p^{\min}_{s^*,k}(\phi)=1$，否则$p^{\min}_{s^*,k}(\phi)=0$。

Case2：$\phi=\mathrm{G}\phi_1$

当$k=0$，$y(s^*,\phi_1,0)=0$时，则$p^{\min}_{s^*,0}(\phi)=0$；

当$k=0$，$y(s^*,\phi_1,0)=1$时，如果存在$\mu^*\in\mathrm{Step}^*(s^*)$使得$\mu^*(s^*)<1$，则

$p^{\min}_{s^*,0}(\phi)=0$，否则 $p^{\min}_{s^*,0}(\phi)=1$；

当 $k\geqslant1$ 时，有

$$p^{\min}_{s^*,k}(\phi)=\min_{\mu_0^*\in \mathrm{Step}^*(s_0^*),\cdots,\mu_{k+1}^*\in \mathrm{Steps}(s_k^*)}\sum_{i=0}^{k}\sum_{s_0^*,\cdots,s_k^*\in S}y(s_0^*,\phi_1,k)\cdot y(s_1^*,\phi_1,k)\cdot \mu_0^*(s_1^*)\cdot\cdots\cdot y(s_i^*,\phi_1,k)\cdot\mu_i^*(s_i^*)\cdot y(s_{i+1}^*,\phi_1,k)\cdot\lfloor\mu_{i+1}^*(s_{i+1}^*)\rfloor\cdot\cdots\cdot y(s_k^*,\phi_1,k)\cdot\lfloor\mu_k^*(s_k^*)\rfloor\cdot\lfloor p^{l_{k+1},\alpha_{k+1}}(s_i^*)\rfloor$$

式中，记号$\lfloor\mu_j^*(s_{j+1}^*)\rfloor$表示对 $\mu_j^*(s_{j+1}^*)$取整$(i+1\leqslant j\leqslant k+1)$。

Case3：$\phi=\phi_1\mathrm{U}\phi_2$

当 $k=0$ 时，如果 $y(s^*,\phi_2,0)=1$，则 $p^{\min}_{s^*,0}(\phi)=1$，否则 $p^{\min}_{s^*,0}(\phi)=0$，即 $p^{\min}_{s^*,0}(\phi)=y(s^*,\phi_2,0)$；

当 $k\geqslant1$ 时，有

$$p^{\min}_{s^*,k}(\phi)=y(s^*,\phi_2,k)+(1-y(s^*,\phi_2,k))\cdot y(s^*,\phi_1,k)\cdot\min_{\mu^*\in \mathrm{Step}^*(s^*)}\left\{\sum_{s_1^*\in S}\mu^*(s_1^*)p^{\min}_{s_1^*,k-1}(\phi)\right\}$$

Case4：$\phi=\phi_1\mathrm{R}\phi_2$

当 $k=0$ 时，如果 $y(s^*,\phi_1,0)=y(s^*,\phi_2,0)=1$，则 $p^{\min}_{s^*,0}(\phi)=1$；如果 $y(s^*,\phi_1,0)=0$，$y(s^*,\phi_2,0)=1$ 则当存在 $\mu^*\in\mathrm{Step}^*(s^*)$使得 $\mu^*(s^*)<1$ 时 $p^{\min}_{s^*,0}(\phi)=0$，否则 $p^{\min}_{s^*,0}(\phi)=1$；如果 $y(s^*,\phi_2,0)=0$，则 $p^{\min}_{s^*,0}(\phi)=0$；

当 $k\geqslant1$ 时，因为 $\phi=\phi\mathrm{R}\gamma\equiv\mathrm{G}\gamma\vee(\gamma\mathrm{U}(\gamma\wedge\varphi))$，故分成两部分，即

$$p^{\min}_{s^*,k}(\phi)=\min_{\mu_0^*\in \mathrm{Step}^*(s_0^*),\cdots,\mu_{k+1}^*\in \mathrm{Steps}(s_k^*)}\sum_{i=0}^{k}\sum_{s_0^*,\cdots,s_k^*\in S}y(s_0^*,\phi_1,k)\cdot y(s_1^*,\phi_1,k)\cdot \mu_0^*(s_1^*)\cdot\cdots\cdot y(s_i^*,\phi_1,k)\cdot\mu_i^*(s_i^*)\cdot y(s_{i+1}^*,\phi_1,k)\cdot\lfloor\mu_{i+1}^*(s_{i+1}^*)\rfloor\cdot\cdots\cdot y(s_k^*,\phi_1,k)\cdot\lfloor\mu_k^*(s_k^*)\rfloor\cdot\lfloor p^{l_{k+1},\alpha_{k+1}}(s_i^*)\rfloor+p^{\min}_{s^*,k}(\gamma\mathrm{U}(\gamma\wedge\phi))$$

下面讨论 $p^{\max}_{s^*,k}(\phi)$的计算。

Case1：ϕ 为原子命题

如果 $\phi\in\mathrm{Label}^*(s^*)$，则 $p^{\max}_{s^*,k}(\phi)=1$，否则 $p^{\max}_{s^*,k}(\phi)=0$。

Case2：$\phi=\mathrm{G}\phi_1$

当 $k=0$，$y(s^*,\phi_1,0)=0$ 时，则 $p^{\max}_{s^*,0}(\phi)=0$；

当 $k=0$，$y(s^*,\phi_1,0)=1$ 时，如果存在 $\mu^*\in\mathrm{Step}^*(s^*)$使得 $\mu^*(s^*)=1$，则 $p^{\max}_{s^*,0}(\phi)=1$，否则 $p^{\max}_{s^*,0}(\phi)=0$；

当 $k\geqslant1$ 时，有

$$p^{\max}_{s^*,k}(\phi)=\max_{\mu_0^*\in \mathrm{Step}^*(s_0^*),\cdots,\mu_{k+1}^*\in \mathrm{Steps}(s_k^*)}\sum_{i=0}^{k}\sum_{s_0^*,\cdots,s_k^*\in S}y(s_0^*,\phi_1,k)\cdot y(s_1^*,\phi_1,k)\cdot$$

$$\mu_0^*(s_1^*)\cdot\cdots\cdot y(s_i^*,\phi_1,k)\cdot\mu_i^*(s_i^*)\cdot y(s_{i+1}^*,\phi_1,k)\cdot\lfloor\mu_{i+1}^*(s_{i+1}^*)\rfloor\cdot\cdots\cdot y(s_k^*,\phi_1,k)\cdot\lfloor\mu_k^*(s_k^*)\rfloor\cdot\lfloor p^{l_{k+1},\alpha_{k+1}}(s_i^*)\rfloor$$

Case3：$\phi=\phi_1\mathrm{U}\phi_2$

当 $k=0$ 时，如果 $y(s^*,\phi_2,0)=1$，则 $p_{s^*,0}^{\max}(\phi)=1$，否则 $p_{s^*,0}^{\max}(\phi)=0$，即 $p_{s^*,0}^{\min}(\phi)=y(s^*,\phi_2,0)$；

当 $k\geqslant 1$ 时，有

$$p_{s^*,k}^{\max}(\phi)=y(s^*,\phi_2,k)+(1-y(s^*,\phi_2,k))\cdot y(s^*,\phi_1,k)\cdot\max_{\mu^*\in\mathrm{Step}^*(s^*)}\left\{\sum_{s_1^*\in S}\mu^*(s_1^*)p_{s_1^*,k-1}^{\max}(\phi)\right\}$$

Case4：$\phi=\phi_1\mathrm{R}\phi_2$

当 $k=0$ 时，如果 $y(s^*,\phi_1,0)=y(s^*,\phi_2,0)=1$，则 $p_{s^*,0}^{\max}(\phi)=1$；如果 $y(s^*,\phi_1,0)=0$，$y(s^*,\phi_2,0)=1$，则当存在 $\mu^*\in\mathrm{Step}^*(s^*)$ 使得 $\mu^*(s^*)=1$ 时 $p_{s^*,0}^{\max}(\phi)=0$，否则 $p_{s^*,0}^{\max}(\phi)=1$；如果 $y(s^*,\phi_2,0)=0$，则 $p_{s^*,0}^{\max}(\phi)=0$；

当 $k\geqslant 1$ 时，因为 $\phi=\phi_1\mathrm{R}\phi_2\equiv\mathrm{G}\phi_2\vee(\phi_2\mathrm{U}(\phi_2\wedge\phi_1))$，故分成两部分，即

$$p_{s^*,k}^{\max}(\phi)=\max_{\mu_0^*\in\mathrm{Step}^*(s_0^*),\cdots,\mu_{k+1}^*\in\mathrm{Step}(s_k^*)}\sum_{i=0}^{k}\sum_{s_0^*,\cdots,s_k^*\in S}y(s_0^*,\phi_1,k)\cdot y(s_1^*,\phi_1,k)\cdot\mu_0^*(s_1^*)\cdot\cdots\cdot y(s_i^*,\phi_1,k)\cdot\mu_i^*(s_i^*)\cdot y(s_{i+1}^*,\phi_1,k)\cdot\lfloor\mu_{i+1}^*(s_{i+1}^*)\rfloor\cdot\cdots\cdot y(s_k^*,\phi_1,k)\cdot\lfloor\mu_k^*(s_k^*)\rfloor\cdot\lfloor p^{l_{k+1},\alpha_{k+1}}(s_i^*)\rfloor+p_{s^*,k}^{\max}(\gamma\mathrm{U}(\gamma\wedge\phi))$$

下面讨论知识算子对应的概率度量的计算。

Case1：$\phi=[\mathrm{K}_i\phi]_{\triangleright\eta}$

当 $k=0$ 时，$p_{s^*,0}(\phi)=y(s^*,\phi,0)\cdot\mathrm{PK}_i^*(s^*)(s^*)$；

当 $k\geqslant 1$ 时，$p_{s^*,k}(\phi)=\sum_{s_1^*\in\mathrm{Reach}(s^*,k)}y(s_1^*,\phi,k)\cdot\mathrm{PK}_i^*(s*)(s_1^*)$。

Case2：$\phi=[\mathrm{E}_\Gamma\phi]_{\triangleright\eta}$

当 $k=0$ 时，$p_{s^*,0}(\phi)=\min\{y(s^*,\phi,0)\cdot\mathrm{PK}_i^*(s^*)(s^*)\mid i\in\Gamma\}$；

当 $k\geqslant 1$ 时，$p_{s^*,k}(\phi)=\min\{\sum_{s_1^*\in\mathrm{Reach}(s^*,k)}y(s_1^*,\phi,k)\cdot\mathrm{PK}_i^*(s^*)(s_1^*)\mid i\in\Gamma\}$。

下面分析变元数与模型、界、公式大小之间的依赖关系。

定义 5.23（l 步可达）　对于状态 s^*，如果 $s_1^*=s^*$，则称 s_1^* 是从 s^* 出发 0 步可达的；如果 s_{l-1}^* 是从 s^* 出发 $l-1$ 步可达的，且存在 $\mu^*\in\mathrm{Step}^*(s_{l-1}^*)$ 使得 $\mu^*(s_l^*)>0$，则称 s_l^* 是从 s^* 出发 l 步可达的。

对于 $\mathrm{PBTLK}^{\geqslant}$ 公式 ϕ，令 $|\phi|$ 表示 ϕ 中出现的符号的数目。令 $\mathrm{Region}(T,\phi)=(S^*,\overline{s^*},\mathrm{Act}^*,\mathrm{Step}^*,\mathrm{Label}^*,\mathrm{PK}_1^*,\cdots,\mathrm{PK}_n^*)$ 为概率知识区域图，N_i 表示从

初始状态出发 i 步可达状态的数目，k 为界，ϕ 为需要验证的公式，用 V 表示依据模型检测算法得到的方程组中变元的数目。在每个状态下，ϕ 的每个子公式与每个不大于 k 的界的组合都可能与一个变元对应。另外，对每个 ϕ 的子公式 φ 引入了变元 $y(s^*,\varphi,k)$。因此，V 与 $k,N_0,\cdots,N_k,|\phi|$ 之间的关系为 $V\leqslant(N_0+\cdots+N_k)\times|\phi|\times k\times 2$。

5.8　线性方程组的求解

线性方程组的解法一般分为两类：一类是直接法，即在没有舍入误差的情况下，通过有限步四则运算可以求得方程组的准确解，目前较实用的直接法都是古老的高斯消去法的变形；另一类是迭代法，即先给出一个解的初始近似值，然后按一定的法则逐步求出解的各个更准确的近似值，如雅可比迭代法、高斯-赛德尔迭代法以及逐次超松弛法和梯度法。

对于中等规模的 $n(n<100)$ 阶线性方程组，由于直接法具有准确性和可靠性，故成为经常被选用的方法。对于较高阶的方程组，由于直接法的计算代价较高，使得迭代法更具竞争力。而对于概率时间自动机，限界模型检测方法得出的方程组是上三角方程组，因此可以避免使用高斯消去法将一般的方程组变成上三角方程组。上三角方程组的求解非常简单，计算代价小。鉴于此，尽管方程组的阶会非常大，仍然选择直接法来求解方程。下面通过对每一个 PBTLK$^{\geqslant}$ 公式引入语法树的概念，来分析变元求解的先后次序。

定义 5.24（语法树）　PBTLK$^{\geqslant}$ 公式 ϕ 的语法树是一棵树，其中，内部节点标记为算子$\neg$、$\wedge$、$\vee$、z、$[\forall\mathrm{U}]_{\rhd\eta}$、$[\exists\mathrm{U}]_{\rhd\eta}$、$[\forall\mathrm{R}]_{\rhd\eta}$、$[\exists\mathrm{R}]_{\rhd\eta}$、$[\forall\mathrm{G}]_{\rhd\eta}$、$[\exists\mathrm{G}]_{\rhd\eta}$、$[\mathrm{K}_i]_{\rhd\eta}$、$[\mathrm{E}_\Gamma]_{\rhd\eta}$，终端节点标记为原子命题。

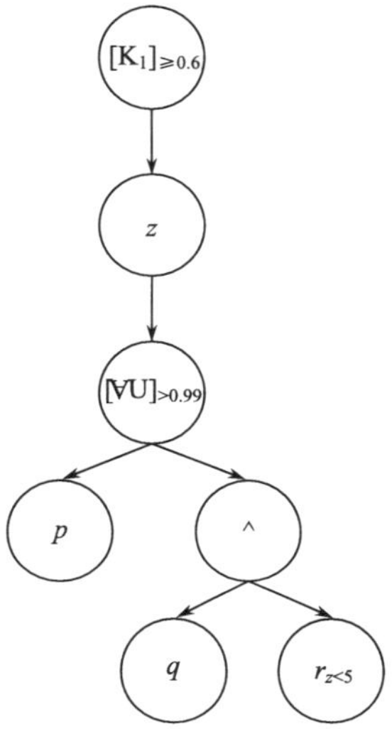

图 5.13　语法树

公式 $[\mathrm{K}_1(z.[p\ \forall\mathrm{U}(q\wedge(r_{z<5}))]_{>0.99})]_{\geqslant 0.6}$ 的语法树如图 5.13 所示。给定语法树上的节点 v，fml(v)表示节点上的公式，v.left 和 v.right 分别表示 v 的左右孩子节点，v.child 表示 v 的唯一的孩子节点。对于公式 ϕ，限界模型检测算法按照 ϕ 的语法树以深度优先的方式进行计算，即给定节点 v，将计算 fml(v)的满足性归为计算 v 的孩子节点的满足性。因此，最终将归结为原子命题对应的概率度量的计算。具体的计算次序如下。

(1) 计算终端节点对应的变元的解，即原子命题对应的变元的解。

(2) 计算终端节点父节点对应的变元的解，顺序依次为 $p_{s^*,k}^{\min}(\phi)$、$p_{s^*,k}^{\max}(\phi)$、$y(s^*,\phi,k)$。

(3) 将父节点记为当前节点，如果所有的当前节点都没有父节点，则退出，否则计算当前节点的父节点对应的变元的解，返回第(3)步继续。

5.9 实例研究

5.9.1 火车穿越控制系统

火车穿越控制系统已经被广泛用来比较实时系统上不同的形式化方法。系统由 3 个构件组合而成：Train、Gate、Controller。构件之间平行运行，且通过动作 approach、exit、lower、raise 同步协作。对标准的穿越控制系统进行一些修改，假设栅栏在执行动作 lower 的时候因为设备劳损的问题可能出现无法关闭的情况，具体概率分布如下：成功关闭栅栏的概率是 0.95，无法关闭的概率是 0.05。此外，控制器在发送 lower 命令的时候可能会失败，失败的概率是 0.02，成功的概率是 0.98。

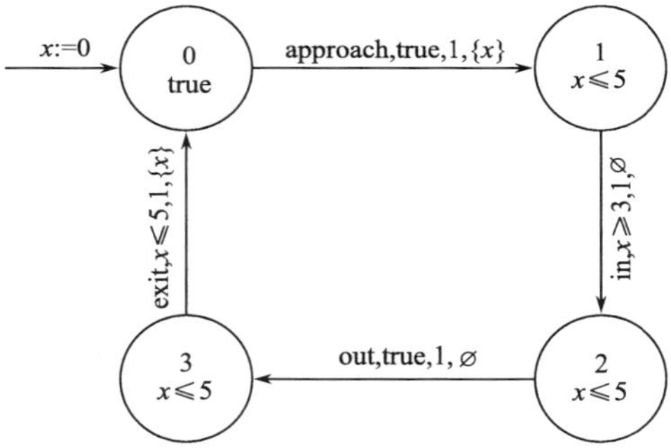

图 5.14　火车穿越控制系统：火车

火车的行为(如图 5.14 所示)如下。

当火车接近交叉路口时，火车向控制器发送 approach 信号，并且必须在 300s 后给环境发送表示已经进入交叉路口的 in 信号。当火车离开交叉路口时，火车发送表示准备离开路口的信号 out。exit 信号必须在发出 approach 信号后 500s 内发出，用于与控制器进行同步协作。

栅栏的运行(如图 5.15 所示)如下。

栅栏在接收到 lower 信号后，必须在 100s 内落下栅栏。由于机械故障成功落下栅栏的概率是 0.95，失败的概率是 0.05。栅栏一旦放下，接到 raise 信号后必须在 200s 内升起栅栏。由于机械故障栅栏成功升起的概率是 0.95,失败的概率是 0.05。

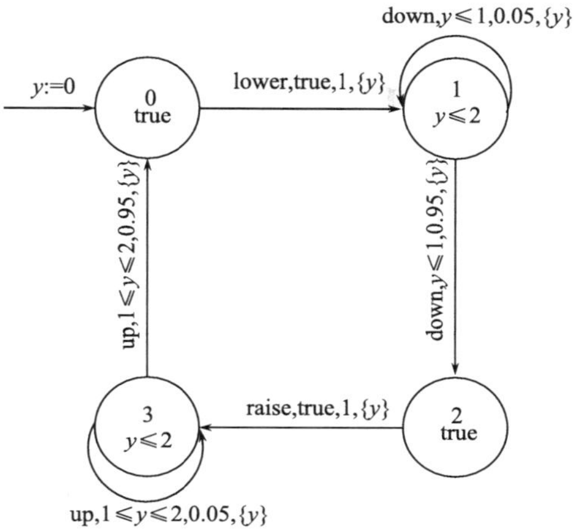

图 5.15　火车穿越控制系统:栅栏

控制器的运行(如图 5.16 所示)如下。

控制器必须在收到 approach 信号后的 100s 内将 lower 信号发送给栅栏控制系统。由于设备不可靠,发送成功的概率是 0.98,失败的概率是 0.02。在接收到 exit 信号的 100s 内发送信号 raise。由于设备不可靠,发送成功的概率是 0.95,失败的概率是 0.05。

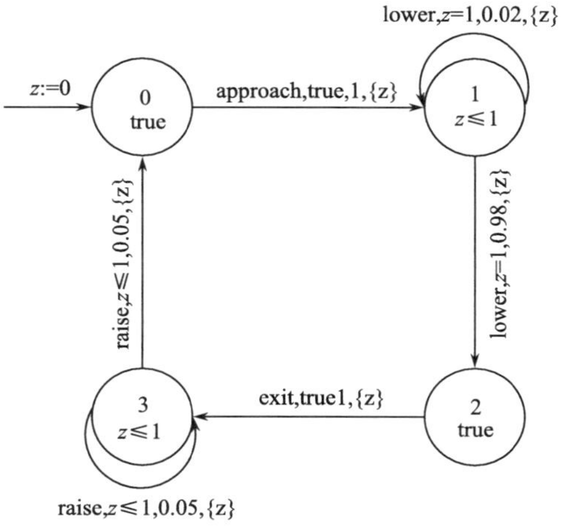

图 5.16　火车穿越控制系统:控制器

5.9.2　控制系统的限界模型检测

图 5.17 是 3 个子系统的平行组合。考察属性：火车知道当 approach 信号发出以后，栅栏关闭的概率不低于 0.9。利用 PTCTLK 公式该属性可以描述为 $[K_{Train}([true \forall Udown]_{\geq 0.9})]_{\geq 1}$。本实例的目的是验证初始状态 $s_{0,0,0}$ 是否满足 $[K_{Train}([true \forall Udown]_{\geq 0.9})]_{\geq 1}$。现在考察认知关系 K_{Train}，火车随着时间的流逝不停地前进，因此刻画火车运行时间的变量 x 只有在火车离开之后才会被重置，等待下一辆火车的到来，即对当前火车而言回不到初始状态，从而造成对初始状态((0,0,0),(0,0,0))而言，$K_{Train}(s_{0,0,0})(s_{0,0,0})=1$。令 $k=3$，考察在 3 步可达空间中属性是否成立。$s_{0,0,0}$ 在 3 步可达空间中是否满足 $[K_{Train}([true \forall Udown]_{\geq 0.9})]_{\geq 1}$ 主要取决于图 5.18 所示的概率知识区域图中概率度量 $p^{\max}_{\overline{s^*},3}$ (trueUdown)的值。依据限界检测算法，得到的方程组如下。

(1) 将步长为 3 时 $p^{\max}_{\overline{s^*},3}$(trueUdown)的计算转化为步长为 2 时相应概率度量的计算，即

$$p^{\max}_{\overline{s^*},3}(\text{trueUdown}) = y(\overline{s^*},\text{down},3) + (1-y(\overline{s^*},\text{down},3)) \cdot y(\overline{s^*},\text{true},3) \cdot \max\{p^{\max}_{s_1^*,2}(\text{trueUdown}), p^{\max}_{s_9^*,2}(\text{trueUdown})\}$$

(2) 将步长为 2 时概率度量的计算转化为步长为 1 时概率度量的计算，即

$$p^{\max}_{s_1^*,2}(\text{trueUdown}) = y(s_1^*,\text{down},2) + (1-y(s_1^*,\text{down},2)) \cdot y(s_1^*,\text{true},2) \cdot \max\{p^{\max}_{s_2^*,1}(\text{trueUdown}), p^{\max}_{s_5^*,1}(\text{trueUdown})\}$$

$$p^{\max}_{s_9^*,2}(\text{trueUdown}) = y(s_9^*,\text{down},2) + (1-y(s_9^*,\text{down},2)) \cdot y(s_9^*,\text{true},2) \cdot 0.02 \cdot \max\{p^{\max}_{s_{10}^*,1}(\text{trueUdown}), p^{\max}_{s_{13}^*,1}(\text{trueUdown}) + 0.98 \cdot p^{\max}_{s_{12}^*,1}(\text{trueUdown})\}$$

(3) 将步长为 1 时概率度量的计算转化为步长为 0 时概率度量的计算，即

$$p^{\max}_{s_2^*,1}(\text{trueUdown}) = y(s_2^*,\text{down},1) + (1-y(s_2^*,\text{down},1)) \cdot y(s_2^*,\text{true},1) \cdot \max\{p^{\max}_{s_3^*,0}(\text{trueUdown}), p^{\max}_{s_8^*,0}(\text{trueUdown})\}$$

$$p^{\max}_{s_5^*,1}(\text{trueUdown}) = y(s_5^*,\text{down},1) + (1-y(s_5^*,\text{down},1)) \cdot y(s_5^*,\text{true},1) \cdot \max\{0.02 \cdot p^{\max}_{s_6^*,0}(\text{trueUdown}) + 0.98 \cdot p^{\max}_{s_7^*,0}(\text{trueUdown})\}$$

$$p^{\max}_{s_{10}^*,1}(\text{trueUdown}) = y(s_{10}^*,\text{down},1) + (1-y(s_{10}^*,\text{down},1)) \cdot y(s_{10}^*,\text{true},1) \cdot \max\{0.98 \cdot p^{\max}_{s_{14}^*,0}(\text{trueUdown}) + 0.02 \cdot p^{\max}_{s_{15}^*,0}(\text{trueUdown}), p^{\max}_{s_{11}^*,0}(\text{trueUdown})\}$$

$$p^{\max}_{s_{13}^*,1}(\text{trueUdown}) = y(s_{13}^*,\text{down},1) + (1-y(s_{13}^*,\text{down},1)) \cdot y(s_{13}^*,\text{true},1) \cdot \max\{0.05 \cdot p^{\max}_{s_{13}^*,0}(\text{trueUdown}) + 0.95 \cdot p^{\max}_{s_{19}^*,0}(\text{trueUdown}),$$

$p_{s_{18}^{*},0}^{\max}(\mathrm{trueUdown})\}$

$$p_{s_{12}^{*},1}^{\max}(\mathrm{trueUdown})=y(s_{12}^{*},\mathrm{down},1)+(1-y(s_{12}^{*},\mathrm{down},1))\cdot y(s_{12}^{*},\mathrm{true},1)\cdot \max\{0.05\cdot p_{s_{12}^{*},0}^{\max}(\mathrm{trueUdown})+0.95\cdot p_{s_{17}^{*},0}^{\max}(\mathrm{trueUdown}), p_{s_{16}^{*},0}^{\max}(\mathrm{trueUdown})\}$$

(4) 将步长为 0 时概率度量的计算转化为状态对原子命题的满足性计算,即

$$p_{s_{3}^{*},0}^{\max}(\mathrm{trueUdown})=y(s_{3}^{*},\mathrm{down},0)$$
$$p_{s_{8}^{*},0}^{\max}(\mathrm{trueUdown})=y(s_{8}^{*},\mathrm{down},0)$$
$$p_{s_{14}^{*},0}^{\max}(\mathrm{trueUdown})=y(s_{14}^{*},\mathrm{down},0)$$
$$p_{s_{15}^{*},0}^{\max}(\mathrm{trueUdown})=y(s_{15}^{*},\mathrm{down},0)$$
$$p_{s_{11}^{*},0}^{\max}(\mathrm{trueUdown})=y(s_{11}^{*},\mathrm{down},0)$$
$$p_{s_{13}^{*},0}^{\max}(\mathrm{trueUdown})=y(s_{13}^{*},\mathrm{down},0)$$
$$p_{s_{19}^{*},0}^{\max}(\mathrm{trueUdown})=y(s_{19}^{*},\mathrm{down},0)$$
$$p_{s_{18}^{*},0}^{\max}(\mathrm{trueUdown})=y(s_{18}^{*},\mathrm{down},0)$$
$$p_{s_{12}^{*},0}^{\max}(\mathrm{trueUdown})=y(s_{12}^{*},\mathrm{down},0)$$
$$p_{s_{17}^{*},0}^{\max}(\mathrm{trueUdown})=y(s_{17}^{*},\mathrm{down},0)$$
$$p_{s_{16}^{*},0}^{\max}(\mathrm{trueUdown})=y(s_{16}^{*},\mathrm{down},0)$$

(5) 计算状态对原子命题的满足性,即

$$y(s_{3}^{*},\mathrm{down},0)=0$$
$$y(s_{8}^{*},\mathrm{down},0)=0$$
$$y(s_{14}^{*},\mathrm{down},0)=0$$
$$y(s_{15}^{*},\mathrm{down},0)=0$$
$$y(s_{11}^{*},\mathrm{down},0)=0$$
$$y(s_{13}^{*},\mathrm{down},0)=0$$
$$y(s_{19}^{*},\mathrm{down},0)=1$$
$$y(s_{18}^{*},\mathrm{down},0)=0$$
$$y(s_{12}^{*},\mathrm{down},0)=0$$
$$y(s_{17}^{*},\mathrm{down},0)=1$$
$$y(s_{16}^{*},\mathrm{down},0)=0$$

利用直接法解上述方程组可得 $p_{\overline{s^*},3}^{\max}(\mathrm{trueUdown})=0.95$,因此$[K_{\mathrm{Train}}([\mathrm{true}\ \forall\ \mathrm{Udown}]_{\geqslant 0.9})]_{\geqslant 1}$成立。如果采用无界模型检测技术验证属性$[K_{\mathrm{Train}}([\mathrm{true}\ \forall\ \mathrm{Udown}]_{\geqslant 0.9})]_{\geqslant 1}$,则需要遍历整个状态空间,而采用限界检测技术只需遍历可达

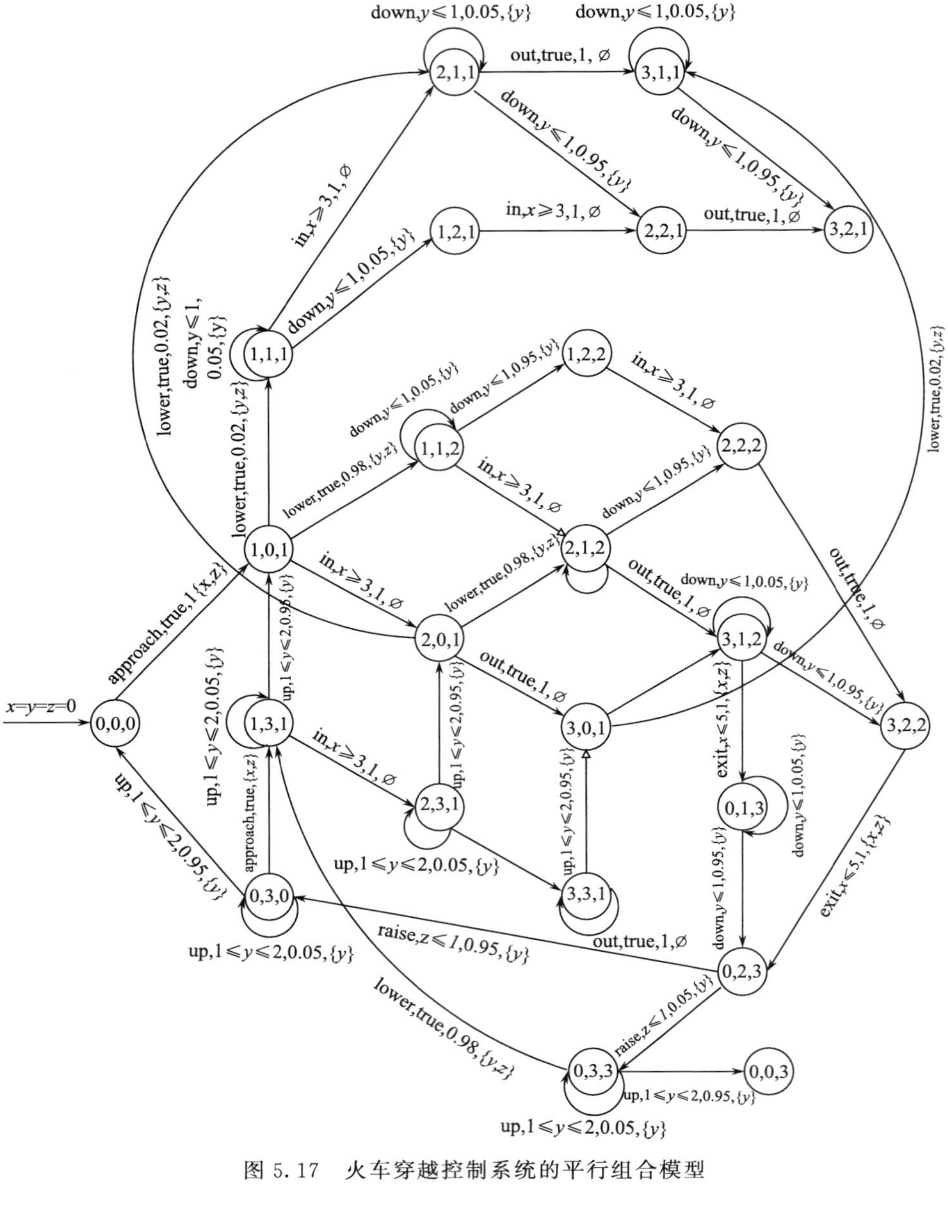

图 5.17　火车穿越控制系统的平行组合模型

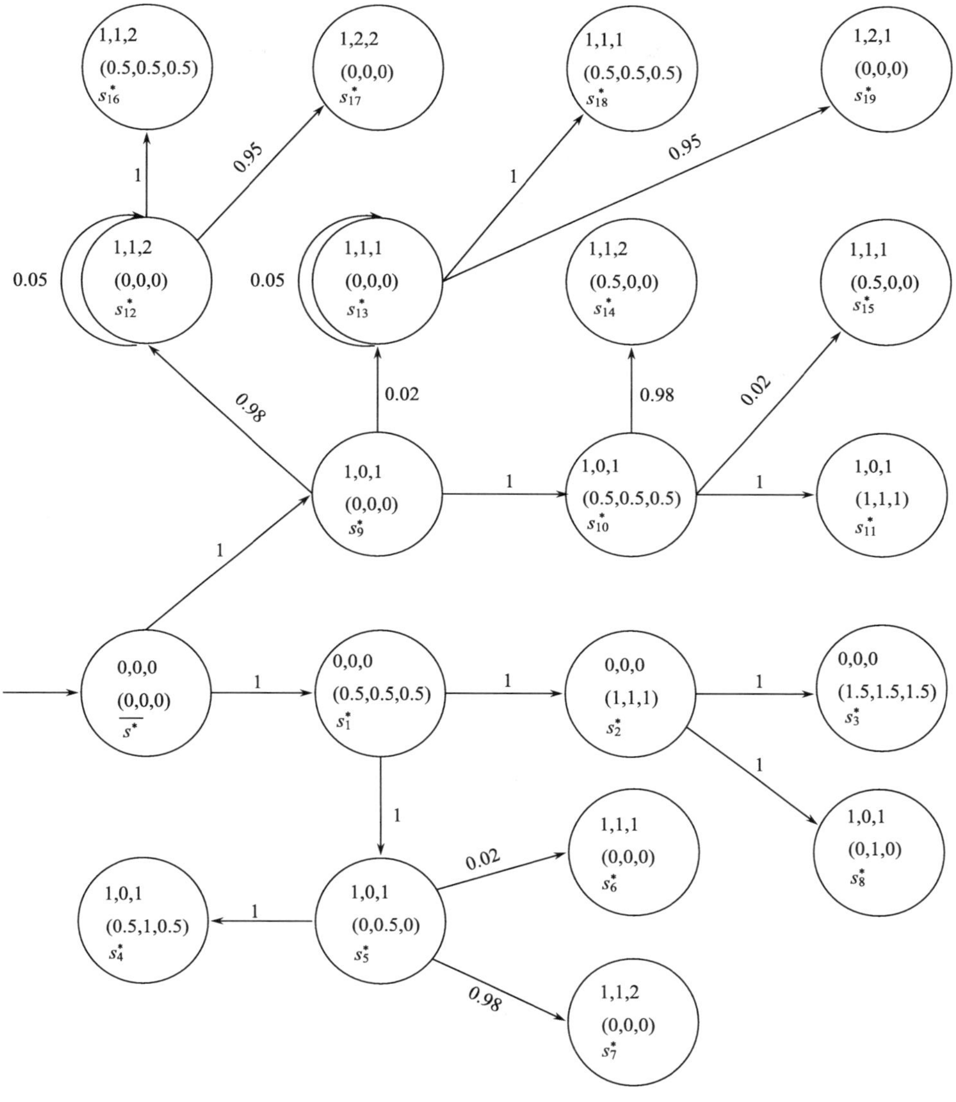

图 5.18　火车穿越控制系统的部分概率知识区域图

深度为 3 的状态空间即可，因此与无界模型检测相比，在属性为真的证据较短的情况下限界检测完成验证所需空间更小。

5.10 终止性选择标准

理论上 $s^* \models_{\Theta^*,k}\phi \Rightarrow s^* \models_{\Theta^*,k+1}\phi$，因此随着界的增长概率度量会逐渐递增。本节探索这种递增的规律与限界检测过程终止之间的关系。通过考察图 5.19 的几种曲线来探索这种关系。记号 $\Pr(s^*,\phi,\Theta^*,k)$ 表示步长为 k 时计算得到的概率度量值，ξ 为一个预先设置好的非常小的有理数。

判断准则 5.1 当 $\Pr(s^*,\phi,\Theta^*,k)-\Pr(s^*,\phi,\Theta^*,k-1)\leqslant\xi$ 时，计算终止。

判断准则 5.1 说明两次概率度量计算结果的差控制在 ξ 内时计算终止。考察图 5.19 中的序列 0，0.5，0.6，0.65，0.7，0.74，0.79，0.8，0.81，0.81，0.81，0.81，其中 0.81 是精确的概率度量值。令 $\xi=0.02$，算法终止时计算出的概率度量值是 0.8，非常接近 0.81。

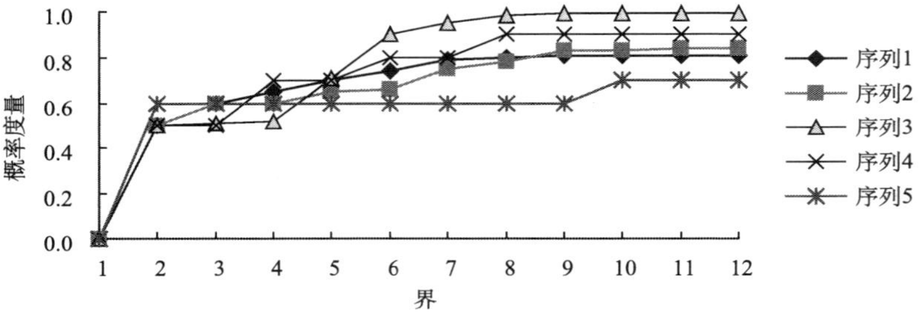

图 5.19 概率度量增长的规律

判断准则 5.2 当 $\Pr(s^*,\phi,\Theta^*,k)-\Pr(s^*,\phi,\Theta^*,k-2)\leqslant\xi$ 时，计算终止。

判断准则 5.2 说明间隔一次的概率度量计算结果的差控制在 ξ 内时，计算终止。考察图 5.19 中的序列 0，0.5，0.6，0.6，0.65，0.66，0.75，0.78，0.83，0.83，0.84，0.84，其中，0.84 是精确的概率度量值。令 $\xi=0.02$，如果执行判断准则 5.1，则算法终止时概率度量为 0.66，此时距离 0.84 的差距比较大。如果执行判断准则 5.2，则算法终止时计算出的概率度量值是 0.84。事实上判断准则 5.2 可以扩展为间隔多次的概率度量计算结果的差。

判断准则 5.3 当 $|(\Pr(s^*,\phi,\Theta^*,k)-\Pr(s^*,\phi,\Theta^*,k-1))-(\Pr(s^*,\phi,\Theta^*,k-2)-\Pr(s^*,\phi,\Theta^*,k-3))|\leqslant\xi$ 时，计算终止。

判断准则 5.3 首先计算相邻概率度量的差，然后比较间隔两次的差的差。考察图 5.19 中的序列 0，0.5，0.51，0.52，0.71，0.9，0.95，0.98，0.99，0.99，0.99，0.99，其中 0.99 是精确的概率度量值。令 $\xi=0.02$，如果执行判断准则 5.2，则算法终止时概率度量为 0.52，此时距离精确值 0.99 的差距非常大。如果执行判断

准则 5.3,则最终的概率度量是 0.98。下面说明为什么判断准则 5.3 不设置间隔一次的概率度量的差的差作为标准。考察递增数值序列 x_1,x_2,x_3,判断准则 5.2 需要计算 x_3-x_1。此时如果判断准则 5.3 的间隔设置为 1,则需要计算 $|(x_3-x_2)-(x_2-x_1)|$。如果 $(x_3-x_2)>(x_2-x_1)$,则

$$x_3-x_1-|(x_3-x_2)-(x_2-x_1)|=2x_2-2x_1\geqslant 0$$

否则

$$x_3-x_1-|(x_3-x_2)-(x_2-x_1)|=2x_3-2x_2\geqslant 0$$

因此无论哪种情况下,判断准则 5.3 中设置间隔为 1 均可以通过判断准则 5.2 实现。事实上判断准则 5.3 可以扩展为计算间隔两次以上的概率度量计算结果的差的差。

判断准则 5.2 是判断准则 5.1 的改进,因此如果用判断准则 5.2 取代判断准则 5.1 则不会降低计算精度。前面已经说明对于序列 0,0.5,0.51,0.52,0.71,0.9,0.95,0.98,0.99,0.99,0.99,0.99,判断准则 5.3 优于判断准则 5.2。但是对于图 5.19 中的序列 0,0.5,0.5,0.7,0.7,0.8,0.8,0.9,0.9,0.9,0.9,0.9,使用判断准则 5.2 得到的最终概率度量值是 0.9,而使用判断准则 3 得到的概率度量值是 0.7。因此判断准则 5.2 优于判断准则 5.3,从而两者不可相互替代。事实上为了进一步提高计算精度,可以同时使用判断准则 5.2 和判断准则 5.3。

考察图 5.19 的序列 0,0.6,0.6,0.6,0.6,0.6,0.6,0.6,0.6,0.7,0.7,0.7,上述三个判断准则都将失效,因此数值序列的演化规律与最终的概率度量之间的关系仍需深入研究。概率实时认知逻辑 PTCTLK 的限界模型检测何时终止依赖于概率实时解释系统的结构、待验证的属性等因素。挖掘这些因素与终止标准的关系,从而设置一个合理的终止标准是一个值得继续研究的课题。

5.11　本章小结

为了克服模型检测概率实时认知逻辑中的状态空间爆炸问题,本章提出了概率实时认知逻辑的限界模型检测技术,围绕限界模型检测的三个核心问题,分别提出有效的解决方案。这些方案不是传统限界模型检测技术的直接推广,而是一种全新的限界模型检测过程,特别是在限界模型检测算法与终止判别标准的设计方面,解决方案的思想完全异于传统限界模型检测技术。通过实例说明了限界模型检测在属性为真的证据较短的情况下需求的空间比无界模型检测技术小。

参考文献

[1] Halpern J Y. Reasoning about knowledge: a survey//Handbook of Logic in Artificial Intelligence and Logic Programming, Oxford: Oxford University Press, 1995,4: 1-34.

[2] Halpern J Y, Vardi M Y. Model checking and theorem proving: a manifesto//Artificial Intelligence and Mathematical Theory of Computation, San Diego: Academic Press, 1991: 151-176.

[3] Meyden R, Su K L. Symbolic model checking the knowledge of the dining cryptographers// Proceedings of 17th IEEE Computer Security Foundations Workshop, Washington: IEEE Computer Society, 2004: 280-291.

[4] 骆翔宇,苏开乐,杨晋吉. 有界模型检测同步多智体系统的时态认知逻辑. 软件学报,2006, 17(12): 2498-2585.

[5] Hoek W, Wooldridge M. Model checking knowledge and time. Lecture Notes in Computer Science 2318, 2002: 95-111.

[6] Halpern J Y, Vardi M Y. The complexity of reasoning about knowledge and time: lower bounds. Journal of Computer and System Sciences, 1989,38: 195-237.

[7] Penczek W, Lomuscio A. Verifying epistemic properties of multi-agent systems via bounded model checking. Fundamenta Informaticae, 2003,55(2): 167-185.

[8] Lomuscio A, Penczek W, Woźna B. Bounded model checking for knowledge and real time. Artificial Intelligence,2007,171(16):1011-1038.

[9] Ferreira N, Fisher M, Hoek W. Practical reasoning for uncertain agents. Lecture Notes in Computer Science 3229, 2004: 82-94.

[10] Wan W, Bentahar J, Ben H A. Model checking epistemic and probabilistic properties of multi-agent systems//Mehrotra K G. Proceedings of the 24th International Conference on Industrial Engineering and Other Applications of Applied Intelligent Systems Conference on Modern Approaches in Applied Intelligence, Berlin: Springer-Verlag, 2011: 68-78.

[11] Biere A, Cimatti A, Clarke E M, et al. Symbolic model checking without BDDs. Lecture Notes in Computer Science 1579,1999: 193-207.

[12] Penczek W, Wozna B, Zbrzezny A. Bounded model checking for the universal fragment of CTL. Fundamenta Informaticae, 2002, 51(1-2): 135-156.

第 6 章　模型检测多智体系统中的抽象技术

6.1　概　　述

模型检测[1]已经成为被广泛接受的有穷状态转换系统自动化验证技术。1991 年 Halpern 等提出利用模型检测技术判定认知逻辑的可满足性[2]。自此以后模型检测被推广应用到多智体系统的形式化验证领域[3-5]。

与传统模型检测一样，状态空间爆炸依旧是模型检测多智体系统面临的主要瓶颈。本章聚焦于模型检测多智体系统中的抽象技术。在模型检测多智体系统中，利用认知时态逻辑描述待验证的属性，系统地描述多智体系统的动态行为。令 I 为待验证的原始系统，本章的任务是有效判定 I 是否满足全称认知时态逻辑(ACTLK)刻画的属性。主要思想是利用抽象技术构造一个比 I 小的抽象模型 I^h，同时需保持属性的可满足性，即 I^h 满足 ACTLK 公式 ϕ 蕴涵 I 同时满足 ϕ。

本章的具体内容可概括为：①自动化的抽象过程，提出一种新的抽象技术，该技术通过合并多智体系统中的全局空间来达到约简状态空间的目的，在这种抽象框架下，初始抽象模型可依据 ACTLK 公式自动化获得，即给定任意 ACTLK 公式 ϕ，可以从 ϕ 自动演绎一个初始的抽象函数；②将复杂结构的反例映射为结构简单的形式，抽象技术是一种上近似抽象，当在抽象模型上属性不成立时，将产生对应的使属性失效的反例。但是由于抽象系统比原始系统包含更多的行为，反例可能是虚假的。ACTLK 公式的反例是一个解释系统，而不是一条路径。引入一种类树结构的反例表现形式，这种结构具有像路径这种简单结构一样的虚假性易检测的优点，这样可以有效地检测反例的真实性。同时进一步说明如何产生这种反例。

6.2　相 关 工 作

Enea 等[6]首次针对认知时态逻辑提出了抽象技术，这种抽象技术基于状态之间的等价关系，因此每个抽象状态就是一个等价类。非常可惜的是他们的方法在计算上不具有实际可行性，从而阻碍了抽象技术在实际中的应用。

Cohen 等[7]将反应式系统上的存在性抽象技术扩展到多智体系统上，他们的抽象技术基于局部状态之间的等价关系，抽象的机理是对局部状态、局部协议和局部演化规律进行简化。Cohen 等的研究与本章主要研究内容的区别在于，Cohen 等首先对每个智体行为进行抽象，然后通过组合抽象后的智体得到全局抽象系统，而本章的抽象技术是对系统的全局状态空间直接抽象。后面的实例表明，本章的方法产生的状态空间比 Cohen 等的方法产生的状态空间小很多。

上述两项相关工作没有说明如何自动化地对多智体系统的解释系统模型进行抽象，即自动化计算抽象函数，更没有指出当属性在抽象系统中不成立时，如何识别虚假反例和对抽象系统进行求精。本章将对这些问题进行详细讨论，并给出解决方案。

6.3　解释系统与时态逻辑

多智体系统一般被建模为解释系统，其中，每个智体的行为由局部状态集、动作集、局部协议和局部演化函数组成。属性使用时态认知逻辑（ACTLK）进行描述。下面给出这些概念的具体含义。

令 $Ag=\{1,2,\cdots,n\}$ 表示智体的集合，L_i 表示智体 i 的非空局部状态集，Act_i 表示智体 i 的非空动作集。令 $S=L_1\times\cdots\times L_n$ 为所有可能的全局状态集，$Act=Act_1\times\cdots\times Act_n$ 为所有可能的联合动作集。对于每个智体 i，令局部协议 $P_i: L_i\rightarrow 2^{Act_i}$ 表示每个智体的功能行为，$t_i\subseteq L_i\times Act\times L_i$ 为局部演化函数，用来表示智体 i 如何从当前的局部状态演化为下一个局部状态，且这种演化依赖于它自己以及其他智体的动作。令 $P=(P_1,\cdots,P_n)$ 为联合协议，$t=(t_1,\cdots,t_n)$ 为联合演化函数，$S_0\subseteq S$ 为初始状态，$L:S\rightarrow 2^{Ap}$ 为状态标记函数。注意到，本章中并没有像多个文献一样显式提及“环境”。为简单起见，假设“环境”为一个特殊的智体。

定义 6.1（解释系统）　多智体集 Ag 和命题集 Ap 上的解释系统是一个六元组 $I=(S,Act,P,t,S_0,L)$，其中，S 为全局状态空间，Act 为联合动作集，P 为联合协议，t 为联合演化函数，S_0 为初始状态集，L 为状态标记函数。

对于任何全局状态 $s=(l_1,\cdots,l_n)\in S$，引入记号 $l_i(s)$ 表示智体 i 在 s 下的局部状态。局部协议和局部演化函数决定了多智体系统全局状态演化的规律。令 $R\subseteq S\times S$ 为全局转换关系，$(s,s')\in R$，当且仅当存在 $a=(a_1,\cdots,a_n)\in Act$ 使得对于所有智体 i，$(l_i(s),a,l_i(s'))\in t_i$，$a_i\in P_i(l_i(s))$。本章假设全局转换关系 R 是完全的，即对任意 $s\in S$，存在 $s'\in S$ 使得 $(s,s')\in R$。

I 中的有穷路径是全局状态空间 S 上满足如下条件的有限序列 $\pi=(s_0,s_1,\cdots,s_n)$：对于任意 $0\leqslant j<n$，$(s_j,s_{j+1})\in R$。I 中的路径是全局状态空间 S 上满足如下条件的无穷序列：对于任意 $j\geqslant 0$，$(s_j,s_{j+1})\in R$。I 中的可达集 Rea 定义为：$s\in$ Rea 当且仅当存在从初始状态出发的有穷路径 $(s_0,s_1,\cdots,s)$，这里 $s_0\in I_0$。

直觉上，局部状态 $l_i(s)$ 包含所有对智体 i 可用的信息。这样对每个智体 i 可以配置等价关系 $\sim_i$；对全局空间 S 中的任意状态 $s,s'\in S$，$s\sim_i s'$ 当且仅当 $l_i(s)=l_i(s')$。

传统上解释系统主要用来解释基于线性时态逻辑的认知逻辑的语义。本章考虑逻辑系统 ACTLK 规约的属性。ACTLK 是在计算树逻辑的全称部分的基础上增加认知模态算子而形成的逻辑系统。

定义 6.2（ACTLK）　智体集 Ag 和原子命题集 Ap 上的 ACTLK 公式定义为

$$\phi ::= p \mid \neg p \mid \phi \wedge \phi \mid \phi \vee \phi \mid \mathrm{K}_i\phi \mid \mathrm{AX}\phi \mid \mathrm{AG}\phi \mid \mathrm{A}(\phi \mathrm{U} \phi) \mid \mathrm{A}(\phi \mathrm{R} \phi)$$

式中，$p \in \mathrm{Ap}$，$i \in \mathrm{Ag}$。

ACTLK 公式由认知模态算子 K_i，路径量词 A 和 E，时态算子 X、G、U 和 R 构成。认知模态算子 K_i 表示“智体 i 知道”或者“智体 i 有充分的信息可推断出”。路径量词 A 表示“对所有路径”，E 表示“对某条路径”。时态算子 X 表示“下一个时刻”，G 表示“一直”，U 表示“直到”，R 表示“释放”。ACTLK 的语义将通过每个状态下公式的满足性关系“$\models$”给出，具体形式是 $(I,s)\models$。

定义 6.3（可满足性）　令 I 为智体集 Ag 和原子命题集 Ap 上的解释系统，ϕ 为 Ag 和 Ap 上的 ACTLK 公式，$s \in S$ 为一个状态。满足性关系 $(I,s)\models\phi$ 递归定义如下。

(1) 对于 Ap 中的原子命题 p，$(I,s)\models p$，当且仅当 $p \in L(s)$。

(2) 对于 Ap 中的原子命题 p，$(I,s)\models\neg p$，当且仅当 $p \notin L(s)$。

(3) $(I,s)\models\phi_1\wedge\phi_2$，当且仅当 $(I,s)\models\phi_1$ 且 $(I,s)\models\phi_2$。

(4) $(I,s)\models\phi_1\vee\phi_2$，当且仅当 $(I,s)\models\phi_1$ 或者 $(I,s)\models\phi_2$。

(5) $(I,s)\models\mathrm{K}_i\phi$，当且仅当对于任意满足 $s\sim_i s'$ 的 s'，有 $(I,s')\models\phi$。

(6) $(I,s)\models\mathrm{AX}\phi$，当且仅当对 I 中从 s 出发的任意路径 $(s_0,s_1,\cdots)(s_0=s)$，有 $(I,s_1)\models\phi$。

(7) $(I,s)\models\mathrm{AG}\phi$，当且仅当对 I 中从 s 出发的任意路径 $(s_0,s_1,\cdots)(s_0=s)$，对于任意 $i\geqslant 0$，有 $(I,s_1)\models\phi$。

(8) $(I,s)\models\mathrm{A}(\phi_1\mathrm{U}\phi_2)$，当且仅当对 I 中从 s 出发的任意路径 $(s_0,s_1,\cdots)(s_0=s)$，存在自然数 i 使得 $(I,s_i)\models\phi_2$，且对于任意 $0\leqslant j\leqslant i$，有 $(I,s_j)\models\phi_1$。

(9) $(I,s)\models\mathrm{A}(\phi_1\mathrm{R}\phi_2)$，当且仅当对于任意自然数 i，I 中从 s 出发的任意路径 $(s_0,s_1,\cdots)(s_0=s)$，如果对于每个自然数 i，有 $0\leqslant j<i$，$(I,s_j)\models\phi_1$，则 $(I,s_i)\models\phi_2$。

称 ACTLK 公式 ϕ 在 I 中为真，记为 $I\models\phi$ 当且仅当对于任意 $s\in S_0$，$(I,s)\models\phi$。

6.4　验证属性驱动的抽象

6.4.1　属性驱动的存在性抽象

抽象是模型检测中最为有效的状态空间约简技术之一。抽象的基本原则是通过隐藏或者剔除不相关的细节来约简模型。通常在简单的模型上进行属性验证比在复杂的模型上要容易得多。存在性抽象技术是一种应用广泛的抽象技术，主要通过将系统状态划分成若干等价类来约简模型。原始系统中每个转换关系在抽象系统中总存在对应的转换关系。直觉上，抽象系统是原始系统的上近似，即原始系统的每个行为都是抽象系统的行为。

现在将存在性抽象技术通过对全局空间进行抽象推广到解释系统上。将全局空间 S 划分成若干等价类，每个等价类称为一个抽象的全局状态。对于抽象的全局状态，智体 i 的抽象局部状态是与该状态对应的等价类中每个状态的局部状态形成的集合。局部协议通过对等价类中每个状态的局部协议合并而成。这样，如果在原始系统中动作 a 与智体 i 的局部协议相容，即 $a\in P_i(l_i)$，那么 a 在抽象状态中也与 i 的局部协议相容。对于局部演化，考虑上近似，即在抽象系统中智体 i 的局部演化函数得以保持。考察等价类 s_1^h、s_2^h 和联合动作$(a_1,\cdots,a_n)$，如果原始系统中存在状态 $s_1\in s_1^h$，$s_2\in s_2^h$ 使得 $l_i(s_1)$在联合动作$(a_1,\cdots,a_n)$的作用下转变为 $l_i(s_2)$，那么抽象系统中在联合动作$(a_1,\cdots,a_n)$的作用下智体 i 的局部演化功能将抽象局部状态 $l_i(s_1^h)$ 转变为 $l_i(s_2^h)$。最后，通过消除不相容的原子命题抽象出标记函数。这里称原子命题 p 与抽象状态 s^h 是相容的当且仅当对于每个状态 $s\in s^h$，$p\in L(s)$。

对于解释系统 I，抽象函数 h 是 $S\rightarrow S_h$ 的满射。注意到，满射可以用下面这种方式演绎等价关系"≡"：令 s_1 和 s_2 为 S 中的状态，$s_1\equiv s_2$，当且仅当 $h(s_1)=h(s_2)$。令 s_h 为一个抽象状态，记号 $h^{-1}(s_h)$表示在函数 h 作用下原始系统中映射为抽象状态 s_h 的状态集，即 $h^{-1}(s_h)=\{s\mid h(s)=s_h\}$。对应于抽象函数 h 的抽象解释系统 $I_h=(S_h,\mathrm{Act}_h,P_h,t_h,I_h,L_h)$定义如下。

(1) S_h 为全局抽象状态，且对于状态 S_h 中的每个状态 s_h，局部状态 $l_i(s_h)$定义为 $l_i(s_h)=\{l_i(s)\mid s\in h^{-1}(s_h)\}$。

(2) $\mathrm{Act}_h=\mathrm{Act}$。

(3) $P_h=(P_1^h,\cdots,P_n^h)$，其中，对于每个智体 i 和抽象全局状态 s_h，有 $P_i^h(l_i(s_h))=\bigcup_{l_i\in l_i(s_h)} P_i(l_i)$。

(4) $t_h=(t_1^h,\cdots,t_n^h)$为联合演化函数，其中，对于每个智体 i，抽象局部状态 l_0^h、l_1^h，动作 $a\in\mathrm{Act}$，$(l_0^h,a,l_1^h)\in t_i^h$ 当且仅当在原始系统中存在两个状态 l_0、l_1 使得$(l_0,a,l_1)\in t_i$。

(5) $L_h(s_h)=\{p\mid \forall s\in h^{-1}(s_h),p\in L(s)\}$。

(6) $I_h(s_h)$为真，当且仅当 $\exists s(h(s)=s_h\wedge I_0(s))$。

对于状态 $s_h^1,s_h^2\in S_h$，如果对于智体 i，$l_i(s_h^1)\cap l_i(s_h^2)\neq\varnothing$，则称 s_h^1、s_h^2 是关于智体 i 等价的，即在原始系统中存在局部状态 l_i，使得 $l_i\in l_i(s_h^1)\cap l_i(s_h^2)$。

下面讨论如何依据 ACTLK 公式描述的待验证属性自动化地构造抽象函数 h。假设给定解释系统 $I=(S,\mathrm{Act},P,t,I_0,L)$，现在的任务是检查 I 是否满足 ACTLK 公式 ϕ。引入记号 $\mathrm{Atom}(\phi)$表示 ϕ 中出现的原子命题集。

定义 6.4(属性驱动的抽象函数) 给定 ACTLK 公式 ϕ，抽象函数 h_ϕ 定义为 $h_\phi(s_1)=h_\phi(s_2)$，当且仅当 $L(s_1)\cap\mathrm{Atom}(\phi)=L(s_2)\cap\mathrm{Atom}(\phi)$。

6.4.2 属性的可满足性保持

模拟可以准确刻画原始系统与抽象系统之间的关系，因为抽象系统隐藏了原始系统中的很多细节，所以一般情况下抽象系统拥有的原子命题集比较小。模拟关系确保了原始系统的每一个行为同时是抽象系统中的一个行为。因此对类似于 ACTLK 这样的全称属性，如果该属性在模拟系统中成立，那么在被模拟的系统中也一定成立。为了使 ACTLK 也有这种可满足性上的保持关系，需要被模拟系统中的认知等价关系在模拟系统中得以保留。

定义 6.5(模拟) 令 $I_1=(S_1,\mathrm{Act}_1,P_1,t_1,I_0^1,L_1)$为智体集 Ag、命题集 Ap_1 上的解释系统，$I_2=(S_2,\mathrm{Act}_2,P_2,t_2,I_0^2,L_2)$为智体集 Ag、命题集 Ap_2 上的解释系统，且 $\mathrm{Ap}_2\subseteq\mathrm{Ap}_1$。称关系 $\sim\subseteq S_1\times S_2$ 为 I_1 与 I_2 之间的模拟关系，当且仅当对于任意$(s_1,s_2)\in\sim$，下面的条件成立。

(1) 如果 $s_1\in I_0^1$，则 $s_2\in I_0^2$。

(2) $L_1(s_1)\cap\mathrm{Ap}_2=L_2(s_2)$。

(3) 对于每个满足$(s_1,s_1')\in R_1$ 关系的状态 s_1'，存在状态 s_2'使得$(s_2,s_2')\in R_2$ 且$(s_1',s_2')\in\sim$，其中，R_1 为 I_1 中的全局转换关系，R_2 为 I_2 中的全局转换关系。

(4)如果 $s_1\sim_i s_1'$，那么存在状态 s_2'使得 $s_2\sim_i s_2'$，$(s_1',s_2')\in\sim$。

如果 I_1 与 I_2 之间存在模拟关系，则称 I_2 模拟 I_1。下面的引理说明在模拟关系下 ACTLK 公式的满足性得以保持。

引理 6.1 对于任意解释系统 I_1 和 I_2，如果 I_2 模拟 I_1，那么对于 I_1 中任意从初始状态 s_0 出发的路径$(s_0,s_1,\cdots)$，在 I_2 中存在从初始状态 s_0'出发的路径$(s_0',s_1',\cdots)$使得对于任意 $i\geqslant0$，均有 $s_i\sim s_i'$。

证明：由定义 6.5 直接可得。

引理 6.2 对于任意解释系统 I_1 和 I_2，如果 I_2 模拟 I_1，那么对于任意 ACTLK 公式 $\phi(\mathrm{Atom}(\phi)\subseteq\mathrm{Ap}_2)$，$I_2\models\phi$ 蕴涵 $I_1\models\phi$。

证明：证明过程主要通过对 ϕ 的长度实施归纳获得，考察如下形式的 ϕ。

(1) $\phi=p$ 为原子命题。由模拟关系定义中的第一个条件可知，对于任意状态 $s_1\in I_0^1$，如果 $s_1\sim s_2$，那么 $s_2\in I_0^2$。$I_2\models p$ 意味着对所有初始状态 $s_2\in I_0^2$，有 $p\in L(s_2)$。因此，由定义 6.5 的第二个条件可知 $p\in L_1(s_1)\cap\mathrm{Ap}_2$，即 $p\in L_1(s_1)$。因此有 $I_1,s_1\models p$。

(2) $\phi=\neg p$ 为原子命题的否定形式。由模拟关系定义中的第一个条件可知，对于任意状态 $s_1\in I_0^1$，如果 $s_1\sim s_2$，那么 $s_2\in I_0^2$。$I_2\models\neg p$ 意味着对于所有初始状态 $s_2\in I_0^2$，有 $p\notin L(s_2)$。因此，由定义 6.5 的第二个条件可知 $p\notin L_1(s_1)\cap \mathrm{Ap}_2$。因为 $p\in \mathrm{Ap}_2$，所以 $p\notin L_1(s_1)$。因此 $I_1,s_1\models\neg p$。

(3) $\phi=\psi_1\wedge\psi_2$。由归纳假设可知 $I_1\models\psi_1$ 且 $I_1\models\psi_2$。由定义 6.3 可知 $I_1\models\psi_1\wedge\psi_2$，即 $I_1\models\phi$。

(4) $\phi=\psi_1\vee\psi_2$。由归纳假设可知 $I_1\models\psi_1$ 或者 $I_1\models\psi_2$。由定义 6.3 可知 $I_1\models\psi_1\vee\psi_2$，即 $I_1\models\phi$。

(5) $\phi=\mathrm{AX}\psi$。由引理 6.1 可知，对于 I_1 中的每条从初始状态出发的路径 $(s_0,s_1,\cdots)$，在 I_2 中存在从初始状态出发的路径 $(s_0',s_1',\cdots)$，使得对于任意 $i\geqslant 0$，有 $s_i\sim s_i'$。$I_2\models\mathrm{AX}\phi$ 意味着 $I_2,s_1'\models\psi$。由归纳假设可知 $I_1,s_1\models\psi$，即 $I_1\models\phi$。

(6) $\phi=\mathrm{AG}\psi$。由引理 6.1 可知，对 I_1 中的每条从初始状态出发的路径 $(s_0,s_1,\cdots)$，在 I_2 中存在从初始状态出发的路径 $(s_0',s_1',\cdots)$，使得对于任意 $i\geqslant 0$，$s_i\sim s_i'$。$I_2\models\mathrm{AG}\phi$ 意味着对于任意 $i\geqslant 0$，$I_2,s_i'\models\psi$。由归纳假设可知对任意 $i\geqslant 0$，$I_1,s_i\models\psi$，即 $I_1\models\phi$。

(7) $\phi=\mathrm{A}(\psi_1\mathrm{U}\psi_2)$。由引理 6.1 可知，对 I_1 中的每条从初始状态出发的路径 $(s_0,s_1,\cdots)$，在 I_2 中存在从初始状态出发的路径 $(s_0',s_1',\cdots)$，使得对于任意 $i\geqslant 0$，有 $s_i\sim s_i'$。$I_2\models\mathrm{A}(\psi_1\mathrm{U}\psi_2)$ 意味着存在自然数 i 使得 $I_2,s_i'\models\psi_2$，且对任意 $0\leqslant j<i$，有 $I_2,s_j'\models\psi_1$。由归纳假设可知，$I_1,s_i\models\psi_2$，对于任意 $0\leqslant j<i$，有 $I_1,s_j\models\psi_1$，即 $I_1\models\phi$。

(8) $\phi=\mathrm{A}(\psi_1\mathrm{R}\psi_2)$。由引理 6.1 可知，对 I_1 中的每条从初始状态出发的路径 $(s_0,s_1,\cdots)$，在 I_2 中存在从初始状态出发的路径 $(s_0',s_1',\cdots)$，使得对任意 $i\geqslant 0$，有 $s_i\sim s_i'$。$I_2\models\mathrm{A}(\psi_1\mathrm{R}\psi_2)$ 意味着对于任意 $0\leqslant j<i$，如果 $(I_2,s_j)\models\psi_1$，那么 $(I_2,s_i)\models\psi_2$。由归纳假设可知，如果对于所有 $0\leqslant j<i$，$(I_2,s_j)\models\psi_1$，则 $(I_2,s_i)\models\psi_2$，即 $I_1\models\phi$。

(9) $\phi=\mathrm{K}_i\psi$。假设 $s_1\sim s_2$，只需证明如果 $I_2,s_2\models\mathrm{K}_i\psi$，那么 $I_1,s_1\models\mathrm{K}_i\psi$。由定义 6.3 可知 $I_2,s_2\models\mathrm{K}_i\psi$，意味着对于每个满足 $s_2\sim_i s'$ 的状态 s'，有 $I_2,s'\models\psi$。由定义 6.5 的第四个条件可知，如果 $s_2\sim_i s'$，那么存在状态 s 使得 $s_1\sim_i s$，$s\sim s'$。由归纳假设可知 $I_1,s\models\psi$。由定义 6.3 可知 $I_1,s\models\mathrm{K}_i\psi$。

引理 6.3　令 ϕ 为 ACTLK 公式，h_ϕ 为对应于 ϕ 的抽象函数。令 $I_h=(S_h,\mathrm{Act}_h,P_h,t_h,I_h,L_h)$ 是对应于 h_ϕ 的抽象解释系统，则 I_h 模拟 I。

证明：首先定义关系 $\sim\subseteq S\times S_h$ 使得 $s\sim s_h$ 当且仅当 $s_h=h_\phi(s)$，然后证明 $\sim$ 是一个模拟关系，即对于所有的 $(s,s_h)\in\sim$，下面的条件成立。

(1) 由抽象解释系统定义的第五个条件可知，如果 $s\in I_0$，那么 $h(s)\in I_h$。即如果 $s\in I_0$，那么 $s_h\in I_h$。

(2) $Ap_2 = Atom(\phi)$。由 $L(s_h)$ 的定义可知，对于任意两个状态 s 和 s'，如果 $h(s)=h(s')=s_h$，那么 $L(s)\cap Ap_2 = L(s')\cap Ap_2 = L_h(s_h)$，即 $L(s)\cap Ap_2 = L_h(s_h)$。

(3) 假设 $(s,s')\in R$。定义 $s'_h = h(s')$，那么 $s'\sim s'_h$。由抽象解释系统定义中的第三个和第四个条件直接可得 $(s_h, s'_h)\in R_h$。

(4) 假设 $s\sim_i s'$。定义 $s'_h = h(s')$，那么因为 $l_i(s)=l_i(s')\in l_i(s_h)\cap l_i(s'_h)$，所以 $s_h\sim_i s'_h$。

定理 6.1　令 ϕ 为 ACTLK 公式，I 为解释系统，I_h 为对应于抽象函数 h_ϕ 的抽象解释系统。如果 $I_h\models\phi$，则 $I\models\phi$。

证明：由引理 6.2 和引理 6.3 直接可得。

6.5　反例真实性确认

对于解释系统 I 和 ACTLK 公式 ϕ，本章研究的目标是验证 I 是否满足 ϕ，思想类似于 ACTLK 模型检测中的反例引导的抽象求精技术，具体由以下几步构成。

(1) 产生初始抽象系统。依据公式 ϕ 产生初始抽象函数 h_ϕ：$h_\phi(s_1)=h_\phi(s_2)$，当且仅当 $L(s_1)\cap Atom(\phi)=L(s_2)\cap Atom(\phi)$。

(2) 对抽象解释系统进行验证。令 I_h 表示对应于 h_ϕ 的抽象解释系统，验证 $I_h\models\phi$ 是否成立。如果 $I_h\models\phi$，则断言 $I\models\phi$，否则反馈一个反例 C 以说明 ϕ 为什么不被满足。因为抽象系统比原始系统包含更多的行为，所以需要检查 C 是否是一个真实的反例。如果 C 是真实的反例，则说明属性不成立，否则 C 是一个虚假的反例，直接转到第(3)步。

(3) 抽象求精。主要通过对等价类进行进一步划分以完成对抽象函数 h_ϕ 的求精，使得精化后的系统中不包含反例 C。在完成求精后转到第(2)步。

从上述检测过程可以看出，有效地识别虚假反例是抽象技术中的关键问题。Clarke 等已经对具有路径和循环这种简单结构的反例进行了考察[8]，但是很显然 ACTLK 中仅有限的子集具有这种简单结构。对于 ACTLK 而言，其反例是解释系统，这种结构比路径和循环复杂很多。本节探讨如何将结构复杂的反例转换为结构简单的反例。

6.5.1　什么是反例

Clarke 等已经说明了简单结构反例的两个优点：①用户很容易理解；②可以被有效地用于反例引导的抽象求精。非常可惜的是，仅部分 ACTLK 公式具有这种简单结构形式的反例，因此他们对 ACTLK 引入了类树结构的反例。类树结构保留了上述简单结构的优点，但是适用于所有的 ACTLK 公式。下面研究当

ACTLK 描述的规范失效时，也能够得到类树结构的反例。

令 I 为解释系统，ϕ 是 ACTLK 属性，反例 C 是使 $I \models \neq \phi$ 的解释系统，反例 C 包含了 I 的部分行为，即 I 模拟 C。注意到对于片断属性，其在 C 中成立，则在 I 中也一定成立。因为 ACTLK 的反例是片断属性的证据，故有下面的定义。

定义 6.6　令 I 为解释系统，ϕ 为 ACTLK 属性。ϕ 的反例为一个解释系统 C，满足：①反例 C 使 ϕ 失效，即 $C \models \neg \phi$；②$C \sim I$。因此 $I \models \neg \phi$。

直觉上，反例是一个使 ϕ 失效，且被 I 模拟的规模较小的解释系统。现在的任务是如何产生类树结构的反例 C。

首先考察图 6.1 所示的第一个反例 I_1 需要判断 I_1 是否是虚假的。因为 I_1 不具有路径和循环这种简单结构，所以很难直接应用现有的技术来检测反例的真实性，但是对于图 6.1 所示的第二个反例 $I_2(I_2 \sim I_1)$，可以将反例真实性检测归结到如下循环路径的检测上：$(s_0, s_1, (s_2, s_3)^\omega)$，$(s_0, (s_1, s_2, s_3)^\omega)$，$(s_0, (s_4, s_2, s_5)^\omega)$。下面探讨如何获得类树结构的反例，使得可以通过检测路径和循环这种简单结构来识别虚假反例。

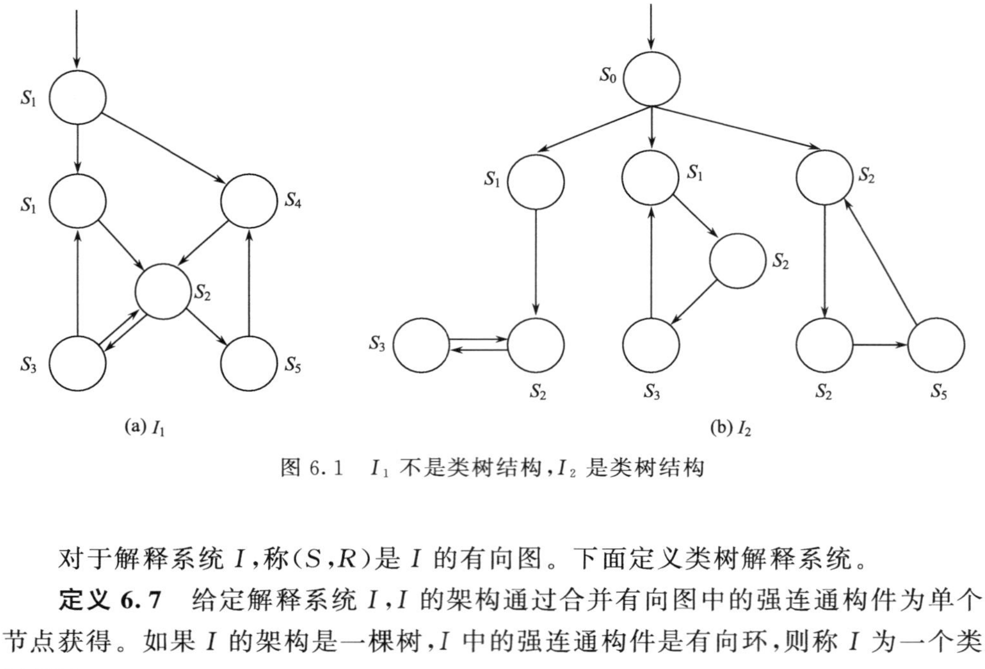

图 6.1　I_1 不是类树结构，I_2 是类树结构

对于解释系统 I，称 (S, R) 是 I 的有向图。下面定义类树解释系统。

定义 6.7　给定解释系统 I，I 的架构通过合并有向图中的强连通构件为单个节点获得。如果 I 的架构是一棵树，I 中的强连通构件是有向环，则称 I 为一个类树结构。

图 6.1 所示的解释系统 I_2 是一个类树结构，I_1 则不是。在判断类树结构的解释系统中虚假反例的识别可通过检测环以及环之间的链接来完成，即路径和循环。因此模型检测工具能够产生类树结构的反例将至关重要。

为了简化算法，引入指标解释系统 I^m。I^m 可通过对 I 中的每一个状态产生多份复制副本完成，这些复制副本通过指标进行区别。需要注意的是，这些复制副本对于 ACTLK 公式是不可区分的。这种构造表面上看很平凡，事实上有很多优点，例如，可以通过经过一个状态多次而避免循环结构的构造。I^m 形式化定义如下。

定义 6.8　给定解释系统 $I=(S,\mathrm{Act},P,t,I_0,L)$ 和整数集合 $M=\{1,2,\cdots,m\}$，指标解释系统 $I^m=(S^m,\mathrm{Act}^m,P^m,t^m,I_0^m,L^m)$ 定义如下。

(1) $S^m=S\times M$。为方便起见，引入记号 s^j 代替 (s,j)。j 称为状态 s^j 的指标，且定义 $l_i(s^j)=(l_i(s),j)$。

(2) $\mathrm{Act}^m=\mathrm{Act}$。

(3) $P^m=(p_1^m,\cdots,p_n^m)$，这里 $p_i^m(l_i(s^j))=p_i(l_i(s))$。

(4) $t^m=(t_1^m,\cdots,t_n^m)$，这里 $((l_i,j),a,(l_j',k))\in t_i^m$ 当且仅当 $(l_i,a,l_j')\in t_i$。

(5) $I_0^m=I_0\times M$。

(6) 对于任意状态 $s^i\in S^m$，$L^m(s^i)=L(s)$。

直觉上，这种构造是类树解释系统的另外一种表现形式。直觉上，I^m 包含每个状态的 m 个复制副本，因此有下面的引理。

引理 6.4　对于任意 m 和 I，I 和 I^m 是双模拟等价的，即 $I\equiv I^m$。

特别地，对于任意状态 s，指标 i 和 ACTLK 公式 ϕ、$I,s\models\phi$ 当且仅当 $I^m,s^i\models\phi$。因为反例的标记基于模拟关系，所以 I^m 上的反例也是 I 上的反例。注意到在 I^m 的反例中，I 中的同一个状态复制了多次，因此具有不同的指标。下面研究如何基于指标解释系统产生 ACTLK 公式的类树反例。注意到没有显式构造指标解释系统，相反利用一个整数变量来追踪指标的变化。指标解释系统使得这个追踪更加透明。

下面讨论对任意 ACTLK 公式产生类树反例的算法。首先定义使用认知计算树逻辑的存在片断(Existential Fragment of Computation Tree Logic of Knowledge，ECTLK)语法树来对 ECTLK 的语法结构进行树表示。

定义 6.9　ECTLK 公式 ϕ 的语法树是一棵树，其中非叶子节点标记为算子 $\wedge$、$\vee$、EX、EG、EF、EU、$\overline{\mathrm{K}_i}$，叶子节点标记为原子命题或者原子命题的否定形式。

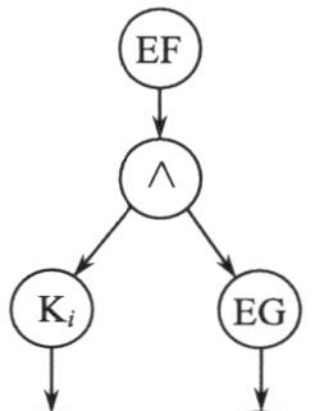

图 6.2　$\mathrm{EF}(\overline{\mathrm{K}_i}p\wedge\mathrm{EG}q)$ 的语法树

图 6.2 是公式 $\mathrm{EF}(\overline{\mathrm{K}_i}p\wedge\mathrm{EG}q)$ 的语法树。注意到否定算子仅作用于原子命题。给定节点语法树中的节点 v，记号 $\mathrm{op}(v)$ 表示节点 v 表示的算子，$\mathrm{fml}(v)$ 表示节点 v 对应的公式，记号 $\mathrm{sat}(\phi)$ 表示满足 ϕ 的状态的集合。

给定 ACTLK 公式 ϕ，模型检测算法首先以深度优先方式遍历 $\neg\phi$ 的语法树。即给定节点 v，首先计算满足 fml(v)的子公式的状态集合,然后计算满足 fml(v)的状态集合。下面的算法 print_witness 是为 ACTLK 产生反例的详细过程。

过程 print_witness 的输入是一个 ECTLK 公式的语法树和指标系统的初始状态,输出是 Success 或者 Fail,Success 表明成功产生类树反例,Fail 说明不存在反例。

```
print_witness(v,s₀ᵐ){Fail,Success}
     if  op(v) = EX then
          return  print_witnessEX(v,s₀ᵐ)
     if  op(v) = EF then
          return  print_witnessEF(v,s₀ᵐ)
     if  op(v) = EG then
          return  print_witnessEG(v,s₀ᵐ)
     if  op(v) = EU then
          return  print_witnessEU(v,s₀ᵐ)
     if  op(v) = K̄ᵢ then
          return  print_witness K̄ᵢ(v,s₀ᵐ)
     if  op(v) = ∧ then
         if  print_witness(v.left,s₀ᵐ) = Fail  then
          return  Fail
         return  print_witness(v.right,s₀ᵐ)
     if  op(v) = ∨ then
         if  print_witness(v.left,s₀ᵐ) = Fail  then
         return  print_witness(v.right,s₀ᵐ)
     return  Success
   return  Success
```

节点 v、v.left 和 v.right 分别表示 v 的左子节点和右子节点,v.child 表示 v 的唯一的孩子节点。计算过程是递归的,对应于算子 EX、EF、EU、EG、$\overline{K_i}$ 分别存在五个子过程来计算反例。这五个子过程共用一个全局整数变量 T,这里 T 永远不小于 m,增加 T 会防止在反例的不同部分产生相同的状态。文献[9]对过程 print_witnessEX、print_witnessEF、print_witnessEG、print_witnessEU 进行了详细说明,这里不再赘述。现在说明对 $\overline{K_i}$ 如何产生相应的证据。

对于每个状态 s,定义$[s]=\{s'|s'\sim_i s\}$。很显然如果 $s'\sim_i s$,则$[s]=[s']$,否则$[s]\cap[s']=\varnothing$。在以下代码段中,Img(S)表示集合 S 中所有状态的后继状态的集合,Preimg(S)表示集合 S 中所有状态的前驱状态的集合。过程 print_ witness $\overline{K_i}$依据如下事实产生路径($s_0^T,\cdots,s_j^T$)：s_j^T 从初始状态可达，$s_j^T\sim_i s$，s_j^T 满足 ϕ，这里 fml(v)=$\overline{K_i}\phi$。产生的路径将会用一个新的整数进行标记，从而区分了之前产生的状态。

```
print_witness K̄i(v,s0^m)
        S0 = sat(ϕ)∩[s]   //fml(v) = K̄iϕ,[s] = {s'|s'~i s}
        j = 0
        while(s0 ∉ Sj)   //s0 是初始状态
        {
            Sj+1 = Preimg(Sj)
            j = j + 1
        }
        k = 0
        while(k<j)
        {
        S = Img(sk)∩Sj-k-1
        k = k + 1
        sk ∈ S   //从 S 中选择一个状态
        }
        T = T + 1
        print(s^m,(s0^T,…,sj^T))
        return print_witness(v.child,sj^T)
```

6.5.2　识别虚假反例

类树结构的反例由路径和循环两部分组成。Clarke 已经就时态算子说明如何识别路径和循环反例的真实性。下面只需研究认知算子$\overline{K_i}$的路径反例的识别。

$K_i\phi$ 的反例由当前状态与一条从初始状态出发的路径构成。令 $C=\{s^h,(s_0^h,\cdots,s_n^h)\}$，这里 s_0^h 为初始状态，$h^{-1}(C)$表示原始系统中对应于 C 的路径的集合，即

$$h^{-1}(C)=\{s,(s_0\cdots s_n)\mid \bigwedge_{i=0}^{n} h(s_i)=s_i^h \wedge I_0(s_0) \wedge \bigwedge_{i=0}^{n-1} R(s_i,s_{i+1}) \wedge h(s)=s^h \wedge s_i \sim_i s\}$$

6.5.3　反例引导的求精

如果反例 C 是虚假的，则需要通过求精剔除该反例，主要通过对等价类继

续划分从而达到对抽象函数求精的目的，这种划分必须保证求精后的抽象系统 I_h 中不能包含虚假反例 C。下面仅对路径反例给出求精过程，循环的处理方式类似。

假设 $C=s_0^h,\cdots,s_n^h$ 是虚假反例。因为不存在与 C 对应的实际反例，Clarke 等已经证实对于任意 $0\leqslant i\leqslant n$，存在集合 $S_i\subseteq h^{-1}(s_i^h)$ 使得 $\mathrm{Img}(S_i)\cap h^{-1}(s_{i+1}^h)=\varnothing$，且 S_i 是从初始状态集 $h^{-1}(s_1^h)\cap I$ 可达的。因为在抽象模型中存在从 s_i^h 到 s_{i+1}^h 的转换，所以在 $h^{-1}(s_i^h)$ 和 $h^{-1}(s_{i+1}^h)$ 中至少存在一对状态，两者之间存在转换关系。Clarke 等将 $h^{-1}(s_i^h)$ 划分成 $S_{i,0}$、$S_{i,1}$、$S_{i,x}$ 三个子集。

(1) $S_{i,0}=S_i$ 称为死状态集，表示 $h^{-1}(s_i^h)$ 中从初始状态可达的状态集合。

(2) $S_{i,1}=\{s\in h^{-1}(s_i^h)\mid \exists s'\in h^{-1}(s_{i+1}^h),R(s,s')\}$ 称为坏状态集，表示 $h^{-1}(s_i^h)$ 中从初始状态不可达，但是至少存在一个到 $h^{-1}(s_{i+1}^h)$ 中某个状态的转换。

(3) $S_{i,x}=h^{-1}(s_i^h)\backslash(S_{i,0}\cap S_{i,1})$ 称为不相关状态集，表示 $h^{-1}(s_i^h)$ 中从初始状态不可达，且不存在一个到 $h^{-1}(s_{i+1}^h)$ 中某个状态的转换。

求精方法的目标在于：对函数 h 精化，使得没有抽象状态同时包含来自 $S_{i,0}$ 和 $S_{i,1}$ 的状态。现在选择一个不在 Ap 中的原子命题 p，且对 $S_{i,0}$ 中的每一个状态 s，令 $L(s)=L(s)\cup\{p\}$。这样对于 $S_{i,0}$ 中的任一状态 s 及 $S_{i,1}$ 中的任一状态 s'，有 $L(s)\neq L(s')$。由抽象函数 h 的定义可知，对于 $S_{i,0}$ 中的任一状态 s 和 $S_{i,1}$ 中的任一状态 s'，有 $h(s)\neq h(s')$。

6.6 实例研究

6.6.1 扑克游戏

本节通过一个简单的扑克游戏[7]说明抽象和求精过程。两个游戏玩家 A 和 B 分别从总共有 20 张牌的牌中各拿 9 张牌。20 张牌中包括红色的牌 10 张 $r_1,\cdots,r_{10}$，黑色的牌 10 张 $b_1,\cdots,b_{10}$。红色的牌比黑色的牌大，相同颜色的牌比较大小，数字大的为大。在游戏的每一轮中，每个玩家从自己手上出一张牌，牌面大的赢得本轮。所有的牌都出完后游戏结束，最终所赢轮数较多的玩家赢得最终比赛。

游戏被建模为一个拥有 3 个智体的解释系统：玩家 A、玩家 B 和裁判员 S。令 C 表示牌的集合。对于每个智体，定义可能的动作集 Act_i、局部状态集 L_i、局部协议 P_i 和局部演化函数 t_i。

动作集如下。

(1) 对于玩家 $i\in\{\mathrm{A},\mathrm{B}\}$：$\mathrm{Act}_i=\{\mathrm{play}\ c\mid c\in C\}\cup\{\varepsilon\}$，这里 play c 表示玩家出了一张牌 c，ε 表示玩家什么都没做。

(2) 对于裁判员 S，$Act_S=\{eval,\varepsilon\}$，这里 eval 表示 S 宣布谁赢得了比赛，ε 表示裁判什么都没做。

局部状态集如下。

(1) 对于玩家 $i\in\{A,B\}$：$L_i=\{(h,m)\in 2^C\times Act^* \mid |h|+|m|=9\}$，这里 $h\subseteq C$ 表示玩家当前手上的牌，$m\in Act$ 表示到目前为止玩家采取的动作序列。

(2) 对于裁判员 S，$L_S=\{(a,b)\in\{0\cdots 9\}\times\{0\cdots 9\}\mid a+b\leqslant 9\}$，这里记录 (a,b) 表示玩家 A 已经赢得了 a 轮，玩家 B 已经赢得了 b 轮。

局部协议集如下。

(1) 对于玩家 $i\in\{A,B\}$，如果 $h\neq\varnothing$，则 $P_i((h,m))=\{\text{play } c\mid c\in h\}$，否则 $P_i((h,m))=\{\varepsilon\}$。

(2) 对于裁判员 S，如果 $a+b<9$，则 $P_S((a,b))=\{eval\}$，否则如果 $a+b=9$，那么 $P_S((a,b))=\{\varepsilon\}$。

局部演化函数如下。

玩家 A 的局部演化函数 t_A 包含如下转换关系：

$$(h.m)\xrightarrow{\text{play } c,\text{play } c',\text{eval}}(h\backslash\{c\},m\cdot(\text{play } c,\text{play } c',\text{eval}))\times(h.m)$$

$$\xrightarrow{\varepsilon,\varepsilon,\varepsilon}(h,m)$$

式中，$l\xrightarrow{\bar{a}}l'$ 表示 $(l,\bar{a},l')$，"·"为序列之间的串联操作。

在上述第一个转换关系中，玩家出的牌 c 从手中 h 删除，且出牌动作(play c，play c'，eval)记录在记忆 m 中。在第二个转换关系，当玩家什么都不做的时候，局部状态保持不变。玩家 B 的局部演化函数 t_B 的定义类似于 t_A，除了在第一个转换关系中用 $h\backslash c'$ 代替 $h\backslash c$。对于裁判员，局部演化函数 t_S 包含如下转换：

如果 $c>c'$，则 $(a,b)\xrightarrow{\text{play } c,\text{play } c',\text{eval}}(a+1,b)$；

如果 $c'>c$，则 $(a,b)\xrightarrow{\text{play } c,\text{play } c',\text{eval}}(a,b+1)$；

否则 $(a,b)\xrightarrow{\varepsilon,\varepsilon,\varepsilon}(a,b)$。

其中，">"为牌上的一个全序 $r_i>b_j$；如果 $i<j$，则 $r_i>r_j$，$b_i>b_j$。在第一个转换中，玩家 A 出了一张较大的牌，所以裁判员为 A 增加了一分，第二个转换类似。

初始状态集如下。

初始状态下，每个玩家拥有 9 张不一样的牌，且没有任何出牌记录和得分。因此，I_0 为所有满足 $|h|=|h'|=9$，$h\cap h'=\varnothing$，$|m|=|m'|=0$，$a=b=0$ 的状态 $((h,m),(h',m'),(a,b))$ 形成的集合。

演化函数如下。

原子集 Ap 包含命题 onlyred_i（玩家 i 只有红色的牌），win_i（玩家 i 赢得了比赛）。演化函数 L 解释命题集为

$$\text{onlyred}_A \in L(((h,m),l,l')) \Leftrightarrow h \cap \{b_1,\cdots,b_{10}\} = \varnothing$$

$$\text{win}_A \in L((l,l',(a,b))) \Leftrightarrow a > b, a+b=9$$

6.6.2 抽象

很明显，如果一个玩家持有的全是红色的牌，则无论如何出牌他总会赢得比赛。事实上能够验证这种属性，甚至更强的时态认知规约。例如，可以验证

$$\phi = \text{onlyred}_B \rightarrow K_B(\text{AFwin}_B \wedge K_A \text{AFwin}_B)$$

ϕ 成立意味着如果玩家 B 持有的全是红色的牌，那么不仅他自己知道会赢得比赛，玩家 A 也知道 B 会赢得比赛。很显然直接利用符号化的技术验证原始状态会有状态空间溢出内存的问题。因此取而代之，首先对系统进行抽象，以约简状态空间。

回顾一下抽象函数 h_ϕ 的定义：$h_\phi(s_1)=h_\phi(s_2)$当且仅当 $L(s_1)=L(s_2)$。令

$$\text{Atom}(\phi) = \{\text{onlyred}_B, \text{win}_B\}$$

因此，有 4 个抽象状态 s_0^h、s_1^h、s_2^h、s_3^h。I^h 的有向图如图 6.3 所示，这里 s_0^h、s_1^h 是初始状态。认知等价关系为

$$\sim_A = \{(s_0^h,s_0^h),(s_0^h,s_1^h),(s_1^h,s_0^h),(s_1^h,s_1^h),(s_2^h,s_2^h)\}$$

$$\sim_B = \{(s_0^h,s_0^h),(s_1^h,s_1^h),(s_2^h,s_2^h)\}$$

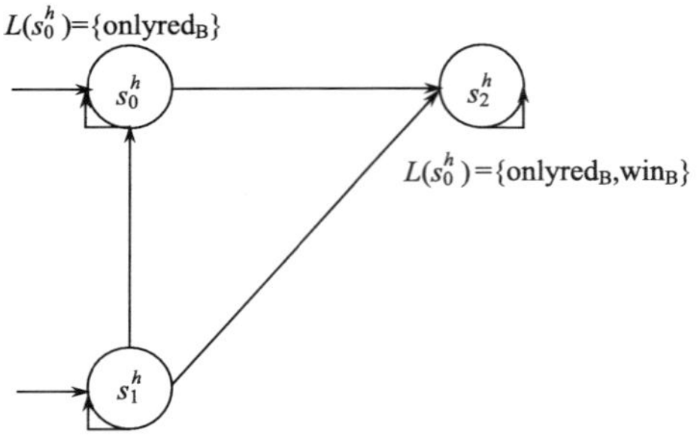

图 6.3 扑克游戏原始模型的初始抽象

本节的任务是判断 I^h 是否满足 ϕ。通过调用模型检测决策过程，可以发现 $I^h \mid\neq \phi$，$(s_0)^\omega$ 是对应的反例。因为反例的结构形式是循环，所以可以直接调用文献[8]中的 SplitLOOP 过程验证反例的真实性，可以发现$(s_0)^\omega$ 是虚假反例。现在通过增加原子命题 p 来对抽象系统求精：对于满足 $L(s)=\{\text{onlyred}_B\}$的初始状态 s，令$L(s)=\{\text{onlyred}_B, p\}$。精化后的系统 I^{h1} 如图 6.4 所示。

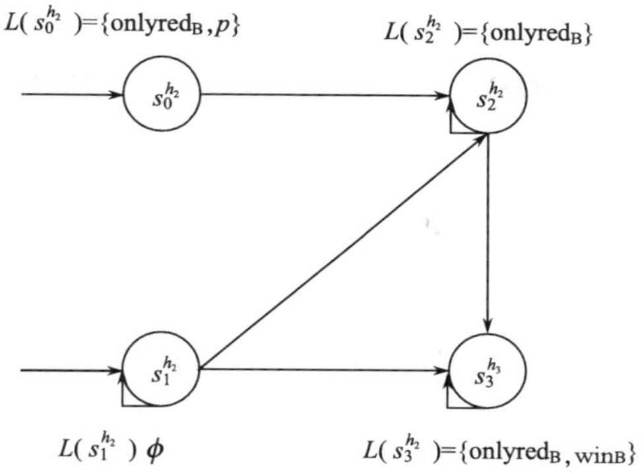

图 6.4　初始状态的求精

表 6.1　与 Cohen 等提出方法的比较

系统	初始状态数	可达状态数
I	10^6	3×10^{18}
I^M	36	5×10^6
I^h	2	3
I^{h1}	2	4
I^{h16}	2	19

继续调用模型检测决策过程发现 $I^{h1}\mid\neq\phi$，同时对应的反例是 $s_0,(s_1^{h1})^{\omega}$。如上所述，需要继续判定该反例的真实性。表 6.1 比较了 4 个系统的大小：原始系统 I，利用文献[7]中的方法构造的抽象系统，利用本章提出的技术计算第一个抽象系统 I^{h1} 和最终抽象系统 I^{h16}。比较的结果说明，本章提出的抽象技术能够大大降低可达空间的大小，且在约简状态的效果上优于文献[7]中提出的技术。

6.7　实　　验

基于本章提出的抽象技术，针对密码学家就餐协议[10]这一典型的匿名广播安全协议开发了相应的模型检测工具。

6.7.1　密码学家就餐协议

密码学家就餐协议来源于文献[10]：三个密码学家到他们最喜欢的三星级酒店用餐。侍者通知他们必须匿名支付账单，账单的支付可能由某个密码学家完成，也可以由美国国家安全局(National Security Agency，NSA)完成。三个密码学家尊重彼此的权利与隐私,但是他们希望知道 NSA 是否付账了。为此他们设计了如下协议。

每两个相邻的密码学家共同掷一个硬币，这样每个密码学家可以和他的左右两个人共同抛出两个硬币。然后每个人检查自己左右的两个硬币,判断两个硬币的正反面是否一致，如果他是支付者,那么他会说出相反的判断结果；如果他不是支付者那么他就会如实地告诉大家他看到的结果。最后统计宣布结果不同的人数,结果为偶数表明此次由某个密码学家付账,反之则为 NSA 付账。

很显然协议执行结束后,所有的密码学家都知道是 NSA 付账还是某个密码学家付账。注意该协议经过稍微的修改,可应用于任意数目的密码学家。

为了在本章的框架下对协议进行形式化,首先考察问题的描述。引入整数变量 pay 表示哪一个密码学家付款。假设共有 n 个密码学家,公式 ϕ 从第一个密码学家的角度表示了安全需求,即

$$\phi=(\text{pay}\neq 1\rightarrow(\text{K}_1(\bigwedge_{i=1}^{n}\text{pay}\neq i)\vee(\text{K}_1(\bigvee_{i=2}^{n}\text{pay}=i)\wedge\bigwedge_{i=2}^{n}\neg\text{K}_1(\text{pay}=i)))$$

6.7.2 实验结果

选择 $n(3\leqslant n\leqslant 10)$个密码学家作为测试用例。为了衡量方法的效果,比较原始和抽象模型。为简单起见,可以认为所有的密码学家的行为具有同步性,即他们同时抛硬币，同时说出看到的结果。所有的实验基于 2.10GHz 的 Intel 微处理器、2GB 的内存、Windows Vista 系统完成。实验结果如表 6.2 所示,第一列是模型的名称,这里 $C(i)$表示有 i 个密码学家;第二列和第五列分别给出了原始模型和抽象模型中初始状态的数量;第三列和第六列分别给出了原始模型和抽象模型中全局状态的数量;第四列和第七列分别给出了在原始模型和抽象模型上验证 ϕ 所消耗的时间。

从表 6.2 可以很清晰地看到本章的抽象技术极大地缩小了原始模型的大小。

表 6.2 密码学家就餐协议抽象

模型	原始模型初始状态数	原始系统全局状态数	验证时间/s	抽象模型初始状态数	抽象系统全局状态数	验证时间/s
$C(3)$	4	36	0.09	4	4	0.12
$C(4)$	5	85	0.15	5	5	0.13
$C(5)$	6	198	0.37	6	6	0.19
$C(6)$	7	455	0.98	7	7	0.33
$C(7)$	8	1032	3.93	8	8	0..71
$C(8)$	9	2313	9.74	9	9	1.16
$C(9)$	10	5305	15.07	10	10	3.95
$C(10)$	11	11275	27.02	11	11	6.48

6.8 本章小结

状态空间爆炸是有效应用模型检测技术分析多智体系统的主要瓶颈，因此降低多智体系统的空间到一个可处理的规模对提高模型检测技术的效率至关重要。本章提出了一种全新的通过合并全局状态空间而形成的抽象技术，同时说明了如何将复杂结构的反例归结为仅包含路径和循环两种简单结构的反例，从而使得反例的真实性能够被有效识别。

参考文献

[1] Clarke E M, Grumberg O, Peled D. Model Checking. Cambridge: MIT Press, 2000.

[2] Halpern J Y, Vardi M Y. Model checking and theorem proving: a manifesto//McCarthy J, Lifschitz V. Artificial Intelligence and Mathematical Theory of Computation: Papers in Honor of John McCarthy, San Diego: Academic Press, 1991: 151-176.

[3] Fagin R, Halpern J Y, Vardi M Y. Reasoning about Knowledge. Cambridge: MIT Press, 1995.

[4] van der Hoek W, Wooldridge M. Model checking knowledge and time. Proceedings of 9th International SPIN Workshop on Model Checking of Software, 2002: 95-111.

[5] Su K L, Sattar A, Luo X. Model checking temporal logics of knowledge via OBDDs. Computer Journal, 2007, 50(4): 403-420.

[6] Enea C, Dima C. Abstractions of multi-agent systems//Proceedings of 5th International Central and Eastern European conference on Multi-Agent Systems and Applications, 2007: 11-21.

[7] Cohen M, Dam M, Lomuscio A, et al. Abstraction in model checking multi-agent systems//Proceedings of 8th International Conference on Autonomous Agents and Multiagent Systems, 2009: 945-952.

[8] Clarke E M, Grumberg O, Jha S, et al. Counterexample guided abstraction refinement//Proceedings of 12th International Conference on Computer Aided Verification, 2000: 154-169.

[9] Clarke E M, Jha S, Lu Y, et al. Tree-like counterexamples in model checking//Proceedings of 17th IEEE Symposium on Logic in Computer Science, 2002:19-29.

[10] Chaum D. The dining cryptographers problem: unconditional sender and recipient untraceability. Journal of Cryptology, 1988, 1(1): 65-75.

第 7 章　概率时态认知逻辑模型检测中的抽象技术

7.1　概率时态认知逻辑语法和语义

目前出现了很多组合时态、认知、概率的逻辑系统，如 P_FKD45[1]、PETL[2]，在这些逻辑系统中，概率因素仅被用来对认知进行不确定性推理，一个自然的扩展就是利用概率对系统动态行为的不确定性进行推理，如“系统成功的概率是 99%”。本节定义一种概率时态认知逻辑来表示多智体系统中与系统动态行为和认知相关的概率行为。设 $\mathrm{Ap}=\{a,b,\cdots\}$为有限原子命题集，$\mathrm{Ag}=\{1,\cdots,n\}$表示由 n 个智体组成的多智体系统，其中，$i\in\mathrm{Ag}$ 表示第 i 个智体。

概率时态认知逻辑是在时态认知逻辑(CTLK)[3-4]的基础上加入概率推理得到的，因此 CTLK 可以看成 PTLK 的子集。

定义 7.1 (PTLK 语法)　Ap 和 Ag 上的 PTLK 递归定义如下。

(1) 如果 $a\in\mathrm{Ap}$，则 a 为 PTLK 公式。

(2) 如果 ϕ、φ 为 PTLK 公式，则$\neg\phi$、$\phi\wedge\varphi$、$\phi\vee\varphi$ 为 PTLK 公式。

(3) 如果 ϕ、φ 为 PTLK 公式，则 $\mathrm{X}^{\triangleright p}\phi$、$\phi\mathrm{U}^{\triangleright p}\varphi$ 为 PTLK 公式，这里 X、U 分别为线性时态逻辑中表示 next time 和 until 的时态算子，$\triangleright\in\{<,\leqslant,>,\geqslant\}$，$p\in[0,1]$为实数。

(4) 如果 ϕ 为 PTLK 公式，则 $\mathrm{K}_i^{\triangleright p}\phi$ 为 PTLK 公式，这里 K 为认知逻辑[5]中表示“知道”的知识算子，$\triangleright\in\{<,\leqslant,>,\geqslant\}$，$p\in[0,1]$，$i\in\mathrm{Ag}$。

为了能够描述随机现象，需要对状态转换系统进行扩展，以便解释 PTLK 的语义。

定义 7.2(PTLK 语义模型)　Ap 和 Ag 上的概率 Kripke 结构 M 为一个多元组$(S,s_0,\sim_1,\cdots,\sim_n,P,P_1,\cdots,P_n,L)$，其中，$S$ 为有限状态集；$s_0\in S$ 为初始状态；$\sim_i\subseteq S\times S(1\leqslant i\leqslant n)$为认知关系，$s_1\sim_i s_2$，当且仅当状态 s_1、s_2 对智体 i 是不可区分的，即在 s_1 和 s_2 下智体 i 的局部状态是相同的；$P:S\times S\rightarrow[0,1]$为状态转换概率函数，满足对于任意 $s\in S$，$\sum\limits_{s'\in S}P(s,s')=1$；$P_i:S\times S\rightarrow[0,1](1\leqslant i\leqslant n)$为认知关系上的概率函数，满足对于任意 $s\in S$，$\sum\limits_{s'\in S}P_i(s,s')=1$；$L:S\rightarrow 2^{\mathrm{Ap}}$为状态标记函数，为每个状态指定该状态下值为真的命题。

在定义 PTLK 的语义之前，首先回顾一下概率论方面的基本内容。一项随机试验中所有可能发生的结果形成的集合称为样本空间，记为 Ω。集合 $\Pi\subseteq 2^{\Omega}$ 称为

Ω 上的 σ 代数，如果 Π 包含 Ω，则 $\Omega\backslash E(E\in\Pi)$，以及 Π 中任何可数元素的并集。Π 中任何元素是可度量的。

概率空间是一个三元组 $\mathrm{PS}=(\Omega,\Pi,\mathrm{Prob})$，其中，$\Omega$ 为样本空间，集合 Π 为 Ω 上的 σ 代数，$\mathrm{Prob}:\Pi\to[0,1]$为度量函数，满足 $\mathrm{Prob}(\Omega)=1$，且对 Π 两两不相交的序列 $E_1,E_2,\cdots,\mathrm{Prob}(\bigcup_{i=1}^{\infty}E_i)=\bigcup_{i=1}^{\infty}\mathrm{Prob}(E_i)$。

定义 7.3(PTLK 语义)　设 M 为定义在 Ap 和 Ag 上的概率 Kripke 结构，ϕ 为 PTLK 公式，$s\in S$ 为 M 中的状态。ϕ 在 M 中 s 处的满足性关系“$\models$”递归定义如下。

(1) 对于原子命题 $a\in\mathrm{Ap}$，$s\models a$，当且仅当 $a\in L(s)$。

(2) $s\models\neg a$，当且仅当 $a\notin L(s)$。

(3) $s\models\phi\wedge\varphi$，当且仅当 $s\models\phi$ 且 $s\models\varphi$。

(4) $s\models\phi\vee\varphi$，当且仅当 $s\models\phi$ 或 $s\models\varphi$。

(5) $s\models \mathrm{X}^{\rhd p}\phi$，当且仅当 $\sum\limits_{s'\models\phi}P(s,s')\rhd p$，这里 $\rhd\in\{<,\leqslant,>,\geqslant\}$。

(6) $s\models\phi\mathrm{U}^{\rhd p}\varphi$，当且仅当 $\mathrm{Prob}(s,\phi\mathrm{U}\varphi)\rhd p$，这里 $\rhd\in\{<,\leqslant,>,\geqslant\}$。

(7) $s\models \mathrm{K}_i^{\rhd p}\phi$，当且仅当 $\sum\limits_{s'\models\phi}P_i(s,s')\rhd p$，这里 $\rhd\in\{<,\leqslant,>,\geqslant\}$。

7.2　建立抽象模型

本章的主要目的是提供一种保持 PTLK 真值的抽象技术，其主要原理是合并等价的精确状态，主要特点是抽象系统中状态之间和认知关系上的概率分布利用区间进行表示。首先定义抽象模型，然后展示如何从状态空间的等价划分演绎抽象模型。

定义 7.4(抽象概率 Kripke 结构)　Ap 和 Ag 上的抽象概率 Kripke 结构 A 为一个多元组 $A=(\widehat{S},\widehat{s_0},\widehat{P^l},\widehat{P^u},\widehat{P_1^l},\widehat{P_1^u},\cdots,\widehat{P_n^l},\widehat{P_n^u},\widehat{L},?)$，说明如下。

(1) $\widehat{S}$为有限抽象状态集。

(2) $\widehat{s_0}\in\widehat{S}$为初始状态。

(3) $\widehat{P^l},\widehat{P^u}:\widehat{S}\times\widehat{S}\to[0,1]$为抽象状态之间转换概率区间的下界和上界，且满足对于任意$\widehat{s},\widehat{s'}\in\widehat{S}$，$\widehat{P^l}(\widehat{s},\widehat{S})\leqslant 1$，$\widehat{P^u}(\widehat{s},\widehat{S})\leqslant 1$，$\widehat{P^l}(\widehat{s},\widehat{s'})\leqslant\widehat{P^u}(\widehat{s},\widehat{s'})$，$\widehat{P^l}(\widehat{s},\widehat{S})\leqslant\widehat{P^u}(\widehat{s},\widehat{S})$，其中 $\widehat{P^l}(\widehat{s},\widehat{S})=\sum\limits_{\widehat{s'}\in\widehat{S}}\widehat{P^l}(\widehat{s},\widehat{s'})$，$\widehat{P^u}(\widehat{s},\widehat{S})=\sum\limits_{\widehat{s'}\in\widehat{S}}\widehat{P^u}(\widehat{s},\widehat{s'})$。

(4) $\widehat{P_i^l},\widehat{P_i^u}:\widehat{S}\times\widehat{S}\to[0,1]$为认知关系$\sim_i$ 上转换概率区间的下界和上界，且满足对于任意$\widehat{s},\widehat{s'}\in\widehat{S}$，$\widehat{P_i^l}(\widehat{s},\widehat{S})\leqslant 1$，$\widehat{P_i^u}(\widehat{s},\widehat{S})\leqslant 1$，$\widehat{P_i^l}(\widehat{s},\widehat{s'})\leqslant\widehat{P_i^u}(\widehat{s},\widehat{s'})$，$\widehat{P_i^l}(\widehat{s},\widehat{S})\leqslant\widehat{P_i^u}(\widehat{s},\widehat{S})$。

(5) $\widehat{L}:\widehat{S}\rightarrow 2^{\mathrm{Ap}}$为状态标记函数，为每个抽象状态指定该状态下值为真的命题。

(6) $?:\widehat{S}\rightarrow 2^{\mathrm{Ap}}$标记每个抽象状态下值不确定的原子命题。

令 $H=(P,P_1,\cdots,P_n)$为一个概率分布函数的多元组，其中，P 为状态之间的概率分布函数，$P_i(1\leqslant i\leqslant n)$为认知关系上的概率分布函数。称 $H=(P,P_1,\cdots,P_n)$和抽象概率 Kripke 结构 $A=(\widehat{S},\widehat{s_0},\widehat{P^l},\widehat{P^u},\widehat{P_1^l},\widehat{P_1^u},\cdots,\widehat{P_n^l},\widehat{P_n^u},\widehat{L},?)$相容，当且仅当 $\forall\,\widehat{s},\widehat{s'}\in\widehat{S},\widehat{P^l}(\widehat{s},\widehat{s'})\leqslant P(\widehat{s},\widehat{s'})\leqslant\widehat{P^u}(\widehat{s},\widehat{s'})$，$\forall\,\widehat{s},\widehat{s'}\in\widehat{S},\forall\,1\leqslant i\leqslant n,\widehat{P_i^l}(\widehat{s},\widehat{s'})\leqslant P_i(\widehat{s},\widehat{s'})\leqslant\widehat{P_i^u}(\widehat{s},\widehat{s'})$。

定义 7.5(抽象模型上的 PTLK 语义) 令 $H=(P,P_1,\cdots,P_n)$为一个概率分布函数的多元组，$A=(\widehat{S},\widehat{s_0},\widehat{P^l},\widehat{P^u},\widehat{P_1^l},\widehat{P_1^u},\cdots,\widehat{P_n^l},\widehat{P_n^u},\widehat{L},?)$为抽象概率 Kripke 结构，$H$ 与 A 相容，ϕ 为 PTLK 公式，$\widehat{s}\in\widehat{S}$为 A 中的状态。下面的满足性关系中省略了符号 A，A 上的满足性关系“$\models$”递归定义如下。

(1) 如果 $a\in L(\widehat{s})$，则$\widehat{s}\models a$；如果 $a\in ?\,(\widehat{s})$，则$\widehat{s}\models ?\,a$，否则$\widehat{s}\models\neg a$。

(2) $\widehat{s}\models\phi\wedge\varphi$，当且仅当$\widehat{s}\models\phi$ 且$\widehat{s}\models\varphi$，$\widehat{s}\models\phi\vee\varphi$，当且仅当$\widehat{s}\models\phi$ 或者$\widehat{s}\models\varphi$，$\widehat{s}\models\neg\phi$，当且仅当$\widehat{s}\not\models\phi$；(这里需要注意$\top\wedge ?\ =?$，$?\ \wedge ?\ =?$，$\bot\wedge ?\ =\bot$，$\top\vee ?\ =\top$，$?\ \vee ?\ =?$，$\bot\vee ?\ =?$，$\overline{\top}=\bot$，$\overline{\bot}=\top$，$\overline{?}=?$)

$$(3)\ \widehat{s}=\begin{cases}\mathrm{X}^{\geqslant p}\phi, & \text{当且仅当}\ \displaystyle\sum_{\widehat{s'}\models\phi}P(\widehat{s},\widehat{s'})\geqslant p\\ \neg\,\mathrm{X}^{\geqslant p}\phi, & \text{当且仅当}\ \displaystyle\sum_{\widehat{s'}\models\neg\phi}P(\widehat{s},\widehat{s'})\geqslant 1-p\\ ?\ \mathrm{X}^{\geqslant p}\phi, & \text{其他}\end{cases}$$

$$(4)\ \widehat{s}=\begin{cases}\mathrm{X}^{>p}\phi, & \text{当且仅当}\ \displaystyle\sum_{\widehat{s'}\models\phi}P(\widehat{s},\widehat{s'})>p\\ \neg\,\mathrm{X}^{>p}\phi, & \text{当且仅当}\ \displaystyle\sum_{\widehat{s'}\models\neg\phi}P(\widehat{s},\widehat{s'})>1-p\\ ?\ X^{>p}\phi, & \text{其他}\end{cases}$$

$$(5)\ \widehat{s}\models\begin{cases}\mathrm{X}^{\leqslant p}\phi, & \text{当且仅当}\ \displaystyle\sum_{\widehat{s'}\models\neg\phi}P(\widehat{s},\widehat{s'})>1-p\\ \neg\,\mathrm{X}^{\leqslant p}\phi, & \text{当且仅当}\displaystyle\sum_{\widehat{s'}\models\phi}P(\widehat{s},\widehat{s'})>p\\ ?\ \mathrm{X}^{\leqslant p}\phi, & \text{其他}\end{cases}$$

$$(6)\ \widehat{s}\models\begin{cases}\mathrm{X}^{<p}\phi, & \text{当且仅当}\ \displaystyle\sum_{\widehat{s'}\models\neg\phi}P(\widehat{s},\widehat{s'})\geqslant 1-p\\ \neg\,\mathrm{X}^{<p}\phi, & \text{当且仅当}\displaystyle\sum_{\widehat{s'}\models\phi}P(\widehat{s},\widehat{s'})\geqslant p\\ ?\ \mathrm{X}^{<p}\phi, & \text{其他}\end{cases}$$

$$(7)\ \hat{s} \models \begin{cases} \phi \mathrm{U}^{\geqslant p} \phi, & \text{当且仅当} \sum\limits_{\pi_\rho \in \mathrm{Paths}A(\hat{s}) \wedge \pi_\rho \models \phi \mathrm{U} \varphi} \mathrm{Prob}(\pi_\rho) \geqslant p \\ \neg(\phi \mathrm{U}^{\geqslant p} \phi), & \text{当且仅当} \sum\limits_{\pi_\rho \in \mathrm{Paths}A(\hat{s}) \wedge \pi_\rho \models \neg(\phi \mathrm{U} \varphi)} \mathrm{Prob}(\pi_\rho) \geqslant 1-p \\ ?\ (\phi \mathrm{U}^{\geqslant p} \varphi), & \text{其他} \end{cases}$$

$$(8)\ \hat{s} \models \begin{cases} \phi \mathrm{U}^{> p} \varphi, & \text{当且仅当} \sum\limits_{\pi_\rho \in \mathrm{Paths}A(\hat{s}) \wedge \pi_\rho \models \phi \mathrm{U} \varphi} \mathrm{Prob}(\pi_\rho) > p \\ \neg(\phi \mathrm{U}^{> p} \varphi), & \text{当且仅当} \sum\limits_{\pi_\rho \in \mathrm{Paths}A(\hat{s}) \wedge \pi_\rho \models \neg(\phi \mathrm{U} \varphi)} \mathrm{Prob}(\pi_\rho) > 1-p \\ ?\ (\phi \mathrm{U}^{> p} \varphi), & \text{其他} \end{cases}$$

$$(9)\ \hat{s} \models \begin{cases} \phi \mathrm{U}^{\leqslant p} \varphi, & \text{当且仅当} \sum\limits_{\pi_\rho \in \mathrm{Paths}A(\hat{s}) \wedge \pi_\rho \models \neg(\phi \mathrm{U} \varphi)} \mathrm{Prob}(\pi_\rho) > 1-p \\ \neg(\phi \mathrm{U}^{\leqslant p} \varphi), & \text{当且仅当} \sum\limits_{\pi_\rho \in \mathrm{Paths}A(\hat{s}) \wedge \pi_\rho \models \phi \mathrm{U} \varphi} \mathrm{Prob}(\pi_\rho) > p \\ ?\ (\phi \mathrm{U}^{\leqslant p} \varphi), & \text{其他} \end{cases}$$

$$(10)\ \hat{s} \models \begin{cases} \phi \mathrm{U}^{< p} \varphi, & \text{当且仅当} \sum\limits_{\pi_\rho \in \mathrm{Paths}A(\hat{s}) \wedge \pi_\rho \models \neg(\phi \mathrm{U} \varphi)} \mathrm{Prob}(\pi_\rho) \geqslant 1-p \\ \neg(\phi \mathrm{U}^{< p} \varphi), & \text{当且仅当} \sum\limits_{\pi_\rho \in \mathrm{Paths}A(\hat{s}) \wedge \pi_\rho \models \phi \mathrm{U} \varphi} \mathrm{Prob}(\pi_\rho) \geqslant p \\ ?\ (\phi \mathrm{U}^{< p} \varphi), & \text{其他} \end{cases}$$

$$(11)\ \hat{s} \models \begin{cases} \mathrm{K}_i^{\geqslant p} \phi, & \text{当且仅当} \sum\limits_{\widehat{s'} \models \phi} P_i(\hat{s}, \widehat{s'}) \geqslant p \\ \neg \mathrm{K}_i^{\geqslant p} \phi, & \text{当且仅当} \sum\limits_{\widehat{s'} \models \neg \phi} P_i(\hat{s}, \widehat{s'}) \geqslant 1-p \\ ?\ \mathrm{K}_i^{\geqslant p} \phi, & \text{其他} \end{cases}$$

$$(12)\ \hat{s} \models \begin{cases} \mathrm{K}_i^{> p} \phi, & \text{当且仅当} \sum\limits_{\widehat{s'} \models \phi} P_i(\hat{s}, \widehat{s'}) > p \\ \neg \mathrm{K}_i^{> p} \phi, & \text{当且仅当} \sum\limits_{\widehat{s'} \models \neg \phi} P_i(\hat{s}, \widehat{s'}) > 1-p \\ ?\ \mathrm{K}_i^{> p} \phi, & \text{其他} \end{cases}$$

$$(13)\ \hat{s} \models \begin{cases} \mathrm{K}_i^{\leqslant p} \phi, & \text{当且仅当} \sum\limits_{\widehat{s'} \models \neg \phi} P_i(\hat{s}, \widehat{s'}) > 1-p \\ \neg \mathrm{K}_i^{\leqslant p} \phi, & \text{当且仅当} \sum\limits_{\widehat{s'} \models \phi} P_i(\hat{s}, \widehat{s'}) > p \\ ?\ \mathrm{K}_i^{\leqslant p} \phi, & \text{其他} \end{cases}$$

$$(14)\ \widehat{s} \models \begin{cases} \mathrm{K}_i^{<p}\phi, & \text{当且仅当} \sum_{\widehat{s'} \models \neg\phi} P_i(\widehat{s},\widehat{s'}) \geq 1-p \\ \neg\, \mathrm{K}_i^{<p}\phi, & \text{当且仅当} \sum_{\widehat{s'} \models \phi} P_i(\widehat{s},\widehat{s'}) \geq p \\ ?\ \mathrm{K}_i^{<p}\phi, & \text{其他} \end{cases}$$

7.3　属性保持关系

抽象的目的是在保持属性的同时能够简化模型，本节探讨 PTLK 公式的满足性在抽象框架下的保持关系。

定理 7.1　令 $M=(S,s_0,\sim_1,\cdots,\sim_n,P,P_1,\cdots,P_n,L)$ 为概率 Kripke 结构，$\Gamma=\{S_1,\cdots,S_m\}\subseteq 2^S$ 为 S 的一个划分，ϕ 为 PTLK 公式，$A=(\widehat{S},\widehat{s_0},\widehat{P^l},\widehat{P^u},\widehat{P_1^l},\widehat{P_1^u},\cdots,\widehat{P_n^l},\widehat{P_n^u},\widehat{L},?)$ 为从 Γ 和 ϕ 演绎出的 M 的抽象模型，$H=(\widehat{P^l},\widehat{P_1^l},\widehat{P_2^l},\cdots,\widehat{P_n^l})$ 则有下面两个结论。

(1) 如果 $A,\widehat{s_0}\models\phi$，则 $M,s_0\models\phi$。

(2) 如果 $A,\widehat{s_0}\models\neg\phi$，则 $M,s_0\models\neg\phi$。

证明：通过对 ϕ 的结构进行归纳来完成证明。对于原子命题、¬算子、∧算子和∨算子，结论显然成立，下面主要考察 $\mathrm{X}^{\geq p}$、$\mathrm{U}^{\geq p}$、$\mathrm{K}_i^{\geq p}$ 三个算子（其他算子如 $\mathrm{X}^{>p}$、$\mathrm{X}^{\leq p}$ 等，证明过程类似，故不再考虑）。

首先采用归纳法证明结论(1)。

Case1：$\phi=\mathrm{X}^{\geq p}\varphi$

依据定义 7.5 中定义的 $A,\widehat{s_0}\models\mathrm{X}^{\geq p}\varphi$ 的语义，有 $\sum_{\widehat{s'}\models\varphi}\widehat{P^l}(\widehat{s_0},\widehat{s'})\geq p$。又由 $\widehat{P^l}$ 的定义可知

$$p\leq\sum_{\widehat{s'}\models\varphi}\widehat{P^l}(\widehat{s_0},\widehat{s'})=\sum_{\widehat{s'}\models\varphi}\min_{s\in\widehat{s_0}}P(s,\widehat{s'})\leq\sum_{\widehat{s'}\models\varphi}P(s_0,\widehat{s'})=\sum_{\widehat{s'}\models\varphi}\sum_{s\in\widehat{s'}}P(s_0,s)$$

由归纳假设可知，$\widehat{s'}\models\varphi$ 意味着 $\forall s\in\widehat{s'},s\models\varphi$。因此

$$\sum_{\widehat{s'}\models\varphi}\sum_{s\in\widehat{s'}}P(s_0,s)\leq\sum_{M,s_1\models\varphi}P(s_0,s_1)$$

即 $\sum_{M,s_1\models\varphi}P(s_0,s_1)\geq p$，从而 $M,s_0\models\mathrm{X}^{\geq p}\varphi$。

Case2：$\phi=\varphi\mathrm{U}^{\geq p}\gamma$

依据定义 7.5 中定义的 $A,\widehat{s_0}\models\varphi\mathrm{U}^{\geq p}\gamma$ 的语义，有

$$\sum_{\pi_\rho\in\mathrm{Paths}A(\widehat{s_0})\wedge\pi_\rho\models\varphi\mathrm{U}\gamma}\mathrm{Prob}(\pi_\rho)\geq p$$

即

$$\sum_{\pi_\rho \in \mathrm{Paths}_A(\widehat{s_0}) \wedge \pi_\rho \models \varphi \mathrm{U} \gamma} \prod_{i \geqslant 0} \widehat{P^l}(\widehat{s_i}, \widehat{s_{i+1}}) \geqslant p$$

式中，$\pi_\rho \in \mathrm{Paths}_A(\widehat{s_0})$表示从$\widehat{s_0}$出发满足 $\varphi \mathrm{U} \gamma$ 的路径。由$\widehat{P^l}$的定义

$$\begin{aligned}
&\sum_{\pi_\rho \in \mathrm{Paths}_A(\widehat{s_0}) \wedge \pi_\rho \models \varphi \mathrm{U} \gamma} \prod_{i \geqslant 0} \widehat{P^l}(\widehat{s_i}, \widehat{s_{i+1}}) \\
&= \sum_{\pi_\rho \in \mathrm{Paths}_A(\widehat{s_0}) \wedge \pi_\rho \models \varphi \mathrm{U} \gamma} \prod_{i \geqslant 0} \min_{s_i \in \widehat{s_i}} P(s_i, \widehat{s_{i+1}}) \\
&= \sum_{\pi_\rho \in \mathrm{Paths}_A(\widehat{s_0}) \wedge \pi_\rho \models \varphi \mathrm{U} \gamma} \prod_{i \geqslant 0} \min_{s_i \in \widehat{s_i}} \sum_{s_{i+1} \in \widehat{s_{i+1}}} P(s_i, s_{i+1})
\end{aligned}$$

设路径$\widehat{s_0}\widehat{s_1}\cdots\widehat{s_n}\cdots$满足 $\varphi \mathrm{U} \gamma$，且 $A, \widehat{s_n} \models \gamma, A, \widehat{s_i} \models \varphi (0 \leqslant i < n)$。由归纳假设可知 $\forall s_n \in \widehat{s_n}, s_n \models \gamma, \forall s_i \in \widehat{s_i}, s_i \models \varphi (0 \leqslant i < n)$，即路径 $s_0 s_1 \cdots s_n \cdots$满足 $\varphi \mathrm{U} \gamma$。因此

$$p \leqslant \sum_{\pi_\rho \in \mathrm{Paths}_A(\widehat{s_0}) \wedge \pi_\rho \models \varphi \mathrm{U} \gamma} \prod_{i \geqslant 0} \min_{s_i \in \widehat{s_i}} \sum_{s_{i+1} \in \widehat{s_{i+1}}} P(s_i, s_{i+1}) \leqslant \sum_{\pi \in \mathrm{Paths}_M(s_0) \wedge \pi \models \varphi \mathrm{U} \gamma} \prod_{i \geqslant 0} P(s_i, s_{i+1})$$

即 $M, s_0 \models \varphi \mathrm{U}^{\geqslant p} \gamma$。

Case3：$\phi = \mathrm{K}_i^{\geqslant p} \varphi$

依据定义 7.5 中定义的 $A, \widehat{s_0} \models \mathrm{K}_i^{\geqslant p} \varphi$ 的语义，有 $\sum_{\widehat{s'} \models \varphi} \widehat{P_i^l}(\widehat{s_0}, \widehat{s'}) \geqslant p$。又由$\widehat{P_i^l}$的定义

$$\begin{aligned}
p &\leqslant \sum_{A, \widehat{s'} \models \varphi} \widehat{P_i^l}(\widehat{s_0}, \widehat{s'}) = \sum_{A, \widehat{s'} \models \varphi} \min_{s \in \widehat{s_0}} P_i(s, \widehat{s'}) \leqslant \sum_{A, \widehat{s'} \models \varphi} P_i(s_0, \widehat{s'}) \\
&= \sum_{A, \widehat{s'} \models \varphi} \sum_{s \in \widehat{s'}} P_i(s_0, s)
\end{aligned}$$

由归纳假设$\widehat{s'} \models \varphi$ 意味着 $\forall s \in \widehat{s'}, s \models \varphi$。因此 $p \leqslant \sum_{A, \widehat{s'} \models \varphi} \sum_{s \in \widehat{s'}} P_i(s_0, s) \leqslant \sum_{M, s_1 \models \varphi} P_i(s_0, s_1)$，即 $M, s_0 \models \mathrm{K}_i^{\geqslant p} \varphi$。

对于结论(2)，归纳证明过程和结论(1)类似，因此这里不再赘述。

7.4　概率时态认知逻辑模型检测算法

本节讨论 PTLK 的模型检测算法问题，即给定一个抽象概率 Kripke 结构 A 和 PTLK 公式 ϕ，判断 ϕ 在$\widehat{s_0}$处是否成立。算法的基本思想基于计算树时态逻辑的模型检测算法：采用标记算法为每个状态标记在此状态下为真的公式的集合 $\mathrm{label}_\top(\widehat{s})$、值不确定的公式集 $\mathrm{label}_?(\widehat{s})$，以及值为假的公式集 $\mathrm{label}_\bot(\widehat{s})$。初始的时候，$a \in \mathrm{label}_\top(\widehat{s})$ 当且仅当 $a \in L(\widehat{s})$，$a \in \mathrm{label}_?(\widehat{s})$ 当且仅当 $a \in ?(\widehat{s})$，$a \in$

$\text{label}_{\perp}(\hat{s})$当且仅当 $a\notin L(\hat{s})\cup ?(\hat{s})$。在第 i 阶段,具有 $i-1$ 层嵌套算子的子公式将被处理,处理过的子公式将被增加到相应的状态标记下。一旦算法终止,有下面的结论:$A,\hat{s}\models\phi$ 当且仅当 $\phi\in\text{label}_{\top}(\hat{s})$,$A,\hat{s}\models ?\ \phi$ 当且仅当 $\phi\in\text{label}_{?}(\hat{s})$,$A,\hat{s}\models\neg\phi$ 当且仅当 $\phi\in\text{label}_{\perp}(\hat{s})$。

对于原子命题 $a\in\text{Ap}$,$a\in\text{label}_{\top}(\hat{s})$当且仅当 $a\in L(\hat{s})$,$a\in\text{label}_{?}(\hat{s})$当且仅当 $a\in ?(\hat{s})$,$a\in\text{label}_{\perp}(\hat{s})$当且仅当 $a\notin L(\hat{s})\cup ?(\hat{s})$。对于¬逻辑连接词,$\neg\phi\in\text{label}_{\top}(\hat{s})$当且仅当 $\phi\in\text{label}_{\perp}(\hat{s})$;$\neg\phi\in\text{label}_{?}(\hat{s})$当且仅当 $\phi\in\text{label}_{?}(\hat{s})$;$\neg\phi\in\text{label}_{\perp}(\hat{s})$当且仅当 $\phi\in\text{label}_{\top}(\hat{s})$。对于∧逻辑连接词,$\phi\wedge\varphi\in\text{label}_{\top}(\hat{s})$当且仅当 $\phi\in\text{label}_{\top}(\hat{s})$,$\varphi\in\text{label}_{\top}(\hat{s})$;$\phi\wedge\varphi\in\text{label}_{?}(\hat{s})$当且仅当 $\phi\in\text{label}_{?}(\hat{s})\wedge\varphi\in\text{label}_{?}(\hat{s})$或者 $\phi\in\text{label}_{?}(\hat{s})\wedge\varphi\in\text{label}_{\top}(\hat{s})$或者 $\phi\in\text{label}_{\top}(\hat{s})\wedge\varphi\in\text{label}_{?}(\hat{s})$;$\phi\wedge\varphi\in\text{label}_{\perp}(\hat{s})$当且仅当 $\phi\in\text{label}_{\perp}(\hat{s})$或者 $\varphi\in\text{label}_{\perp}(\hat{s})$。对于∨逻辑连接词,$\phi\vee\phi\in\text{label}_{\top}(\hat{s})$当且仅当 $\phi\in\text{label}_{\top}(\hat{s})$或者 $\phi\in\text{label}_{\top}(\hat{s})$;$\phi\vee\varphi\in\text{label}_{?}(\hat{s})$当且仅当 $\phi\in\text{label}_{?}(\hat{s})\wedge\varphi\in\text{label}_{?}(\hat{s})$或者 $\phi\in\text{label}_{?}(\hat{s})\wedge\varphi\in\text{label}_{\perp}(\hat{s})$或者 $\phi\in\text{label}_{\perp}(\hat{s})\wedge\varphi\in\text{label}_{?}(\hat{s})$;$\phi\vee\varphi\in\text{label}_{\perp}(\hat{s})$当且仅当 $\phi\in\text{label}_{\perp}(\hat{s})$,$\varphi\in\text{label}_{\perp}(\hat{s})$。下面考察其他 3 个算子。

对于算子 $X^{\trianglerighteq p}\phi$,由其语义只需检测当前状态与满足 ϕ 的状态之间的转换概率,具体过程见算法 7.1(以 $X^{\geqslant p}\phi$ 为例)。

算法 7.1　Check($X^{\geqslant p}\phi$)

```
While Ŝ≠∅ do
Choose ŝ∈Ŝ
Ŝ = Ŝ{ŝ}
If    Σ_{ϕ∈label⊤(ŝ′)} P(ŝ,ŝ′)≥p then label⊤(ŝ):= label⊤(ŝ)∪{X^{≥p}ϕ}
Else
  If    Σ_{ϕ∈label⊥(ŝ′)} P(ŝ,ŝ′)≥1-p then label⊥(ŝ):= label⊥(ŝ)∪{X^{≥p}ϕ}
  Else label?(ŝ):= label?(ŝ)∪{X^{≥p}ϕ}
End if
    End if
End While
```

对于算子 $\phi U^{\trianglerighteq p}\varphi$,一个重要的问题是如何计算 $\text{Prob}(\hat{s},\phi U\varphi,\top)$($\sum_{\pi_\rho\in \text{Path}A(\hat{s})\wedge\pi_\rho\models\phi U\varphi}\text{Prob}(\pi_\rho)$)和 $\text{Prob}(\hat{s},\phi U\varphi,\perp)$($\sum_{\pi_\rho\in \text{Path}A(\hat{s})\wedge\pi_\rho\models\neg(\phi U\varphi)}\text{Prob}(\pi_\rho)$)。依据时态逻辑中 $\phi U\varphi$ 的解释,对于路径 π,如果初始状态满足 φ,则 π 满足 $\phi U\varphi$,否则考察初始状态是否满足 ϕ,如果不满足则 π 也不满足 $\phi U\varphi$,如果满足则按照

上述方式进一步考察第二个状态，然后是第三个状态，以此类推。依据上述解释可以递归地计算 $Prob(\hat{s},\phi U\varphi,\top)$ 和 $Prob(\hat{s},\phi U\varphi,\bot)$，具体计算过程如下。

```
Prob(ŝ,ϕUφ,⊤)
If φ∈label⊤(ŝ) then 1
Else
  If ϕ∈label⊥(ŝ)∪label?(ŝ) then 0
  Else ∑_{ŝ'∈Ŝ} P(ŝ,ŝ')Prob(ŝ',ϕUϕ,⊤)
  End if
End if
Prob(ŝ,ϕUφ,⊥):
If ϕ∈label⊥(ŝ)∧φ∈label⊥(ŝ) then 1
Else
  If φ∈label⊤(ŝ)∪label?(ŝ) then 0
  Else ∑_{ŝ'∈Ŝ} P(ŝ,ŝ')Prob(ŝ',ϕUϕ,⊥)
  End if
End if
```

检测 $\phi U^{\triangleright p}\varphi$ 的具体过程见算法 7.2(以 $\phi U^{\leqslant p}\varphi$ 为例)。

算法 7.2　$Check(\phi U^{\leqslant p}\phi)$

```
L1    While Ŝ≠∅ do
Choose ŝ∈Ŝ
Ŝ = Ŝ\{ŝ}
If Prob(ŝ,ϕUφ,⊤)>p then
label⊥(ŝ): = label⊥(ŝ)∪{ϕU≤pφ}
Goto L1
End if
If Prob(ŝ,ϕUφ,⊥)>1 - p then
label⊤(ŝ): = label⊤(ŝ)∪{ϕU≤pφ}
Goto L1
Else label?(ŝ): = label?(ŝ)∪{ϕU≤pφ}
End if
End While
```

对于算子 $K_i^{\triangleright p}\phi$，由其语义可知，只需检测当前状态与认知关系中满足 ϕ 的状态之间的概率，具体过程见算法 7.3(以 $K_i^{\geqslant p}\phi$ 为例)。

算法 7.3　Check($K_i^{\geqslant p}\phi$)

```
While Ŝ≠∅ do
Choose ŝ∈Ŝ
If   Σ_{φ∈label_⊤(ŝ')} P_i(ŝ,ŝ') ≥ p then label_⊤(ŝ):= label_⊤(ŝ)∪{K_i^{≥p}φ}
Else
    If   Σ_{φ∈label_⊥(ŝ')} P_i(ŝ,ŝ') ≥ 1 - p then label_⊥(ŝ):= label_⊥(ŝ)∪{K_i^{≥p}φ}
    Else label_?(ŝ):= label_?(ŝ)∪{K_i^{≥p}φ)
    End if
End if
Ŝ = Ŝ{ŝ}
End While
```

7.5　抽象模型的求精

在抽象模型中，如果 $A,\widehat{s_0}\models ?\ \phi$，即公式 ϕ 在抽象模型 A 上的真值不确定，则无法确定原始模型是否满足 ϕ，此时需要对抽象模型进行求精。本节首先分析抽象失败的原因，然后依据失败的原因给出利用证据和反例引导的求精方法。

7.5.1　抽象失败原因分析

考察图 7.1 中的 M 是否满足属性 $\phi = X^{\geqslant\frac{2}{3}}q$。$A_1$ 是 M 的初始抽象模型，由算法 7.1 可知，对于任何与 A_1 相容的概率分布 H，有 $\frac{1}{3}\leqslant\sum\limits_{[\widehat{s'},q]_{A,H}=\top}P(\widehat{s},\widehat{s'})\leqslant\frac{1}{2}$，$\sum\limits_{[\widehat{s'},q]_{A,H}=\bot}P(\widehat{s},\widehat{s'})=0$，因此$[\widehat{s_0},X^{\geqslant\frac{2}{3}}q]_{A,H}=?$。

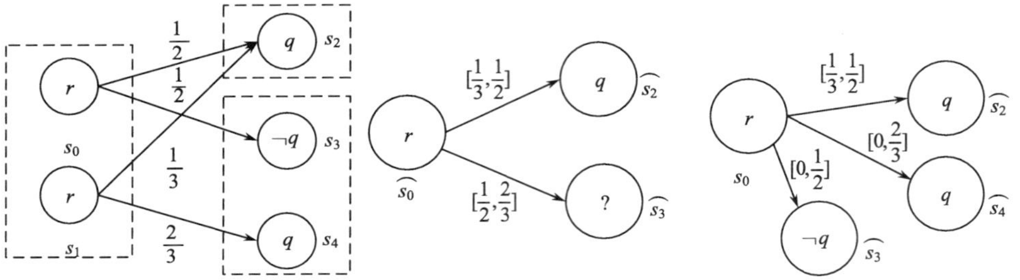

(a) M　　(b) A_1　　(c) A_2

图 7.1　概率 Kripke 结构的抽象和求精

造成$[\widehat{s_0}, X^{\geqslant\frac{2}{3}}q]_{A,H}=?$ 的原因有以下两个。

(1) 状态标记函数不精确：A_1 中的抽象状态$\widehat{s_3}$包含 s_3 和 s_4，而 $q\in L(s_4)$，$q\notin L(s_3)$，因此 $q\in ?(\widehat{s_3})$。在这种状态空间划分下，对于初始状态 s_0 而言，属性 Xq 不成立的概率从$\frac{1}{2}$变为不可知，从而导致 $\sum_{[\widehat{s'},q]_{A,H}=\perp} P(\widehat{s},\widehat{s'})=0$。

(2) 概率转换不精确：考察图 7.1 中的抽象模型 A_2(由将 A_1 中的$\widehat{s_3}$划分成 s_3 和 s_4 所得)。A_2 中初始状态$\widehat{s_0}$和$\widehat{s_2}$之间的转换概率为区间$\left[\frac{1}{3},\frac{1}{2}\right]$，而实际上原始模型中初始状态 s_0 和 s_2 之间的转换概率为$\frac{1}{2}$。取概率分布 $H=\{P,P_1\}$，这里 $P(\widehat{s_0},\widehat{s_2})=\frac{1}{3}$，$P(\widehat{s_0},\widehat{s_4})=0$，$P(\widehat{s_0},\widehat{s_3})=0$。此时$[\widehat{s_0}, X^{\geqslant\frac{2}{3}}q]_{A,H}=?$，因此需要进一步对抽象状态$\widehat{s_0}$进行求精。

对于第一种情况，可以通过对抽象状态进行进一步划分来避免，如在图 7.1(b)的 A_1 中将$\widehat{s_3}=\{s_3,s_4\}$分解成$\{s_3\}$和$\{s_4\}$(如图 7.1(c)所示)。对于第二种情况，原则上也可以通过对抽象状态进行进一步划分来避免，但是如何选择抽象状态进行进一步划分对提高验证效率至关重要。7.5.2 节讨论如何利用验证的结果来引导求精。

7.5.2　抽象求精

本节将探讨如何利用模型检测的初始结果来引导抽象系统的求精。

定义 7.6 (最小证据)　给定公式 ϕ，称有限路径 π 为满足 ϕ 的最小路径当且仅当 π 的任一前缀(π 除外)都不满足 ϕ。

定义 7.7 (最小反例)　给定公式 ϕ，称有限路径 π 为不满足 ϕ 的最小反例当且仅当 π 为满足$\neg\phi$ 的最小证据。

满足 ϕ 的最小证据的集合称为 ϕ 的最小证据集，满足$\neg\phi$ 的最小证据的集合称为 ϕ 的最小反例集。

定义 7.8(语法树)　PTLK 公式 ϕ 的语法树是一棵树，其中内部节点标记为算子$\neg$、$\wedge$、$\vee$、$X^{\rhd p}$、$U^{\rhd p}$、$K_i^{\rhd p}$，终端节点标记为原子命题，这里 $\rhd\in\{<,\leqslant,>,\geqslant\}$。

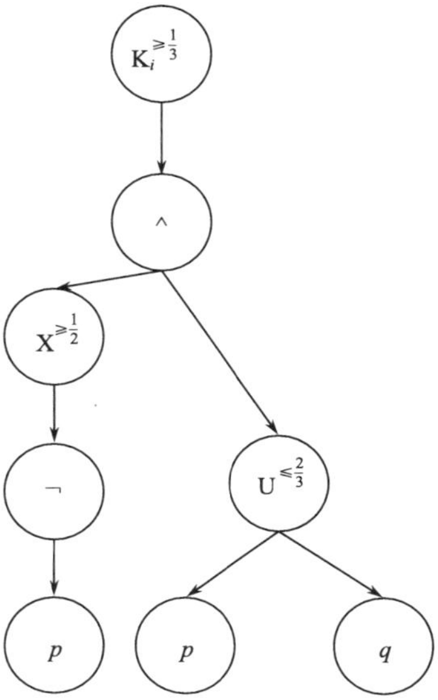

图 7.2　公式 $K_i^{\geqslant\frac{1}{3}}(X^{\geqslant\frac{1}{2}}\neg p\wedge pU^{\leqslant\frac{2}{3}}q)$ 的语法树

公式 $K_i^{\geqslant\frac{1}{3}}(X^{\geqslant\frac{1}{2}}\neg p\wedge pU^{\leqslant\frac{2}{3}}q)$的语法

树如图 7.2 所示。给定语法树上的节点 v，记号 op(v)表示节点上的算子，fml(v)表示节点上的公式，sat(ϕ)表示满足 ϕ 的状态集。v. left 和 v. right 表示 v 的左右孩子节点，v. child 表示 v 的唯一的孩子节点。对于公式 ϕ，模型检测算法按照 ϕ 的语法树以深度优先方式进行搜索，即给定节点 v，首先计算满足 fml(v)的子公式的状态集，然后计算满足 fml(v)的状态集。

假设模型检测算法已经运行完毕，即每个状态均已经标记上了该状态下值为真、为假以及不确定的公式集。在此基础上计算最小证据集的方法 compute_witness$_{min}$见算法 7.4。

算法 7.4　compute_witness$_{min}$(v, $\hat{s}$)

```
If op(v) = X^{▷p} then return compute_witness_min X^{▷p}(v,ŝ)
If op(v) = U^{▷p} then return compute_witness_min U^{▷p}(v,ŝ)
If op(v)  = K_i^{▷p} then return compute_witness_min K_i^{▷p}(v,ŝ)
If op(v) = ∧ ,then return compute_witness_min(v. left,s)⊗compute_wit-
        ness_min(v. right,s)
If op(v) = ∨ ,then return compute_witness_min(v. left,s)⊕ compute_wit-
        ness_min(v. right,s)
```

对于否定算子¬，由 PTLK 的语义定义，在不失表达力的情况下可假设¬仅作用于原子命题，例如，$\neg K_i^{\geqslant p}\phi \equiv K_i^{<p}\neg\phi$。因此，算法 7.4 仅考虑了其余 5 个算子，具体的最小证据集计算过程分下面五种情况讨论。

Case1：op(v)$=X^{\triangleright p}$

设当前状态为$\hat{s}$，依据 X 算子的语义，对于所有满足 ϕ 的状态$\widehat{s'}$，如果 $P(\hat{s},\widehat{s'})>0$，则$\hat{s}\widehat{s'}$是满足 $X\phi$ 的最小证据，具体过程如下。

```
compute_witness_min X^{▷p}(v,ŝ)
Ŝ = sat(ϕ)
While Ŝ≠∅
Choose ŝ′∈Ŝ
If P(ŝ,ŝ′)>0 then print(ŝ,ŝ′)
Ŝ = Ŝ{ŝ′}
End while
```

Case 2：op(v)$=\phi U^{\triangleright p}\varphi$

设路径 prob($\widehat{s_0}\cdots\widehat{s_n}$)$>0$，且满足 $\phi U\varphi$，可按如下方式从$\widehat{s_0}\cdots\widehat{s_n}$中演绎出满足 $\phi U\varphi$ 的最小路径：令 $0\leqslant i\leqslant n$ 为$\widehat{s_0}\cdots\widehat{s_n}$中满足 φ 的状态下标的最小值，则路径$\widehat{s_0}\cdots\widehat{s_i}$是满足 $\phi U\varphi$ 的最小证据，具体过程如下。

```
compute_witness_min U^{▷p}(v,ŝ)
If ŝ∉sat(fml(v.left)) then return ∅ End if
If ŝ∈sat(fml(v.right)) then return ŝ End if
Z = ε      //Z是一个栈
Push ŝ into Z, i = 1, W_i = ∅
L   Choose ŝ'∈sat(fml(v.left))(Z∪W_i)
W_i = W_i ∪{ŝ'}
If ŝ'∈sat(fml(v.right))
Then print "Z^{-1}ŝ'", Pop ŝ'Out, goto L
                                    //Z^{-1}表示将Z中的元素按照由底到顶排序
Else push ŝ' into Z,i = i + 1,W_i = ∅, goto L
End if
```

Case 3：知识算子 $op(v)=K_i^{\triangleright p}$

设当前状态为$\hat{s}$，依据 K_i 算子的语义对于所有满足 ϕ 的状态$\widehat{s'}$，如果 $P_i(\hat{s},\widehat{s'})>0$，则$\hat{s}$，$\widehat{s'}$是满足 $K_i\phi$ 的最小证据。

```
compute_witness_min K_i^{▷p}(v,ŝ)
While sat(ϕ)≠∅
Choose ŝ'∈sat(ϕ)
If P_i(ŝ,ŝ')>0 then print(ŝ,ŝ') End if
sat(ϕ) = sat(ϕ){ŝ'}
End while
```

Case 4：$op(v)=\wedge$

按照$\wedge$的语义和最小证据的定义：π 是 $fml(v.left\wedge v.right)$的最小证据，当且仅当 π 是 $fml(v.left)$ 和 $fml(v.right)$ 的证据，且是 $fml(v.left)$ 或者 $fml(v.right)$的最小证据。但是这里面存在重复计算的问题，考察 $\pi\in compute\_witness_{min}(v.left,s)$，$\pi'\in compute\_witness_{min}(v.right,s)$，且 π 是 π' 的前缀。显然在这种情况下 π' 是 $fml(v.left\wedge v.right)$的最小证据，即只需保留 π' 即可。因此定义

$$
\begin{aligned}
&compute\_witness_{min}(v.left,s)\otimes compute\_witness_{min}(v.right,s)\\
=&(compute\_witness_{min}(v.left,s)\cap compute\_witness_{min}(v.right,s))\cup\\
&(\{\pi'\in compute\_witness_{min}(v.left,s)\cup compute\_witness_{min}(v.right,s)\mid\\
&\exists\pi\in compute\_witness_{min}(v.right,s)\cup compute\_witness_{min}(v.right,s)\\
&(\pi'\neq\pi\wedge\pi\text{ 是 }\pi'\text{的前缀})\})
\end{aligned}
$$

Case5：op(v) = ∨

直观上 fml(v.left ∨ v.right)的最小证据集是 fml(v.left)和 fml(v.right)的最小证据集的并集，但是和算子∧一样，存在重复计算的问题。因此定义

$$\begin{aligned}&\text{compute\_witness}_{\min}(v.\text{left},s)\oplus\text{compute\_witness}_{\min}(v.\text{right},s)\\&=(\text{compute\_witness}_{\min}(v.\text{left},s)\cup\text{compute\_witness}_{\min}(v.\text{right},s))(\{\pi'\\&\in\text{compute\_witness}_{\min}(v.\text{left},s)\cup\text{compute\_witness}_{\min}(v.\text{left},s)\mid\exists\pi\in\\&\text{compute\_witness}_{\min}(v.\text{right},s)\cup\text{compute\_witness}_{\min}(v.\text{right},s)\\&(\pi'\neq\pi\wedge\pi'\text{是}\pi\text{ 的前缀})\end{aligned}$$

计算 ϕ 的最小反例集，等价于计算¬ϕ 的最小证据集，因此

$$\text{compute\_counterexample}_{\min}(\phi)=\text{compute\_witness}_{\min}(\neg\phi)$$

利用算法 7.4 可以得到最小证据和反例集，下面探讨如何利用这些证据和反例引导抽象求精。设 $\pi=\widehat{s_0}\cdots\widehat{s_n}$ 是最小证据或者反例，求精过程为：先对 $\widehat{s_{n-1}}$ 进行求精，得到新的抽象状态 $\widehat{s_{n-1}^1}$ 和 $\widehat{s_{n-1}^2}$，此时如果属性成立则返回，否则继续对 $\widehat{s_{n-1}^1}$ 和 $\widehat{s_{n-1}^2}$ 求精，当对 $\widehat{s_{n-1}}$ 无法求精后，进一步对 $\widehat{s_{n-2}}$ 求精。当对整个路径 π 求精失败后，重新选择一条最小证据或者反例进行求精。求精过程终止于属性成立或者抽象状态和原始状态一致。对 $\widehat{s_{n-1}}$ 的求精原则为：计算 $\widehat{s_{n-1}}$ 包含的状态集中到 $\widehat{s_n}$ 转换概率为区间下界的那些状态，然后将这些状态分离形成新的状态 $\widehat{s_{n-1}^1}$，$\widehat{s_{n-1}}$ 中剩余的状态形成新的状态 $\widehat{s_{n-1}^2}$。对 $\widehat{s_{n-1}}$ 具体求精的算法见算法 7.5。

算法 7.5　refinement($\pi=\widehat{s_0}\cdots\widehat{s_n}$)

```
W₁ = W₂ = ∅
//i 是满足所包含状态数目不低于 2 的抽象状态的最大的下标
While ŝi ≠ ∅
Choose s ∈ ŝi
If P(s,ŝn) = l then W₁ = W₁ ∪ {s}        //l 为ŝn-1到ŝn转换概率区间的下界
Else W₂ = W₂ ∪ {s}
End if
ŝi = ŝi \ {s}
End while
Return π₁ = ŝ0 ⋯ ŝi-1 W₁ ŝi+1 ⋯ ŝn ,π₂ = ŝ0 ⋯ ŝi-1 W₂ ŝi+1 ⋯ ŝn
```

在此求精后得到两条路径 $\pi_1=\widehat{s_0}\cdots\widehat{s_{i-1}}W_1\ \widehat{s_{i+1}}\cdots\widehat{s_n}$，$\pi_2=\widehat{s_0}\cdots\widehat{s_{i-1}}W_2\ \widehat{s_{i+1}}\cdots\widehat{s_n}$。如果此时抽象系统满足属性，则求精结束，否则继续对 π_1 和 π_2 求精。整体的求精思想是对每一条路径逐步求精，直到完成验证过程。整个求精算法如下。

算法 7.6　refinement(A,ϕ)

```
W = comput_witnessmin(v,ŝ0) ∪ compute_counterexamplemin(v,ŝ0)
```

```
While W≠∅
Choose π∈W
If refinement(π) = {π1,π2} then W = W∪{π1,π2}
Else goto L
End if
If the truth of ϕ in A1 can be decided then return the truth of ϕ End if
L   W = W\{π}
End while
```

7.6　模型检测密码学家就餐协议

7.6.1　密码学家就餐协议的概率 Kripke 结构

密码学家就餐协议[5-6]是为匿名广播设置的协议，每一个密码学家的状态涉及的变量主要包括：谁付了账，硬币表面图案，密码学家看到的两个硬币表面图案是否一样。以密码学家 1 为例，相应的变量定义如下。

（1）$coin_1 \in \{0,1,2\}$：所抛硬币哪面朝上，0 表示还没有抛硬币。

（2）$agree_1 \in \{0,1,2\}$：密码学家看到的两个硬币表面图案一样或不一样，1 表示不一样，2 表示一样，0 表示硬币还没抛。

对于密码学家 2 和密码学家 3，相应的变量为 $coin_i$，$agree_i$（$i \in \{2,3\}$）。另外，$pay \in \{0,1,2,3\}$表示谁付了账，其中，$pay=0$ 表示由 NSA 付账。每个密码学家的状态转换以“条件→结果：p”的形式给出，这里 p 表示转换的概率。密码学家 1 执行的动作序列可以概括为：抛硬币，依据看到的两个硬币表面图案说出结果。依据该动作序列可以得到下面的状态转换关系。

初始状态：$coin_1=0 \wedge agree_1=0 \wedge pay=1$ 或者 $coin_1=0 \wedge agree_1=0 \wedge pay \neq 1$。

状态转换：$coin_1=0 \rightarrow coin_1=1 : 0.5$

$coin_1=0 \rightarrow coin_1=2 : 0.5$

$coin_1>0 \wedge coin_2>0 \wedge coin_1=coin_2 \wedge pay=1 \rightarrow agree_1=1 : 1$

$coin_1>0 \wedge coin_2>0 \wedge coin_1=coin_2 \wedge pay\neq 1 \rightarrow agree_1=2 : 1$

$coin_1>0 \wedge coin_2>0 \wedge coin_1\neq coin_2 \wedge pay=1 \rightarrow agree_1=2 : 1$

$coin_1>0 \wedge coin_2>0 \wedge coin_1\neq coin_2 \wedge pay\neq 1 \rightarrow agree_1=1 : 1$

认知关系$\sim_1$：对于全局状态 s、s'，如果 s、s'下 $coin_1=coin_1'$，$agree_1=agree_1'$，且 pay、pay'满足 $pay=pay'=1$ 或者 $pay\neq 1$，$pay'\neq 1$，则认为两者满足认知关系，且如果有 n 个状态（包括 s）与 s 满足认知关系$\sim_1$，则 $P_1(s,s')=\dfrac{1}{n}$。

对于密码学家 2 和密码学家 3，状态转换关系和密码学家 1 类似，只需对上述关系进行适当替换即可。现在考虑这样的安全需求：如果密码学家 1 没有付账，则密码学家 1 知道下述事实的概率不低于$\frac{2}{3}$：要么其他密码学家也没有付账，要么密码学家 2 和密码学家 3 当中肯定有一人付账了，但不知道具体是哪一个（事实上密码学家 1 知道该事实的概率应该为 1，这里设置概率为$\frac{2}{3}$是为了方便说明抽象技术）。该安全需求利用 PTLK 表示为

$$\phi = pay \neq 1 \rightarrow K_1^{\geqslant\frac{2}{3}}(pay = 0) \vee (K_1^{\geqslant\frac{2}{3}}(pay \neq 0 \rightarrow (pay = 2 \vee pay = 3))$$
$$\wedge \neg K_1^{\geqslant\frac{2}{3}}(pay \neq 0 \rightarrow pay = 2) \wedge \neg K_1^{\geqslant\frac{2}{3}}(pay \neq 0 \rightarrow pay = 3))$$

7.6.2 建立密码学家就餐协议的抽象模型

ϕ 中仅包含变量 pay，因此对状态空间划分的标准为：在状态 s 和 s' 下如果 pay 的值相等，则 s 与 s' 等价。pay 共有 4 种不同的取值，这样抽象系统共有 4 个抽象状态，最初的抽象系统如图 7.3 所示（图中只显示了认知关系～$_1$ 上的概率分布）。

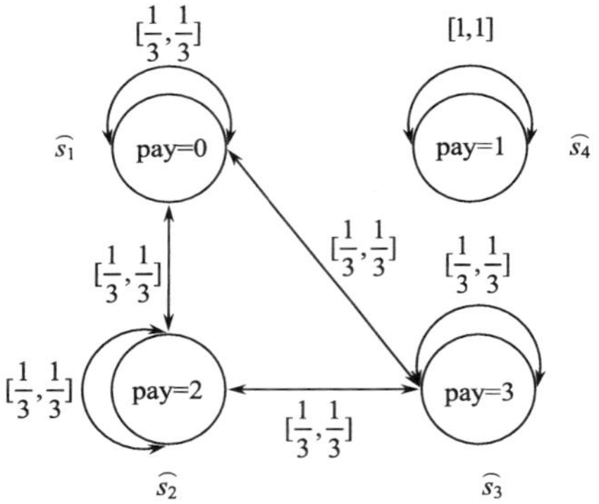

图 7.3 密码学家就餐协议的抽象模型

现在考察为什么图 7.3 中认知关系～$_1$ 上的概率分布是$\left[\frac{1}{3},\frac{1}{3}\right]$和[1,1]。对于密码学家 1 而言，对 $coin_1$、$agree_1$ 的任意赋值 $coin_1 = i, agree_1 = j$，使得 pay=0，pay=2 以及 pay=3 的状态 s_1、s_2、s_3 是关于密码学家 1 认知等价的。在 3 个状态下，尽管 pay 的值不相同，但是由于密码学家 1 不知道 pay 到底等于多少，因此从密码学家 1 的角度来看，3 个状态是不可区分的，因此

$$\begin{aligned} P_1(s_1,s_1) &= P_1(s_2,s_2) = P_1(s_3,s_3) = P_1(s_1,s_2) = P_1(s_2,s_1) \\ &= P_1(s_1,s_3) = P_1(s_3,s_1) = P_1(s_2,s_3) = P_1(s_3,s_2) \\ &= \frac{1}{3} \end{aligned}$$

依据状态空间的等价划分原则：在状态 s 和 s' 下如果 pay 的值相等，则 s 与 s' 等价，s_1、s_2、s_3 属于不同的等价类。依据抽象模型的定义

$$\begin{aligned}\widehat{P_1}(\widehat{s_1},\widehat{s_1}) &= \widehat{P_1}(\widehat{s_2},\widehat{s_2}) = \widehat{P_1}(\widehat{s_3},\widehat{s_3}) = \widehat{P_1}(\widehat{s_1},\widehat{s_2}) = \widehat{P_1}(\widehat{s_2},\widehat{s_1}) \\ &= \widehat{P_1}(\widehat{s_1},\widehat{s_3}) = \widehat{P_1}(\widehat{s_3},\widehat{s_1}) = \widehat{P_1}(\widehat{s_2},\widehat{s_3}) = \widehat{P_1}(\widehat{s_3},\widehat{s_2}) \\ &= \frac{1}{3}\end{aligned}$$

而对于使得 $\mathrm{coin}_1 = i$，$\mathrm{agree}_1 = j$，$\mathrm{pay} = 1$ 的状态 s_4、s_5，$\widehat{s_4} = \widehat{s_5}$，因此 $\widehat{P_1}(\widehat{s_4},\widehat{s_4}) = 1$。

运用模型检测算法，可以发现抽象系统满足概率时态认知逻辑公式 ϕ，因此原始系统也满足公式 ϕ。

7.6.3　实验结果

用 Java 语言开发了密码学家就餐协议模型检测工具 DCcheck。测试平台为 2.10GHz Intel Core2 Duo CPU、2GB RAM、Windows Vista 操作系统。对于具有 n 个密码学家的协议，验证的属性为

$$\begin{aligned}\phi = \mathrm{pay} \neq 1 \rightarrow \mathrm{K}_1^{\geqslant\frac{2}{3}}(\mathrm{pay}=0) \vee (\mathrm{K}_1^{\geqslant\frac{2}{3}}(\mathrm{pay}\neq 0 \rightarrow (\bigvee_{i=2}^{n} \mathrm{pay}=i)) \\ \wedge \bigwedge_{i=2}^{n} \neg \mathrm{K}_1^{\geqslant\frac{2}{3}}(\mathrm{pay}\neq 0 \rightarrow \mathrm{pay}=i))\end{aligned}$$

表 7.1 为测试的实验结果，其中，n 表示密码学家的数目，S 表示原系统中精确状态的数目，t_1 表示验证原系统满足 ϕ 所消耗的时间（单位为 s，值取为 5 次实验的平均值），m_1 表示验证原系统满足 ϕ 所需要的内存空间的顶峰值（单位为 KB，值取为 5 次实验的平均值），S_a 表示抽象系统中状态的数目，t_2 表示验证抽象系统满足 ϕ 所消耗的时间（单位为 s，值取为 5 次实验的平均值），m_2 表示验证抽象系统满足 ϕ 所需要的内存空间的顶峰值（单位为 KB，值取为 5 次实验的平均值）。

从实验结果可以发现，三值抽象技术可以降低内存需求大约 30%，减少验证时间 25%，因此本章介绍的抽象技术在一定程度上缓解了状态空间爆炸问题。

表 7.1　三值抽象技术在模型检测密码学家就餐协议中的应用

n	11	12	13	14	15	16
S	49164	106509	229390	491535	1048592	N/A
t_1	396.813	1002.935	2342.258	5602.335	14758.684	N/A
m_1	20616	23120	30004	53316	81340	N/A
S_a	12	13	14	15	16	N/A
t_2	302.813	790.466	1890.260	4033.681	10847.633	N/A
m_2	14618	16867	22023	36795	63692	N/A

比较抽象状态和精确状态的数量可知，在理论上本章介绍的抽象技术可以大幅降低内存空间的需求，但是在实际验证中仅降低了30%左右。造成理论和实际差距较大的主要原因在于在计算抽象状态时，需要搜索部分具体的状态。未来的研究方向是将进一步探讨抽象状态的计算，以减少对具体状态的依赖。

7.7 本章小结

为克服模型检测概率时态认知逻辑中的状态空间爆炸问题，本章展示了一种三值抽象技术，实现了PTLK公式可满足性和不可满足性的保守计算，即如果抽象系统满足(不满足)PTLK属性，则原始系统也满足(不满足)PTLK属性。此外，当抽象系统对PTLK属性的满足性关系不确定时，本章设计了以最小证据和反例引导的求精过程，从而保证了抽象技术的完备性。最后通过模型检测密码学家就餐协议，说明抽象技术能够有效地降低验证系统的规模，减少验证时间。

参考文献

[1] Ferreira N, Fisher M, van der Hoek W. Practical reasoning for uncertain agents. Lecture Notes in Computer Science 3229, 2004: 82-94.

[2] Cao Z. Model checking for epistemic and temporal properties of uncertain agents. Lecture Notes in Computer Science 4088, 2006:46-58.

[3] 骆翔宇，苏开乐，杨晋吉. 有界模型检测同步多智体系统的时态认知逻辑. 软件学报, 2006, 17(12):2485-2498.

[4] 陈彬，王智学. 时态认知逻辑 CTL* K 的符号化模型检查算法. 计算机科学, 2009, 36(5): 214-219.

[5] Chaum D. The dining cryptographers problem: unconditional sender and recipient untraceability. Journal of Cryptology, 1988,1(1): 65-75.

[6] Meyden R, Su K L. Symbolic model checking the knowledge of the dining cryptographers. Computer Security Foundations Workshop, Proceedings of 17th IEEE, 2004: 280-291.

第8章　实时时态认知逻辑模型检测中的抽象技术

8.1　实时时态认知逻辑语法和语义

实时时态认知逻辑(Universal Fragment of Timed Computation Tree Logic of Knowledge,TACTLK)是由Lomuscio等在文献[1]中提出的一个对多智体系统中的实时和知识进行推理的逻辑,用于为多智体系统进行建模和推理,它是表示分支实时逻辑的实时计算树逻辑(Timed Computation Tree Logic,TCTL)[2]与表示知识操作符的模态逻辑S5n的结合。

8.1.1　实时时态认知逻辑的语法

定义8.1(TACTLK语法)　设PV为一个命题变量的集合,其中,包含表示常量true的符号T,Ag为m个智体形成的一个集合,I为实数集$\mathbf{R}$中一个时间间隔并且其边界均为整数。假设$p\in PV$,$i\in Ag$且$\Gamma\subseteq Ag$,则TACTLK公式集合定义为

$$\varphi := p \mid \neg p \mid \varphi \wedge \psi \mid \varphi \vee \psi \mid A(\varphi U_I \psi) \mid A(\varphi R_I \psi) \mid K_i\varphi \mid D_\Gamma\varphi \mid E_\Gamma\varphi \mid C_\Gamma\varphi$$

式中,$A(\varphi U_I\psi)$表示对于所有计算路径,在时间间隔I中的一个状态上ψ成立,并且在此之前的所有状态上φ成立;$A(\varphi R_I\psi)$表示对于所有计算路径,或者在时间间隔I中一个状态上φ与ψ均成立,且在此之前的所有状态上ψ一直成立,或者ψ在时间间隔I中所有状态上一直成立;$K_i\varphi$表示智体i认为φ是可能的;D_Γ、E_Γ、C_Γ分别表示在智体集Γ中的分布知识、智体集Γ中每个智体都知道和对智体集Γ中的每个智体是一个常识。

对于其他时态修饰符,有$AG_I\varphi = A(\bot R_I\varphi)$,$AF_I\varphi = A(\top U_I\varphi)$,$\bot = \neg\top$,$\alpha\to\beta = \neg\alpha\vee\beta$以及$\alpha\leftrightarrow\beta = (\alpha\to\beta)\wedge(\beta\to\alpha)$。

8.1.2　实时解释系统

实时时态认知逻辑的语义模型是实时解释系统[1],其定义如下。

定义8.2(实时解释系统)　为一个多智体系统建模的时间自动机$TA=(L, Act, C, E, l_0, Inv)$对应的实时解释系统是一个多元组$M=(Q, q_0, E, \sim_1, \cdots, \sim_n, V)$,且有以下结论成立。

(1) Q为$L\times R^{|C|}$的子集,即$Q\subseteq L\times R^{|C|}$。$R^{|C|}$表示对时钟变量集合$C$上的时钟赋值的集合,则$Q$中的每一个状态都是由一个位置$l$和一个时钟赋值$v$组成的元组$(l, v)$,$Q$中的所有状态都是可到达的。

(2) $q_0=(\ell_0,v_0)$是初始状态,且时钟赋值 v_0 满足 $\forall x\in C$,有 $v_0(x)=0$。

(3) E 为转换关系:$E\subseteq(L\times R^{|C|})\times(\mathrm{Act}\cup R^+)\times(L\times R^{|C|})$,则存在两种转换关系。

① 时间转换:对于 $\delta\in R^+$,$(\ell,v)\xrightarrow{\delta}(\ell,v+\delta)$,当且仅当 $v\models\mathrm{Inv}(\ell)$,$v+\delta\models\mathrm{Inv}(\ell)$。

② 行为转换:对于 $a\in\mathrm{Act}$,$(\ell,v)\xrightarrow{a}(\ell',v')$,当且仅当$(\exists\,\mathrm{cc}\in\mathrm{CC}(C))(\exists D\subseteq C)$使 $\ell\xrightarrow{\mathrm{cc},a,D}\ell'\in E$,且 $v\models\mathrm{cc}$,$v'=v[D:=0]\models\mathrm{Inv}(\ell')$。

其中,$v'=v[D:=0]$表示时钟赋值 v'是这样得到的:$\forall x\in D$,$v'(x)=0$,$\forall x\in C\backslash D$,$v'(x)=v(x)$,$D$ 为在该转换发生时要重置为 0 的时钟变量的集合。

容易看出,在时间转换中,状态中的全局位置 l 没有改变,只是时钟赋值 v 发生了变化,但时钟赋值要始终满足位置不变的条件 $\mathrm{Inv}(l)$;而在行为转换中,状态的全局位置和时钟赋值均发生了变化。

(4) $\sim_i\subseteq Q\times Q$ ($1\leqslant i\leqslant n$,n 为智体的个数)是一个认知等价关系:$(\ell,v)\sim_i(\ell',v')$当且仅当对于智体 $i(1\leqslant i\leqslant n)$,有 $l_i(l)=l_i(l')$且 $v\cong v'$。其中,$l_i(l)$表示智体 i 在全局位置 l 中的分量,$v\cong v'$表示时钟赋值 v 与 v'是等价的。事实上,$\sim_i$ 为一个认知可访问关系。

(5)$V:Q\rightarrow 2^{\mathrm{PV}}$为一个赋值函数,有 $V((\ell,v))=V_{\mathrm{TA}}(\ell)$。其中,$V_{\mathrm{TA}}(\ell)$表示在时间自动机 TA 的位置 l 上成立的命题变量的集合。

8.1.3 实时时态认知逻辑的语义

定义 8.3(实时时态认知逻辑的语义) 设 $M=(Q,q_0,E,\sim_1,\cdots,\sim_n,V)$是一个实时解释系统,$M,q\models\alpha$ 表示 TACTLK 公式 α 在 M 的状态 q 上为真。在下面的满足性关系中,省略了符号 M。假设下面的 p、ϕ 和 φ 均为 TACTLK 公式,满足性关系"$\models$"归纳定义如下。

(1) $q\models p$,当且仅当 $p\in V(q)$。

(2) $q\models\neg p$,当且仅当 $p\notin V(q)$。

(3) $q\models\phi\vee\varphi$,当且仅当 $q\models\phi$ 或 $q\models\varphi$。

(4) $q\models\phi\wedge\varphi$,当且仅当 $q\models\phi$ 且 $q\models\varphi$。

(5) $q\models\mathrm{A}(\phi\mathrm{U}_I\varphi)$,当且仅当$(\forall\rho\in f_{\mathrm{TA}}(q))(\exists r\in I)(\pi_\rho(r)\models\varphi$ 且$(\forall r'<r)(\pi_\rho(r')\models\phi))$。

(6) $q\models\mathrm{A}(\phi\mathrm{R}_I\varphi)$,当且仅当$(\forall\rho\in f_{\mathrm{TA}}(q))(\forall r\in I)(\pi_\rho(r)\models\varphi$ 或$(\exists r'<r)(\pi_\rho(r')\models\phi))$。

(7) $q\models\mathrm{K}_i\varphi$,当且仅当$(\forall q'\in Q)(q\sim_i q'$蕴涵 $q'\models\varphi)$。

(8) $q\models\mathrm{E}_\Gamma\varphi$,当且仅当$(\forall q'\in Q)(q\sim_\Gamma^E q'$蕴涵 $q'\models\varphi)$。

(9) $q \models \mathrm{D}_\Gamma\varphi$，当且仅当$(\forall q' \in Q)(q \sim_\Gamma^D q'$蕴涵$q' \models \varphi)$。

(10) $q \models \mathrm{C}_\Gamma\varphi$，当且仅当$(\forall q' \in Q)(q \sim_\Gamma^C q'$蕴涵$q' \models \varphi)$。

上面的$(\forall \rho \in f_{\mathrm{TA}}(q))(\exists r \in I)(\pi_\rho(r) \models \varphi$ 且$(\forall r' < r)(\pi_\rho(r') \models \phi))$表示从状态 q 开始的任何一条路径 ρ 上，在时间间隔 I 内存在一个时刻 r，路径 ρ 上该时刻对应的状态满足公式 φ，并且在此之前的所有状态均满足 ϕ；$(\forall q' \in Q)(q \sim_\Gamma^E q'$蕴涵 $q' \models \varphi)$表示对状态集 Q 中的任一状态 q'，若它与状态 q 关于智体集合 $\Gamma \subseteq \mathrm{Ag}$ 中的一个智体 i 是认知等价的，即 $\vee_{i \in \Gamma} q \sim_i q'$，则可得出状态 q'满足公式 φ。

8.2　建立抽象模型

根据前面给出的抽象技术，即抽象离散时钟赋值和两个抽象状态关于智体 i 认知等价，下面从实时解释系统的原始模型 M 演绎出对应的抽象模型 M^A，该抽象模型 M^A 定义如下。

定义 8.4(实时解释系统的抽象模型)　实时解释系统的原始模型 $M=(Q, q_0, E, \sim_1, \cdots, \sim_n, V)$对应的抽象模型 M^A 为一个多元组 $M^A=(Q', q_0', E', \sim_1', \cdots, \sim_n', V')$，且有以下结论成立。

(1) $Q' = L' \times R_C^A$ 表示抽象模型中的状态集，其中，L'表示抽象全局位置的集合，R_C^A 表示时钟变量集合 C 上的抽象离散时钟赋值的集合。

(2) $q_0' = (l_0', v_0')$表示抽象初始状态，对于它的任意一个具体状态 $q_0 = (\ell_0, v_0)$，有 $l_0 \in L_0$，对于 $\forall x \in C$，有 $v_0(x) = 0$。

(3) $E' \subseteq (L' \times R_C^A) \times (\mathrm{Act} \cup R^+) \times (L' \times R_C^A)$是抽象模型中的状态转换关系，有两种转换。

① 时间转换：$(\ell, v^a) \xrightarrow{d} (\ell, v^a + d)$，$\forall d > 0$，当且仅当 $v^a \models \mathrm{Inv}(\ell)$且 $v^a + d \models \mathrm{Inv}(\ell)(\forall d > 0)$。

② 行为转换：$(\ell, v^a) \xrightarrow{a} (\ell', v_a')(a \in \mathrm{Act})$，当且仅当$(\exists \mathrm{cc} \in \mathrm{CC}(C))(\exists D \subseteq C)$，有

$$\ell \xrightarrow{\mathrm{cc}, a, D} \ell', v^a \models \mathrm{cc} \text{ 且 } v_a' = v^a(D=0) \models \mathrm{Inv}(\ell')$$

其中，$v_a' = v^a(D=0)$表示在抽象时钟赋值 v^a 中，将时钟变量集合 $D \subseteq C$ 中每个时钟变量 x 的整数部分变量 I_x 和抽象小数次序变量 F_x^a 均置为 0，其余时钟变量的值仍遵循抽象时钟赋值 v^a。

(4) $\sim_i' \subseteq Q' \times Q'(1 \leqslant i \leqslant n)$为一个认知等价关系，两个抽象状态$(\ell, v^a)$、$(\ell', v_a')$关于智体 i 是认知等价的，表示为$(\ell, v^a) \sim_i' (\ell', v_a')$，当且仅当这两个抽象状态$(\ell, v^a)$和$(\ell', v_a')$满足定义 8.2 中的条件。

(5) $V': Q' \to 2^{\mathrm{PV}}$为一个赋值函数，对于一个抽象状态$(l, v)$，有 $V((\ell, v))=$

$\bigcap_{i=1}^{n} V_{\mathrm{TA}}(\ell_i)$（$\ell_i$ 表示该抽象状态的第 i 个具体状态的全局位置）。即在一个抽象状态上成立的命题变量集合是在它的每个具体状态上成立的命题变量集合的交集。

定义 8.5（抽象模型上的 TACTLK 语义）　$M^A=(Q',q_0',E',\sim_1',\cdots,\sim_n',V')$为实时解释系统 M 的一个抽象模型，$M^A,q\models\alpha$ 表示 TACTLK 公式 α 在抽象模型 M^A 中的抽象状态 q 上为真。下面的满足性关系中省略了符号 M^A。假设下面的 p、ϕ 和 φ 均为 TACTLK 公式，满足性关系"$\models$"归纳定义如下。

(1) $q\models p$，当且仅当 $p\in V'(q)$，即 $\forall s\in q$，均有 $p\in V(s)$。

(2) $q\models\neg p$，当且仅当 $p\notin V'(q)$，即 $\forall s\in q$，均有 $p\notin V(s)$成立。

(3) $q\models\phi\vee\varphi$，当且仅当 $q\models\phi$ 或 $q\models\varphi$。

(4) $q\models\phi\wedge\varphi$，当且仅当 $q\models\phi$ 且 $q\models\varphi$。

(5) $q\models \mathrm{A}(\phi \mathrm{U}_I\varphi)$，当且仅当$(\forall\rho'\in f_{\mathrm{TA}}(q))(\exists r\in I)(\pi_{\rho'}(r)\models\varphi$ 且$(\forall r'<r)(\pi_{\rho'}(r')\models\phi))$，即对于$\forall s\in q$，有$(\forall\rho\in f_{\mathrm{TA}}(s))(\exists r\in I)(\pi_{\rho}(r)\models\varphi$ 且$(\forall r'<r)(\pi_{\rho}(r')\models\phi))$。

(6) $q\models \mathrm{A}(\phi \mathrm{R}_I\varphi)$，当且仅当$(\forall\rho'\in f_{\mathrm{TA}}(q))(\forall r\in I)(\pi_{\rho'}(r)\models\varphi$ 或$(\exists r'<r)(\pi_{\rho'}(r')\models\phi))$，即对于$\forall s\in q$，有$(\forall\rho\in f_{\mathrm{TA}}(s))(\forall r\in I)(\pi_{\rho}(r)\models\varphi$ 或$(\exists r'<r)(\pi_{\rho}(r')\models\phi))$。

(7) $q\models \mathrm{K}_i\varphi$，当且仅当$(\forall q'\in Q')(q\sim_i' q'$蕴涵$q'\models\varphi)$。

(8) $q\models \mathrm{E}_\Gamma\varphi$，当且仅当$(\forall q'\in Q')(q\sim_\Gamma^{E'} q'$蕴涵$q'\models\varphi)$，其中，$q\sim_\Gamma^{E'} q'$相当于$\bigvee_{i\in\Gamma} q\sim_i' q'$，即在智体集 Γ 中至少存在一个智体 i，使 $q\sim_i' q'$。

(9) $q\models \mathrm{D}_\Gamma\varphi$，当且仅当$(\forall q'\in Q')(q\sim_\Gamma^{D'} q'$蕴涵$q'\models\varphi)$，其中，$q\sim_\Gamma^{D'} q'$相当于$\bigwedge_{i\in\Gamma} q\sim_i' q'$，即对于智体集 Γ 中的每一个智体 i，均有 $q\sim_i' q'$。

(10) $q\models \mathrm{C}_\Gamma\varphi$，当且仅当$(\forall q'\in Q')(q\sim_\Gamma^{C'} q'$蕴涵$q'\models\varphi)$，其中，$q\sim_\Gamma^{C'} q'$是$q\sim_\Gamma^{E'} q'$的传递闭包。

8.3　属性保持关系

进行抽象就是为了在保持属性的条件下对系统的原始模型进行简化，下面证明演绎得到的抽象模型是原始模型的上近似，即若抽象模型 M^A 满足一个 TACTLK 公式 ϕ，则可推出原始模型 M 也要满足 ϕ。

定理 8.1　令 $M=(Q,q_0,E,\sim_1,\cdots,\sim_n,V)$为一个实时解释系统，$M^A=(Q',q_0',E',\sim_1',\cdots,\sim_n',V')$为根据上面的抽象技术演绎得到的 M 的抽象模型，ϕ 为一个 TACTLK 公式。若 $M^A,s'\models\phi$，则有 $M,s\models\phi$。即抽象模型 M^A 是原始模型 M 的上近似。

证明：通过对公式 ϕ 的结构进行归纳来证明。对于原子命题、$\wedge$ 算子以及 $\vee$ 算子，结论显然成立。下面主要考察几种形式。

(1) $\phi=\neg a$(a 为一个原子命题)。

根据定义 8.5,若 $M^A,s'\models\neg a$,则 $a\notin V'(s')$,即 $\forall s\in s',a\notin V(s)$成立。从而 $\forall s\in s',s\models\neg a$,则可推出 $M,s\models\neg a$。

(2) $\phi=\mathrm{A}(\varphi\mathrm{U}_I\psi)$。

根据定义 8.5,若 $M^A,s'\models\mathrm{A}(\varphi\mathrm{U}_I\psi)$,则$(\forall\rho'\in f_{\mathrm{TA}}(s'))(\exists r\in I)(\pi_{\rho'}(r)\models\psi$ 且$(\forall r'<r)(\pi_{\rho'}(r')\models\phi))$。从而可知,对于抽象状态 s'的任一具体状态 s,在从 s 开始的任何一条路径 ρ 上,在时间间隔 I 内存在一个时刻 r,使路径 ρ 上 r 时刻对应的状态 $\pi_\rho(r)$满足 ψ,并且在此之前的所有状态都满足 φ。即 $\forall s\in s'$,$(\forall\rho\in f_{\mathrm{TA}}(s))$,$(\exists r\in I)(\pi_\rho(r)\models\psi$ 且$(\forall 0\leqslant r'<r)(\pi_\rho(r')\models\varphi))$成立。从而可以得出 $M,s\models\mathrm{A}(\varphi\mathrm{U}_I\psi)$。

(3) $\phi=\mathrm{A}(\varphi\mathrm{R}_I\psi)$。

根据定义 8.5,若 $M^A,s'\models\mathrm{A}(\varphi\mathrm{R}_I\psi)$,则$(\forall\rho'\in f_{\mathrm{TA}}(s'))(\forall r\in I)(\pi_{\rho'}(r)\models\psi$ 或 $(\exists r'<r)(\pi_{\rho'}(r')\models\varphi))$。这就是说:①$(\forall r\in I)(\pi_{\rho'}(r)\models\psi)$成立,或者②$(\forall r\in I)(\exists r'<r)(\pi_{\rho'}(r')\models\varphi\wedge\psi$ 且$(\forall i<r')(\pi_{\rho'}(i)\models\psi))$成立。下面分别讨论这两种情况。

假设①成立,从而可知,对于抽象状态 s'的任一具体状态 $s\in s'$,在从 s 开始的任何一条路径 ρ 上,对时间间隔 I 内的任一时刻 r,路径 ρ 上 r 时刻对应的状态 $\pi_\rho(r)$满足 ψ。即 $\forall s\in s'$,$(\forall\rho\in f_{\mathrm{TA}}(s))(\forall r\in I)(\pi_\rho(r)\models\psi)$,从而有 $M,s\models\mathrm{A}(\varphi\mathrm{R}_I\psi)$成立。

假设②成立,从而可知,对于抽象状态 s'的任一具体状态 s,在从 s 开始的任何一条路径 ρ 上,对时间间隔 I 内的任一时刻 r,存在小于 r 的时刻 r',路径 ρ 上 r'时刻对应的状态 $\pi_\rho(r')$满足 φ 和 ψ,并且在此之前的任一状态都满足 ψ。即 $\forall s\in s'$,$(\forall\rho\in f_{\mathrm{TA}}(s))(\forall r\in I)(\exists r'<r)((\pi_\rho(r')\models\varphi\wedge\psi)$且$(\forall 0\leqslant i<r')(\pi_\rho(i)\models\psi))$,从而有 $M,s\models\mathrm{A}(\varphi\mathrm{R}_I\psi)$成立。

(4) $\phi=\mathrm{K}_i\alpha$。

根据定义 8.5,若 $M^A,s'\models\mathrm{K}_i\alpha$,则有$(\forall s''\in Q')(s'\sim_i's''$蕴涵$s''\models\alpha)$。由两个抽象状态关于智体 i 认知等价的定义可得$(\forall s''\in Q')(\forall s\in s',\forall s_1\in s'',s\sim_i s_1$ 蕴涵 $s''\models\alpha)$;由 $s''\models\alpha$ 可推出 $s_1\models\alpha$。从而有$(\forall s''\in Q'))(\forall s\in s',\forall s_1\in s'',s\sim_i s_1$ 蕴涵 $s_1\models\alpha)$,即 $M,s\models\mathrm{K}_i\alpha$。

(5) $\phi=\mathrm{E}_\Gamma\alpha$。

由于 $\mathrm{E}_\Gamma\alpha=\bigvee_{i\in\Gamma}\mathrm{K}_i\alpha$,所以由上面(4)中对一个特定智体 $i\in\Gamma$ 的证明以及对 $\vee$ 算子的归纳假设可得结论成立。

(6) $\phi=\mathrm{D}_\Gamma\alpha$。

由于 $\mathrm{D}_\Gamma\alpha=\bigwedge_{i\in\Gamma}\mathrm{K}_i\alpha$,所以由上面(4)中对一个特定智体 $i\in\Gamma$ 的证明以及对 $\wedge$ 算子的归纳假设可得结论成立。

(7) $\phi = C_{\Gamma}\alpha$。

由于 $C_{\Gamma}\alpha$ 是 $E_{\Gamma}\alpha$ 的传递闭包，所以由上面(5)中的证明以及传递闭包的定义可得结论成立。

8.4 实例分析

下面通过对标准铁路道口系统 (railroad crossing system)一个演变形式的状态空间的简化来说明抽象技术的有效性。

8.4.1 铁路道口系统介绍

标准的铁路道口系统已经用在比较实时系统的不同形式方法中，这里给出的是对其的一个演变。该系统是 3 个智体的平行组合，即火车(train)，门栏(gate)和控制器(controller)，它们对应的时间自动机如图 8.1～图 8.3 所示。

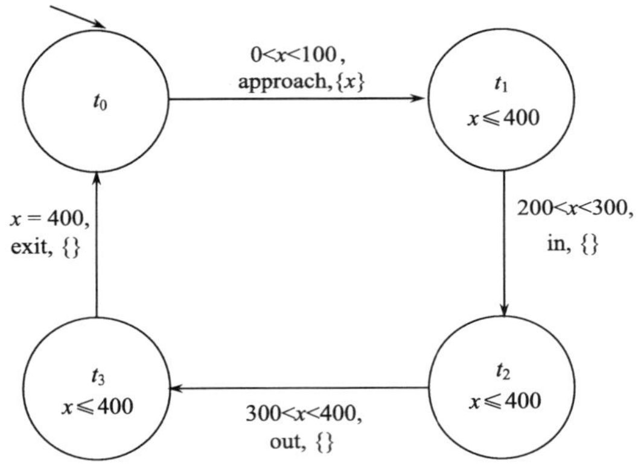

图 8.1　时间自动机 train

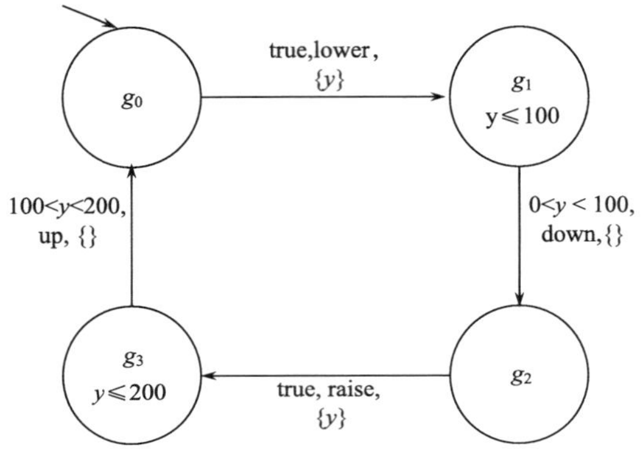

图 8.2　时间自动机 gate

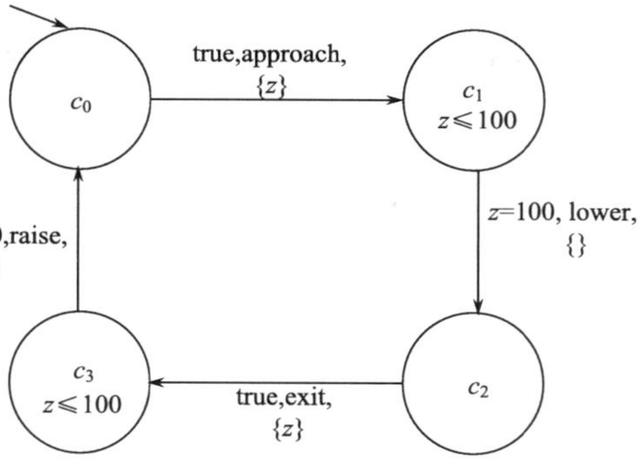

图 8.3　时间自动机 controller

这 3 个智体通过行为 approach、lower、exit 以及 raise 进行同步。用 $t(t\geqslant 0)$ 表示当前时刻为第 t 秒。在 $0<t<100$ 时，火车行驶到离路口不远的地方，此时它向控制器发出一个靠近信号 approach，在发出 approach 后的 200～300s 的某一时刻，火车向其环境发出一个 in 信号表示它进入路口。当火车要离开路口时，它向环境发出一个 out 信号表示它要离开路口，然后在发出 approach 信号后的第 400s 时火车离开路口，此时它向控制器发出一个信号 exit，以便与控制器进行同步。

控制器在收到 approach 信号后恰好 100s 时，向门栏发送一个 lower 信号；在收到 exit 信号后 100s 以内向门栏发送一个 raise 信号。门栏通过在 100s 以内落下来响应来自控制器的 lower 信号，通过在 100～200s 升起来响应接收到的 raise 信号。

在该铁路道口系统中，一个具体状态形如 $((i,j,k),(v_x,v_y,v_z))(0\leqslant i,j,k\leqslant 3)$，其中 (i,j,k) 是该状态的全局位置，它的 3 个分量 i、j、k 表示智体火车、门栏和控制器所在的位置分别是 t_i、g_j、c_k；(v_x,v_y,v_z) 是对系统中时钟变量集合 $C=\{x,y,z\}$ 的一个时钟赋值，表示在该状态下时钟变量 x、y、z 的值分别是 v_x、v_y、v_z。由于在该系统中时钟变量 x、y、z 的取值范围分别是 $0\leqslant v_x\leqslant 400$，$0\leqslant v_y\leqslant 200$，$0\leqslant v_z\leqslant 100$，且 v_x、v_y、v_z 均为实数，这就使该系统有无限多个状态，即它的状态空间是无限的。

8.4.2　建立铁路道口系统的抽象模型

为了将铁路道口系统的无限状态空间简化成有限形式，下面利用前面给出的抽象技术对其进行抽象。

对于系统中的一个具体状态 $((i,j,k),(v_x,v_y,v_z))$，用抽象离散时钟赋值来表示该状态中对时钟变量的赋值，这样就把其时钟赋值属于同一个时钟区域且全局位置相同的所有具体状态合并成一个抽象状态，从而得到该系统状态空间的有限形式。在得到的铁路道口系统的有限形式中，再利用两个抽象状态关于智体 train 认知等价的定义，寻找关于智体 train 认知等价的抽象状态，若存在，则将它们合并成一个抽象状态。最后就得到铁路道口系统的抽象模型。图 8.4 给出了利用本章介绍的抽象技术得到的抽象模型的所有可到达的状态。

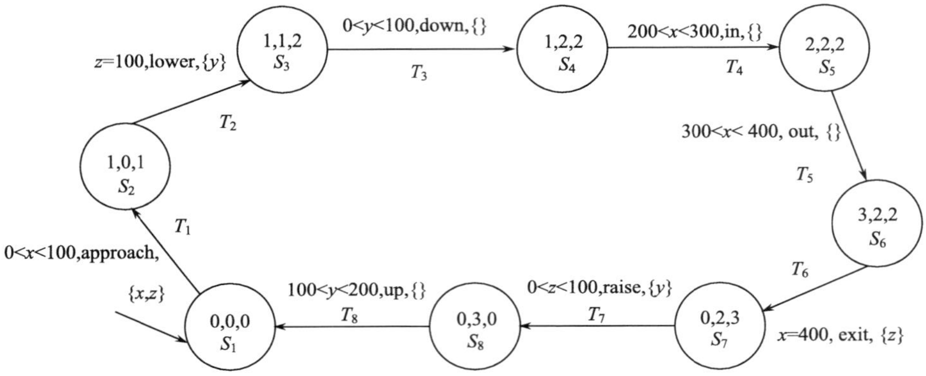

图 8.4　铁路道口系统的抽象模型

从得到的抽象模型可以看出，本章介绍的抽象技术把铁路道口系统的无限状态空间简化成只包含 8 个抽象状态的有限形式。

规定用一个时间单位表示 100s，由于系统中与时钟变量 x、y、z 比较的最大时钟常数分别为 400、200 和 100，可得前面铁路道口系统的抽象模型 M^A 的状态空间 Q' 中的每个状态及该状态上的位置不变条件如下。

S_1:((0,0,0),((0,0),(0,0),(0,0))),Inv(0,0,0)=true

S_2:((1,0,1),((0,0),(0,α),(0,0))),Inv(1,0,1)=$x\leqslant 400\wedge z\leqslant 100$

S_3:((1,1,2),((1,0),(0,0),(1,0))),Inv(1,1,2)=$x\leqslant 400\wedge y\leqslant 100$

S_4:((1,2,2),((1,α),(0,α),(1,0))),Inv(1,2,2)=$x\leqslant 400$

S_5:((2,2,2),((2,α),(1,α),(1,0))),Inv(2,2,2)=$x\leqslant 400$

S_6:((3,2,2),((3,α),(2,0),(1,0))),Inv(3,2,2)=$x\leqslant 400$

S_7:((0,2,3),((4,0),(2,0),(0,0))),Inv(0,2,3)=$z\leqslant 100$

S_8:((0,3,0),((4,0),(0,0),(0,α))),Inv(0,3,0)=$y\leqslant 200$

在得到的铁路道口系统的抽象模型 $M^A=(Q',q'_0,E',\sim'_1,\cdots,\sim'_n,V')$ 中，有系统抽象状态空间 $Q'=\{S_1,S_2,S_3,S_4,S_5,S_6,S_7,S_8\}$，抽象初始状态 $q'_0=S_1$，状态转换关系的集合 $E'=\{T_1,T_2,T_3,T_4,T_5,T_6,T_7,T_8\}$。

每个抽象状态和自己是关于智体 train 认知等价的，即对于任一状态 $S_i\in Q'$ $(1\leqslant i\leqslant 8)$，有 $S_i\sim'_{\text{train}}S_i$ 成立，同理这对于智体 gate 和 controller 也是成立的。

8.4.3　模型检测铁路道口系统

本节要验证的安全属性是：在铁路道口系统中，智体 train 认为这样一个行为是成立的，该行为中在火车向控制器发送了一个靠近信号 approach 后，智体 gate 会在 100～200s 某一时刻落下。由于火车是在发出靠近信号 approach 后的 200～300s 某一时刻进入路口的，这样就保证了当火车进入路口时门栏是落下的，从而保证了路口附近行人和车辆的安全。

该安全属性可用 TACTLK 公式表示为 $\phi = \mathrm{K}_{\mathrm{train}}(\mathrm{approach} \wedge \mathrm{AF}_{(100,200)}\mathrm{down})$。即在抽象模型的状态空间中不能存在这样的状态，在该状态中火车和门栏的位置分量分别是 2、0 或 2、1。从上面得到的抽象模型 M^A 可以看到，状态空间 Q' 中不存在这样的状态，即本章介绍的抽象模型满足安全属性 $M^A \models \phi$。

由于在 8.3 节中已经证明了 TACTLK 公式的满足性在抽象模型上的保持关系，即抽象模型是原始模型的上近似。从而可以得出铁路道口系统是满足该安全属性的，即 $M \models \phi$。本章研究的抽象技术将系统规模从原始系统的无限个状态降低到了抽象模型中的 8 个状态，由此可见抽象技术是有效的。

8.5　抽象模型及实时时态认知逻辑的三值语义

由于在传统的二值抽象技术框架下，抽象技术演绎得到的抽象模型只是原始模型的上近似。本章在实时时态认知逻辑模型检测中提出了三值抽象技术[3-5]，建立了实时解释系统的抽象模型，提出了抽象模型上实时时态认知逻辑的三值语义，并证明了由抽象技术演绎得到的抽象模型既是原始模型的上近似，又是它的下近似。最后通过对标准铁路道口系统和主动结构控制系统的演变形式的状态空间的简化来说明抽象技术的有效性。

根据前面 8.2 节给出的抽象技术，即抽象离散时钟赋值和两个抽象状态关于智体认知等价，下面从实时解释系统的原始模型 M 演绎出对应的三值抽象模型 M^A，抽象模型 M^A 定义如下。

定义 8.6　（实时解释系统的三值抽象模型）　实时解释系统的原始模型 $M=(Q,q_0,E,\sim_1,\cdots,\sim_n,V)$ 对应的抽象模型 M^A 为一个元组 $M^A=(Q',q'_0,E',\sim'_1,\cdots,\sim'_n,V',?)$，且有以下结论成立。

(1) $Q'=L'\times R_C^A$ 表示抽象模型中的状态集，其中，L' 表示抽象全局位置的集合，R_C^A 表示时钟变量集合 C 上的抽象离散时钟赋值的集合。

(2) $q'_0=(l'_0,v'_0)$ 表示抽象初始状态，对于它的一个具体初始状态 $q_0=(\ell_0,v_0)$，有 $l_0\in L_0$，对于 $\forall x\in C$，有 $v_0(x)=0$。

(3) $E'\subseteq(L'\times R_C^A)\times(\mathrm{Act}\cup R^+)\times(L'\times R_C^A)$ 为抽象模型中的状态转换关

系，有以下两种转换关系。

① 时间转换：$(\ell, v^a) \xrightarrow{d} (\ell, v^a + d)$，$\forall d > 0$，当且仅当 $v^a \models \mathrm{Inv}(\ell)$ 且 $v^a + d \models \mathrm{Inv}(\ell)$（$\forall d > 0$）。

② 行为转换：$(\ell, v^a) \xrightarrow{a} (\ell', v'_a)$ $(a \in \mathrm{Act})$，当且仅当（$\exists \mathrm{cc} \in \mathrm{CC}(C)$）（$\exists D \subseteq C$），有 $\ell \xrightarrow{\mathrm{cc}, a, D} \ell'$，$v^a \models \mathrm{cc}$ 且 $v'_a = v^a(D=0) \models \mathrm{Inv}(\ell')$。其中，$v'_a = v^a(D=0)$ 表示在抽象时钟赋值 v^a 中，将时钟变量集合 $D \subseteq C$ 中每个时钟变量 x 的整数部分变量 I_x 和抽象小数次序变量 F_x^a 均置为 0，其余时钟变量的值仍遵循抽象时钟赋值 v^a。

（4）$\sim'_i \subseteq Q' \times Q'$ $(1 \leqslant i \leqslant n)$ 为一个认知等价关系，两个抽象状态 (ℓ, v^a)、(ℓ', v'_a) 关于智体 i 是认知等价的，表示为 $(\ell, v^a) \sim'_i (\ell', v'_a)$，当且仅当这两个抽象状态 (ℓ, v^a) 和 (ℓ', v'_a) 满足定义 8.2 中的条件。

（5）$V': Q' \to 2^{\mathrm{PV}}$ 为一个赋值函数，对于一个抽象状态 (l, v)，有 $V(\ell, v) = \bigcap_{i=1}^{n} V_{\mathrm{TA}}(\ell_i)$（$\ell_i$ 表示该抽象状态的第 i 个具体状态的全局位置）。即在一个抽象状态上成立的命题变量集合是在它的每个具体状态上成立的命题变量集合的交集。

（6）$?: Q' \to 2^{\mathrm{PV}}$ 也是一个赋值函数，用于标记在每个抽象状态上真值不确定的命题变量的集合。

定义 8.7（抽象模型上 TACTLK 的三值语义）　$M^A = (Q', q'_0, E', \sim'_1, \cdots, \sim'_n, V', ?)$ 为实时解释系统 M 的一个抽象模型，$M^A, q \models \alpha$ 表示 TACTLK 公式 α 在抽象模型 M^A 中的抽象状态 q 上为真。下面的满足性关系中省略了符号 M^A。假设下面的 p、ϕ 和 φ 均为 TACTLK 公式，满足性关系"$\models$"归纳定义如下。

$$(1)\ q \models \begin{cases} p, & \text{当且仅当 } p \in V'(q)\text{，即 } \forall s \in q, p \in V(s) \\ \neg p, & \text{当且仅当 } p \notin V'(q)\text{，即 } \forall s \in q, p \notin V(s) \\ ?\ p, & \text{其他} \end{cases}$$

$$(2)\ q \models \begin{cases} \phi \vee \varphi, & \text{当且仅当 } q \models \phi \text{ 或 } q \models \varphi \\ \neg(\phi \vee \varphi), & \text{当且仅当 } q \models \neg \phi \text{ 且 } q \models \neg \varphi \\ ?\ (\phi \vee \varphi), & \text{其他} \end{cases}$$

$$(3)\ q \models \begin{cases} \phi \wedge \varphi, & \text{当且仅当 } q \models \phi \text{ 且 } q \models \varphi \\ \neg(\phi \wedge \varphi), & \text{当且仅当 } q \models \neg \phi \text{ 或 } q \models \neg \varphi \\ ?\ (\phi \vee \varphi), & \text{其他} \end{cases}$$

$$(4)\ q \models \begin{cases} \mathrm{A}(\phi \mathrm{U}_I \varphi), & \text{当且仅当}(\forall \rho' \in f_{\mathrm{TA}}(q))(\exists r \in I)(\pi_{\rho'}(r) \models \varphi \\ & \text{且}(\forall r' < r)\pi_{\rho'}(r') \models \phi) \\ \neg \mathrm{A}(\phi \mathrm{U}_I \varphi), & \text{当且仅当}(\forall \rho' \in f_{\mathrm{TA}}(q))(\forall r \in I)(\pi_{\rho'}(r) \models \neg \varphi \\ & \text{或}(\exists r' < r)(\pi_{\rho'}(r') \models \neg \phi)) \\ ?\ \mathrm{A}(\phi \mathrm{U}_I \varphi), & \text{其他} \end{cases}$$

$$(5)\ q\models\begin{cases}\mathrm{A}(\phi \mathrm{R}_I\varphi), & \text{当且仅当}(\forall \rho'\in f_{\mathrm{TA}}(q))(\forall r\in I)(\pi_{\rho'}(r)\models\varphi \\ & \text{或}(\exists r'<r)(\pi_{\rho'}(r')\models\phi)) \\ \neg\,\mathrm{A}(\phi \mathrm{R}_I\varphi), & \text{当且仅当}(\forall \rho'\in f_{\mathrm{TA}}(q))(\exists r\in I)(\pi_{\rho'}(r)\models\neg\,\varphi \\ & \text{且}(\forall r'<r)(\pi_{\rho'}(r')\models\neg\,\phi)) \\ ?\ \mathrm{A}(\phi \mathrm{R}_I\varphi), & \text{其他}\end{cases}$$

$$(6)\ q\models\begin{cases}\mathrm{K}_i\varphi, & \text{当且仅当}(\forall q'\in Q')(q\sim'_i q'\text{蕴涵}\,q'\models\varphi) \\ \neg\,\mathrm{K}_i\varphi, & \text{当且仅当}(\forall q'\in Q')(q\sim'_i q'\text{蕴涵}\,q'\models\neg\,\varphi) \\ ?\ \mathrm{K}_i\varphi, & \text{其他}\end{cases}$$

$$(7)\ q\models\begin{cases}\mathrm{E}_\Gamma\varphi, & \text{当且仅当}(\forall q'\in Q')(q\sim_\Gamma^{E'}q'\text{蕴涵}\,q'\models\varphi) \\ \neg\,\mathrm{E}_\Gamma\varphi, & \text{当且仅当}(\forall q'\in Q')(q\sim_\Gamma^{E'}q'\text{蕴涵}\,q'\models\neg\,\varphi) \\ ?\ \mathrm{E}_\Gamma\varphi, & \text{其他}\end{cases}$$

$$(8)\ q\models\begin{cases}\mathrm{D}_\Gamma\varphi, & \text{当且仅当}(\forall q'\in Q')(q\sim_\Gamma^{D'}q'\text{蕴涵}\,q'\models\varphi) \\ \neg\,\mathrm{D}_\Gamma\varphi, & \text{当且仅当}(\forall q'\in Q')(q\sim_\Gamma^{D'}q'\text{蕴涵}\,q'\models\neg\,\varphi) \\ ?\ \mathrm{D}_\Gamma\varphi, & \text{其他}\end{cases}$$

$$(9)\ q\models\begin{cases}\mathrm{C}_\Gamma\varphi, & \text{当且仅当}(\forall q'\in Q')(q\sim_\Gamma^{C'}q'\text{蕴涵}\,q'\models\varphi) \\ \neg\,\mathrm{C}_\Gamma\varphi, & \text{当且仅当}(\forall q'\in Q')(q\sim_\Gamma^{C'}q'\text{蕴涵}\,q'\models\neg\,\varphi) \\ ?\ \mathrm{C}_\Gamma\varphi, & \text{其他}\end{cases}$$

在定义 8.7 中，$q\models?\ \phi$ 表示 TACTLK 公式 ϕ 在抽象状态 q 上的真值是不确定的；$q\sim_\Gamma^{E'}q'$ 相当于 $\bigvee_{i\in\Gamma}q\sim'_i q'$，即在智体集 Γ 中至少存在一个智体 i，使得 $q\sim'_i q'$；同理，$q\sim_\Gamma^{D'}q'$ 相当于 $\bigwedge_{i\in\Gamma}q\sim'_i q'$，即对智体集 Γ 中的每一个智体 i，均有 $q\sim'_i q'$；$q\sim_\Gamma^{C'}q$ 是 $q\sim_\Gamma^{E'}q'$ 的传递闭包。

8.6　三值抽象下的属性保持关系

抽象的目的就是在保持属性的条件下对系统的原始模型进行简化，下面证明 TACTLK 公式的满足性在抽象模型下的保持关系。即若抽象模型 M^A 满足一个 TACTLK 公式 ϕ，则可推出原始模型 M 也满足 ϕ；若抽象模型 M^A 不满足一个 TACTLK 公式 ϕ，则可推出原始模型 M 也不满足该公式。也就是说，抽象模型 M^A 既是原始模型 M 的上近似，又是它的下近似。从而实现了抽象技术对 TACTLK 公式可满足性和不可满足性的保守计算。

定理 8.2　令 $M=(Q,q_0,E,\sim_1,\cdots,\sim_n,V)$ 为一个实时解释系统，$M^A=(Q',q'_0,E',\sim'_1,\cdots,\sim'_n,V')$ 为根据上面的抽象技术演绎得到的 M 的抽象模型，ϕ 为一个 TACTLK 公式则有：①若 $M^A,s'\models\phi$，则 $M,s\models\phi$；②若 $M^A,s'\models\neg\,\phi$，则 $M,s\models\neg\,\phi$。

证明:通过对公式 ϕ 的结构进行归纳来证明。对于原子命题、¬算子以及 ∧ 算子,结论显然成立。主要考察下面几种形式,下面首先证明第一个结论。

(1) $\phi=\varphi\vee\psi$。

根据定义 8.7,若 $M^A,s'\models\varphi\vee\psi$,则 $s'\models\varphi$ 成立,或 $s'\models\psi$ 成立。由对原子命题的归纳假设可得,$\forall s\in s',s\models\varphi$ 或 $s\models\psi$,即 $s\models\varphi\vee\psi$,从而可推出 $M,s\models\varphi\vee\psi$。

(2) $\phi=\mathrm{A}(\varphi\mathrm{U}_I\psi)$。

根据定义 8.7,若 $M^A,s'\models\mathrm{A}(\varphi\mathrm{U}_I\psi)$,则

$$(\forall\rho'\in f_{\mathrm{TA}}(s'))(\exists r\in I)(\pi_{\rho'}(r)\models\psi \text{ 且}(\forall r'<r)(\pi_{\rho'}(r')\models\varphi))$$

从而可知,对于抽象状态 s'的任一具体状态 $s\in s'$,在从 s 开始的任何一条路径 ρ 上,在时间间隔 I 内存在一个时刻 r,使路径 ρ 上 r 时刻对应的状态 $\pi_\rho(r)$满足 ψ,并且在此之前的所有状态都满足 φ。即 $\forall s\in s',(\forall\rho\in f_{\mathrm{TA}}(s))(\exists r\in I)(\pi_\rho(r)\models\psi$ 且$(\forall 0\leqslant r'<r)(\pi_\rho(r')\models\varphi))$成立。从而可以得出 $M,s\models\mathrm{A}(\varphi\mathrm{U}_I\psi)$。

(3) $\phi=\mathrm{A}(\varphi\mathrm{R}_I\psi)$。

根据定义 8.7,若 $M^A,s'\models\mathrm{A}(\varphi\mathrm{R}_I\psi)$,则$(\forall\rho'\in f_{\mathrm{TA}}(s'))(\forall r\in I)(\pi_{\rho'}(r)\models\psi$ 或$(\exists r'<r)(\pi_{\rho'}(r')\models\varphi))$。这就是说,①$(\forall r\in I)(\pi_{\rho'}(r)\models\psi)$成立,或者②$(\forall r\in I)(\exists r'<r)(\pi_{\rho'}(r')\models\varphi\wedge\psi$ 且$(\forall i<r')(\pi_{\rho'}(i)\models\psi))$成立。下面分别讨论这两种情况。

假设①成立,从而可知,对于抽象状态 s'的任一具体状态 $s\in s'$,在从 s 开始的任何一条路径 ρ 上,对于时间间隔 I 内的任一时刻 r,路径 ρ 上 r 时刻对应的状态 $\pi_\rho(r)$满足 ψ。即 $\forall s\in s',(\forall\rho\in f_{\mathrm{TA}}(s))(\forall r\in I)(\pi_\rho(r)\models\psi)$,从而有 $M,s\models\mathrm{A}(\varphi\mathrm{R}_I\psi)$成立。

假设②成立,从而可知,对于抽象状态 s'的任一具体状态 $s\in s'$,在从 s 开始的任何一条路径 ρ 上,对时间间隔 I 内的任一时刻 r,存在小于 r 的时刻 r',路径 ρ 上 r'时刻对应的状态 $\pi_{\rho'}(r')$满足 φ 和 ψ,并且在此之前的任一状态都满足 ψ。即 $\forall s\in s',(\forall\rho\in f_{\mathrm{TA}}(s))(\forall r\in I)(\exists r'<r)((\pi_\rho(r')\models\varphi\wedge\psi)$且$(\forall 0\leqslant i<r')(\pi_\rho(i)\models\psi))$,从而有 $M,s\models\mathrm{A}(\varphi\mathrm{R}_I\psi)$。

(4) $\phi=\mathrm{K}_i\alpha$。

根据定义 8.7,若 $M^A,s'\models\mathrm{K}_i\alpha$,则有$(\forall s''\in Q')(s'\sim'_i s''$蕴涵 $s''\models\alpha)$。由定义 8.2 中两个抽象状态关于智体 i 认知等价的定义可得,$(\forall s''\in Q')(\forall s\in s',\forall s_1\in s'',s\sim_i s_1$ 蕴涵 $s''\models\alpha)$;由对原子命题的归纳假设可得 $\forall s_1\in s''$,从 $s''\models\alpha$ 可推出 $s_1\models\alpha$。从而有$(\forall s''\in Q')(\forall s\in s',\forall s_1\in s'',s\sim_i s_1$ 蕴涵 $s_1\models\alpha)$,即 $M,s\models\mathrm{K}_i\alpha$。

(5) $\phi=\mathrm{E}_\Gamma\alpha$。

由于 $\mathrm{E}_\Gamma\alpha=\bigvee_{i\in\Gamma}\mathrm{K}_i\alpha$,所以由上面(4)中对一特定智体 $i\in\Gamma$ 的证明以及(1)中

对 $\vee$ 算子的证明，可得结论成立。

(6) $\phi = \mathrm{D}_\Gamma\alpha$。

由于 $\mathrm{D}_\Gamma\alpha = \bigwedge_{i\in\Gamma}\mathrm{K}_i\alpha$，所以由上面(4)中对一特定智体 $i\in\Gamma$ 的证明以及对 $\wedge$ 算子的归纳假设可得结论成立。

(7) $\phi = \mathrm{C}_\Gamma\alpha$。

由于 $\mathrm{C}_\Gamma\alpha$ 是 $\mathrm{E}_\Gamma\alpha$ 的传递闭包，所以由上面(5)中的证明以及传递闭包的定义可得结论成立。

下面再证明定理中的第二个结论。

(1) $\phi = \neg(\varphi\vee\psi)$。

根据定义 8.7，若 $M^A, s' \models \neg(\varphi\vee\psi)$，即 $M^A, s' \models \neg\varphi\wedge\neg\psi$，由对 $\wedge$ 算子的归纳假设可得 $\forall s\in s'$，有 $s\models\neg\varphi\wedge\neg\psi$，即 $s\models\neg(\varphi\vee\psi)$，从而 $M, s\models\neg(\varphi\vee\psi)$。

(2) $\phi = \neg\mathrm{A}(\varphi\mathrm{U}_I\psi)$。

根据定义 8.7，若 $s'\models\neg\mathrm{A}(\varphi\mathrm{U}_I\psi)$，则有 $(\forall\rho'\in f_{\mathrm{TA}}(s'))(\forall r\in I)(\pi_{\rho'}(r)\models\neg\psi$ 或 $(\exists r'<r)(\pi_{\rho'}(r')\models\neg\varphi))$，即①$(\forall r\in I)(\pi_{\rho'}(r)\models\neg\psi)$成立，或者②$(\forall r\in I)(\exists r'<r)(\pi_{\rho'}(r')\models\neg\varphi\wedge\neg\psi$ 且 $(\forall i<r')(\pi_{\rho'}(i)\models\neg\psi)$成立。

假设①成立，可知对于抽象状态 s' 的任一具体状态 s，在从 s 开始的任意一条路径 ρ 上，对于时间间隔 I 内的任一时刻 r，在路径 ρ 上时刻 r 对应的状态 $\pi_\rho(r)$ 满足 $\neg\psi$，即 $\forall s\in s'$，$(\forall\rho\in f_{\mathrm{TA}}(s))(\forall r\in I)(\pi_\rho(r)\models\neg\psi)$，从而可得 $M, s\models\mathrm{A}(\neg\varphi\mathrm{R}_I\neg\psi)$，即 $M, s\models\neg\mathrm{A}(\varphi\mathrm{U}_I\psi)$。

假设②成立，则于对抽象状态 s' 的任一具体状态 s，在从 s 开始的任意一条路径 ρ 上，对时间间隔 I 内的任一时刻 r，存在小于 r 的时刻 r'，路径 ρ 上时刻 r' 对应的状态 $\pi_\rho(r')$ 满足 $\neg\varphi\wedge\neg\psi$，并且在该状态之前的任意一个状态均满足公式 $\neg\psi$，即 $\forall s\in s'$，$(\forall\rho\in f_{\mathrm{TA}}(s))(\forall r\in I)(\exists r'<r)((\pi_\rho(r')\models\neg\varphi\wedge\neg\psi)$ 且 $(\forall 0\leqslant i<r')(\pi_\rho(i)\models\neg\psi)$，从而 $M, s\models A(\neg\varphi\mathrm{R}_I\neg\psi)$，即 $M, s\models\neg\mathrm{A}(\varphi\mathrm{U}_I\psi)$。

(3) $\phi = \neg\mathrm{A}(\varphi\mathrm{R}_I\psi)$。

根据定义 8.7，若 $M^A, s'\models\neg\mathrm{A}(\varphi\mathrm{R}_I\psi)$，则 $(\forall\rho'\in f_{\mathrm{TA}}(s'))(\exists r\in I)\ \pi_{\rho'}(r)\models\neg\psi$ 且 $(\forall r'<r)(\pi_{\rho'}(r')\models\neg\varphi)$，从而可知，对于抽象状态 s' 的任一具体状态 s，在从 s 开始的任意一条路径 ρ 上，在时间间隔 I 内存在一时刻 r，使路径 ρ 上时刻 r 对应的状态 $\pi_\rho(r)$ 满足 $\neg\psi$，且在此之前的任一状态均满足 $\neg\varphi$，即有 $\forall s\in s'$，$(\forall\rho\in f_{\mathrm{TA}}(s))(\exists r\in I)(\pi_\rho(r)\models\neg\psi$ 且 $(\forall 0\leqslant r'<r)(\pi_\rho(r')\models\neg\varphi)$，于是 $M, s\models\mathrm{A}(\neg\varphi\mathrm{U}_I\neg\psi)$，从而 $M, s\models\neg\mathrm{A}(\varphi\mathrm{R}_I\psi)$。

(4) $\phi = \neg\mathrm{K}_i\alpha$。

根据定义 8.7，若 $M^A, s'\models\neg\mathrm{K}_i\alpha$，则 $(\forall s''\in Q')(s'\sim'_i s''$ 蕴涵 $s''\models\neg\alpha)$，由定义 8.2 中两个抽象状态关于智体 i 认知等价的定义可得

$$(\forall s''\in Q')(\forall s\in s', \forall s_1\in s'', s\sim_i s_1\ \text{蕴涵}\ s''\models\neg\alpha)$$

由对¬算子的归纳假设可得$\forall s_1\in s''$,从$s''\models\neg\alpha$可推出$s_1\models\neg\alpha$。于是可得$(\forall s''\in Q')(\forall s\in s',\forall s_1\in s'',s\sim_i s_1$蕴涵$s_1\models\neg\alpha)$,这相当于$s\models \mathrm{K}_i\neg\alpha$,即$M,s\models\neg \mathrm{K}_i\alpha$。

(5) $\phi=\neg \mathrm{E}_\Gamma\alpha$。

根据定义8.7,若$M^A,s'\models\neg \mathrm{E}_\Gamma\alpha$,则$(\forall s''\in Q')(s'\sim_\Gamma^{E'}s''$蕴涵$s''\models\neg\alpha)$,由于$s'\sim_\Gamma^{E'}s''$相当于$\vee_{i\in\Gamma}s'\sim'_i s''$,则由上面(4)中对一特定智体$i\in\Gamma$的证明以及(1)中对$\vee$算子的证明可知结论成立。

(6) $\phi=\neg \mathrm{D}_\Gamma\alpha$。

根据定义8.7,若$M^A,s'\models\neg \mathrm{D}_\Gamma\alpha$,则$(\forall s''\in Q')(s'\sim_\Gamma^{D'}s''$蕴涵$s''\models\neg\alpha)$,由于$s'\sim_\Gamma^{D'}s''$相当于$\wedge_{i\in\Gamma}s'\sim'_i s''$,则有上面(4)中对一特定智体$i\in\Gamma$的证明以及对$\wedge$算子的归纳假设可知结论成立。

(7) $\phi=\neg \mathrm{C}_\Gamma\alpha$。

根据定义8.7,若$M^A,s'\models\neg \mathrm{C}_\Gamma\alpha$,则$(\forall s''\in Q')(s'\sim_\Gamma^{C'}s''$蕴涵$s''\models\neg\alpha)$,由于$s'\sim_\Gamma^{C'}s''$是$s'\sim_\Gamma^{E'}s''$的传递闭包,由前面(5)中的证明以及传递闭包的定义可得结论成立。

下面通过对主动结构控制系统[6-7](active structure control system)和标准铁路道口系统的演变形式的状态空间的简化来说明本章研究的抽象技术的有效性。

8.7　模型检测主动结构控制系统

主动结构控制系统是由Elseaidy、Cleaveland和Baugh提出的,可用于监测系统的状态,如加速度、位移等。本节对其某些条件进行简化,给出对它的一个演变形式。

8.7.1　主动结构控制系统的一个演变形式

本节的主动结构控制系统主要是由3个智体组成的:传感器(sensor)、执行器(actuator)和控制器(controller),它们对应的时间自动机如图8.5～图8.7所示,这3个智体通过行为sen_ctr、sent_s、ctr_act和sent_c进行同步。

传感器有一时钟变量x_1,用于标记传感器在每个位置上停留的时间,行为集合为$\mathrm{Act}_{\mathrm{sensor}}=\{$collected_s, prepared_s, sen_ctr, sent_s$\}$。在初始位置s_0收集50～55s的数据后到达位置s_1,行为collected_s表示收集数据完毕。为了将收集的数据发送给控制器,传感器首先在位置s_1用10s的时间准备通信,然后到达位置s_2,行为prepared_s表示准备通信工作已完成。在位置s_2上,传感器在5s内向控制器发送同步信号sen_ctr,以便与控制器进行同步,然后到达位置s_3。在s_3向控制器发送10s的数据后回到初始位置s_0,sent_s表示传感器已完成发送数据工作。

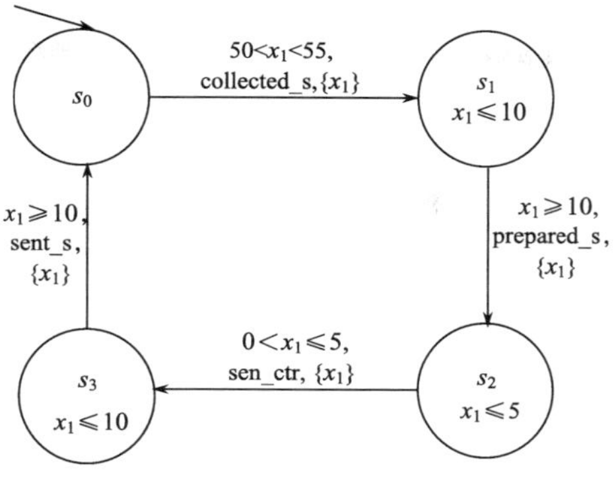

图 8.5　时间自动机传感器 sensor

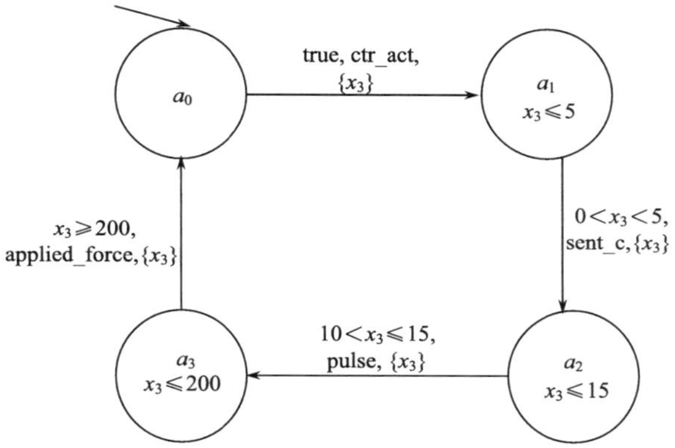

图 8.6　时间自动机执行器 actuator

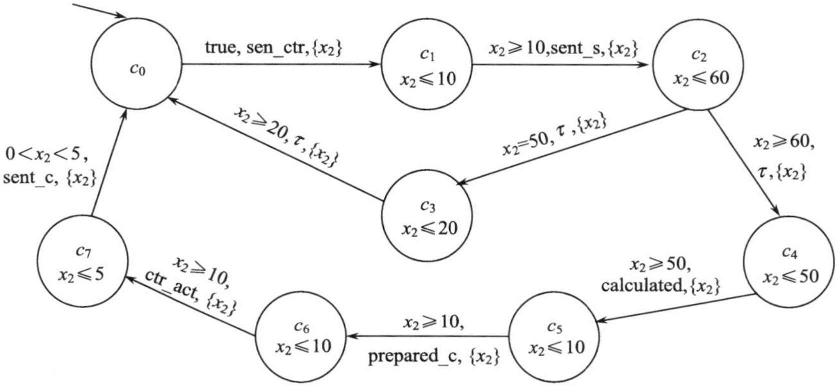

图 8.7　时间自动机控制器 controller

控制器的时钟变量为 x_2,当控制器收到传感器的同步信号 sent_s 后,从初始位置 c_0 到达 c_1,接收完来自传感器的数据后从位置 c_1 到达位置 c_2。在 c_2 停留 50s 后控制器可到达位置 c_3,在 c_3 等待 20s 后可回到初始位置 c_0。若在 c_2 停留 60s,则可到达位置 c_4。在 c_4 上计算了 50s 的脉冲幅度后到达 c_5,为了将计算得到的脉冲幅度发送给执行器,控制器用 10s 的时间准备通信,然后到达位置 c_6。在 c_6 停留 10s 后向执行器发送同步信号 ctr_act,然后到达 c_7。在 5s 内向执行器发送完数据后回到初始位置 c_0。其中,行为 sent_s 表示控制器已接收完传感器的数据,calculated_c 表示控制器已完成计算脉冲幅度的工作,prepared_c 表示控制器准备通信工作完成。

执行器有一个时钟变量 x_3,它收到控制器的同步信号 ctr_act 后从初始位置 a_0 到达 a_1,在 a_1 接收完数据后到达位置 a_2。在 a_2 位置时,执行器在 10～15s 产生一个脉冲,然后到达 a_3,在 a_3 对结构施加 200s 的作用力后回到初始位置 a_0。行为 applied_force 表示执行器完成施加作用力的工作。

在主动结构控制系统中,一个具体状态形如$((i,j,k),(v_{x1},v_{x2},v_{x3}))$,$(0\leqslant i,k\leqslant 3,0\leqslant j\leqslant 7)$,其中$(i,j,k)$表示该状态的全局位置,它的 3 个分量 i、j、k 表示智体传感器、控制器和执行器的位置分量分别是 s_i、c_j、a_k;(v_{x1},v_{x2},v_{x3})是对系统中时钟变量集合 $C=\{x_1,x_2,x_3\}$的一个时钟赋值,表示该状态下时钟变量 x_1、x_2、x_3 的值分别是 v_{x1}、v_{x2}、v_{x3}。由于在该系统中时钟变量 x_1、x_2、x_3 的取值范围分别是 $0\leqslant v_{x1}\leqslant 55$,$0\leqslant v_{x2}\leqslant 60$,$0\leqslant v_{x3}\leqslant 200$ 且 v_{x1}、v_{x2}、v_{x3} 均为实数,这就使该系统有无限多个状态,即它的状态空间是无限的。

8.7.2 建立主动结构控制系统的抽象模型

为了将主动结构控制系统的无限状态空间简化成有限形式,利用前面给出的抽象技术构造它的抽象模型,构造方法和前面介绍的铁路道口系统类似。图 8.8 给出了利用本节的抽象技术得到的抽象模型的所有可到达的状态。从得到的抽象模型可以看出,抽象技术把主动结构控制系统的无限状态空间简化成了只包含 12 个抽象状态的有限形式。

规定用一个时间单位表示 10s, 由于系统中与时钟变量 x_1、x_2、x_3 比较的最大时钟常数分别为 55、60 和 200,可得主动结构控制系统的抽象模型 M^A 的状态空间 Q' 中的每个状态及该状态上的位置不变条件如下。

S_1:((0,0,0),((0,0),(0,0),(0,0))),Inv(0,0,0)=true

S_2:((1,0,0),((0,0),(5,α),(5,α))),Inv(1,0,0)=$x_1\leqslant 10$

S_3:((2,0,0),((0,0),(6,0),(6,α))),Inv(2,0,0)=$x_1\leqslant 5$

S_4:((3,1,0),((0,0),(0,0),(6,α))),Inv(3,1,0)=$x_1\leqslant 10\wedge x_2\leqslant 10$

S_5:((0,2,0),((0,0),(0,0),(7,α))),Inv(0,2,0)=$x_2\leqslant 60$

S_6:((0,3,0),((5,0),(0,0),(12,α))),Inv(0,3,0)=$x_2\leqslant 20$

S_7:((0,4,0),((5,α),(0,0),(13,α))),Inv(0,4,0)=$x_2\leqslant 50$

S_8:((0,5,0),((5,α),(0,0),(18,α))),Inv(0,5,0)=$x_2\leqslant 10$

S_9:((0,6,0),((5,α),(0,0),(19,α))),Inv(0,6,0)=$x_2\leqslant 10$

S_{10}:((0,7,1),((5,α),(0,0),(0,0))),Inv(0,7,1)=$x_2\leqslant 5\wedge x_3\leqslant 5$

S_{11}:((0,0,2),((5,α),(0,0),(0,0))),Inv(0,0,2)=$x_3\leqslant 15$

S_{12}:((0,0,3),((5,α),(1,α),(0,0))),Inv(0,0,3)=$x_3\leqslant 200$

即在得到的主动结构控制系统的抽象模型 $M^A=(Q',q'_0,E',\sim'_1,\cdots,\sim'_n,V',?)$中,系统抽象状态空间 $Q'=\{S_1,S_2,S_3,S_4,S_5,S_6,S_7,S_8,S_9,S_{10},S_{11},S_{12}\}$,初始抽象状态 $q'_0=S_1$,状态转换关系的集合 $E'=\{T_1,T_2,T_3,T_4,T_5,T_6,T_7,T_8,T_9,T_{10},T_{11},T_{12},T_{13}\}$。

每个抽象状态和自己是关于智体 sensor 认知等价的,即对于任一状态 $S_i\in Q'(1\leqslant i\leqslant 12)$,有 $S_i\sim'_{\text{sensor}}S_i$,同理这对于智体 controller 和 actuator 也成立。

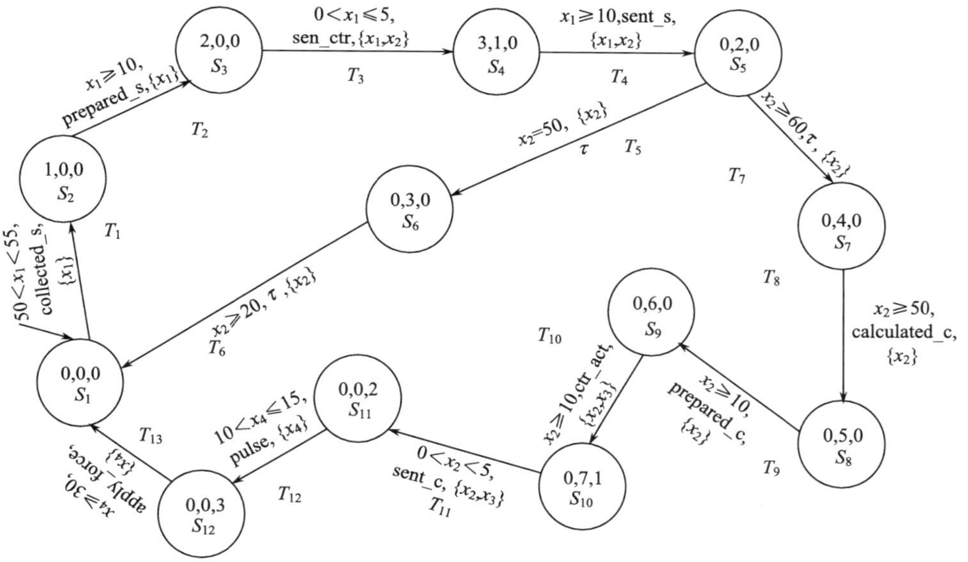

图 8.8　主动结构控制系统的抽象模型

8.7.3　模型检测主动结构控制系统

本节要验证的第一个属性是:在主动结构控制系统中,智体 sensor 认为这一行为是成立的,在该行为中它向智体 controller 发送了同步信号 sen_ctr 后,控制器会在 80~100s 计算出脉冲幅度。要验证的第二个属性是:智体 sensor 认为这一行为是成立的，在该行为中它向智体 controller 发送了同步信号 sen_ctr 后，控制器会在 110～130s 计算出脉冲幅度。

在抽象模型中，由于传感器向控制器发送完同步信号后到达全局状态 S_4，控制器计算完脉冲幅度后到达全局状态 S_8，所以只需看 S_4 和 S_8 之间的时间间隔即可知道要验证的属性是否成立。由于时钟变量 x_3 直到状态 S_{10} 才首次重置为 0，所以可以根据 x_3 在状态 S_4 和 S_8 上的值来判断这两个状态间的时间间隔。

第一个属性可用 TACTLK 公式表示为

$$\phi_1 = \mathrm{K}_{\mathrm{sensor}}(\mathrm{sen\_ctr} \wedge \mathrm{AF}_{(80,100)}\mathrm{calculated\_c})$$

第二个属性可表示为

$$\phi_2 = \mathrm{K}_{\mathrm{sensor}}(\mathrm{sen\_ctr} \wedge \mathrm{AF}_{(110,130)}\mathrm{calculated\_c})$$

在上面得到的抽象模型 M^A 中，S_4 表示为((3,1,0),((0,0),(0,0),(6,α)))，S_8 表示为((0,5,0),((5,α),(0,0),(18,α)))，可得在 S_4 上时钟变量 x_3 的取值范围是 $60<x_3<70$，在 S_8 上 x_3 的取值范围是 $180<x_3<190$，从而可计算出这两个状态之间的时间间隔是(110,130)。即在传感器向控制器发送完同步信号后，控制器会在 110～130s 计算出脉冲幅度。该时间间隔不在(80,100)区间内，于是本章介绍的抽象模型 M^A 不满足第一个属性而满足第二个属性，即 $M^A \mid\neq \phi_1$，$M^A \models \phi_2$。

由于在 8.6 节中已经证明了利用抽象技术演绎得到的抽象模型 M^A 既是原始模型 M 的上近似，又是它的下近似。从而可知，主动结构控制系统不满足第一个属性而满足第二个属性，即 $M \mid\neq \phi_1$，$M \models \phi_2$。

8.8　铁路道口系统的进一步验证

由于在 8.4 节中对铁路道口系统已经作了详细描述，并且给出了其对应的抽象模型。在此只是检测其另一个属性。

要验证的这个属性是：控制器认为这样一个行为是成立的，该行为中在控制器收到火车的离开信号 exit 后，门栏会在 200s 内的某一时刻升起。该属性可用 TACTLK 公式表示为 $\phi = \mathrm{K}_{\mathrm{controller}}(\mathrm{exit} \wedge \mathrm{AF}_{(0,200)}\mathrm{up})$。

在得到的抽象模型中，由于控制器接收到离开信号后到达全局状态 S_7，门栏升起后回到初始状态 S_1，则只需看状态 S_7 和 S_1 之间的时间间隔是否在 0～200s 即可判断属性 ϕ 是否成立。在图 8.4 的抽象模型中，状态 S_7 到 S_8 的时间间隔是(0,100)，S_8 到 S_1 的时间间隔是(100,200)，从而可推出状态 S_7 到 S_1 的时间间隔是(100,300)。即控制器接收到离开信号后，门栏会在 100～300s 的某一时刻升起，该时间间隔不是(0,200)，从而可得抽象模型不满足属性 ϕ，即 $M^A \mid\neq \phi$。

由于在 8.6 节中已经证明了利用抽象技术演绎得到的抽象模型 M^A 既是原始

模型 M 的上近似，又是它的下近似。从而可以得出铁路道口系统也是不满足该属性的，即 $M|\neq\phi$。

8.9 本章小结

为了缓解 TACTLK 模型检测中的状态空间爆炸问题，本章提出一种抽象技术：用抽象离散时钟赋值可将实时解释系统的无限状态空间简化成有限的形式；用抽象状态关于智体认知等价可将满足定义中约束的抽象状态进行合并，从而进一步简化实时解释系统的状态空间。由抽象技术推演得到的抽象模型是原始模型的上近似，即若一个 TACTLK 公式在抽象模型中成立，则该公式在原始模型中也是成立的。通过对标准铁路道口系统的一个演变形式状态空间的简化，说明抽象技术是有效的。

在传统的二值抽象技术下，由抽象技术推演得到的抽象模型只是原始模型的上近似，即若抽象模型满足待验证的属性，则原始模型也满足该属性；而当抽象模型不满足待验证属性时，不能推出原始模型也不满足该属性。为了克服这一不足，本章提出了三值抽象技术，建立了实时解释系统的三值抽象模型，给出了实时时态认知逻辑在抽象模型上的三值语义，证明了实时时态认知逻辑公式在抽象模型上的满足性和在原始模型上的满足性之间的关系。最后通过两个实例说明抽象技术的有效性。

参考文献

[1] Lomuscio A, Penczek W, Wozna B. Bounded model checking for knowledge and real time. Artif Intell, 2007, 171(16-17):1011-1038.

[2] Hadjidj R, Boucheneb H. On-the-fly TCTL model checking for time Petri nets. Theoretical Computer Science,2009,410(42): 4241-4261.

[3] Grumberg O. 3-valued abstraction for (bounded) model checking. Lecture Notes In Computer Science 5799, 2009: 21.

[4] Katoen J P, Klink D, Eucker M, et al. Three-valued abstraction for continuous-time Markov chains//Proceedings of the 19th International Conference on Computer Aided Verification, Berlin, 2007:311-324.

[5] Shoham S, Grumberg O. 3-valued abstraction: more precision at less cost. Information and Computation, 2006, 206(11):1313-1333.

[6] Kang I, Lee I, Kim Y. An efficient state space generation for the analysis of real-time systems. IEEE Transactions on Software Engineering, 2000, 26(5): 453-477.

[7] Elseaidy W M, Cleaveland R, Baugh J W. Verifying an intelligent structural control system: a case study//Proceedings of IEEE Real-Time Systems Symposium, 1994: 271-275.

第9章 快速安全协议的性能分析

9.1 模型检测工具 PRISM

现已存在多种随机模型检测工具可应用于检测一个给定的随机模型是否满足一个给定的时序逻辑属性。模型检测工具 PRISM[1] 由牛津大学开发研究，是目前应用最为广泛的检测工具之一。在 PRISM 中，模型用一组模块的平行组合来描述，每个模块都含有一组描述转移的命令，每个命令由一个可选的同步动作和布尔公式组成，并以变量和常量的简单算术表达式分别表示转换发生的前提和状态的变化[2]。变量可以是局部的，也可以是全局的。从一个状态到另一个状态的转移对应着所有可启用命令中的一个。当一个命令的前提条件成立并且其他所有具有相同动作的命令的前提条件同时得到满足时，命令启用。根据不同类型的模型，转移可以是概率性的、非确定性的，或两者兼有之。

对比其他随机模型检测工具，PRISM 具有状态和转移奖励、定量分析、基于符号数据结构与对称性优化的状态空间约简的特点。PRISM 直接支持三种类型的概率模型：离散时间马尔可夫链、马尔可夫决策过程和连续时间马尔可夫链。此外，它部分支持概率时间自动机，而通过数字时钟[3]可直接支持。离散时间马尔可夫链和马尔可夫决策过程使用 PCTL 刻画属性的规范，连续时间马尔可夫链使用 CSL 刻画，概率时间自动机则使用 PTCTL（Probabilistic Timed Computation Tree Logic）刻画。在某些限制下，概率时间自动机可以直接建模成马尔可夫决策过程模型。

PRISM 首先分析模型的描述语言，然后构建模型的内部表示，计算模型可达状态空间并丢弃所有不可达状态。接着解析逻辑规范对模型应用适当的模型检测算法进行验证。在某些情况下，如包含概率约束的性能，PRISM 只是简单地报告一个真/假的结果，以表明当前模型是否满足每个属性。然而，更多的是返回定量结果，例如，发生在模型中的一个特定事件的实际概率。PRISM 中最终结果的值可以直接看到，也可以导出到外部应用程序中，如电子表格，还可以绘制成一张图。对于后者，PRISM 嵌入了大量的图形绘制功能，这为识别系统行为趋势提供了一种非常有用的方法。

为了降低对内存的要求，PRISM 支持基于多终端二叉决策图[4-5]的符号数据结构，利用出现在模型中的同构结构，提供了对大型的、结构化的随机模型的紧凑性表示形式和有效操作，解决了数值存储的问题。

PRISM 提供了三个可选的计算引擎:①MTBDD 引擎,它使用符号表示模型,对内存要求最低,最适合同构性很强的大型模型;②"稀疏"引擎,它采用稀疏矩阵表示模型,运算速度最快,但对内存需求最高,最适合同构性不强的模型;③"混合型"引擎,它使用扩展的 MTBDD,比 MTBDD 引擎更快,而对内存的需求比"稀疏"引擎更低。

应用 PRISM 分析本章中快速安全协议的性能建模和评估主要有三方面原因。首先,PRISM 不但可以验证一个系统的定性性质,还可以评估系统行为的定量性质,例如,通过探索状态空间计算违反服务级别目标的概率。这种性质非常适合系统管理领域,因为这种类型的信息可以帮助系统管理员评估所执行的系统管理操作的可信性和可靠性程度。虽然一些仿真技术如 NS-2[6] 也可以输出确切的定量仿真结果,然而其输出只不过是多个可能结果中的其中一个的执行实例,因此,为了从仿真结果中获得系统模型相关的概率信息(如可信性等)必须多次重复仿真过程。其次,PRISM 提供了多种灵活的概率时序逻辑规范表示,可以指定各种类型的定性和定量属性。最后,在系统的生命周期中,由于系统中所要满足的需求随时在改变,因此,在不改变任意验证算法的情况下以形式化的方法描述属性是非常重要的。

9.2　基本建模过程

模型是对系统的简化表示,以帮助深入理解系统。例如,WiFi 网络的数学模型可以用来比较不同的 MAC 协议的性能,然后优化系统参数,使模型更加合理。随机模型检测是随机系统的一种自动验证及定性、定量分析的形式化方法,随机模型检测算法的目标是:对一个系统的随机模型(一般给定一个马尔可夫过程的变种)及相应的概率时序逻辑属性,判定该模型是否满足该属性或是判定该属性的值(概率或奖励)是多少(这取决于属性的类型)。

马尔可夫链模型的建立步骤如图 9.1 所示,包含:①理解系统;②构建模型;③确认和验证。

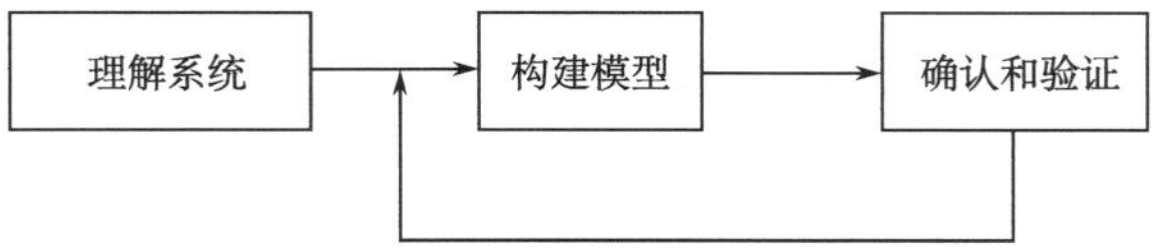

图 9.1　马尔可夫链的建模过程

首先且最重要的步骤就是对系统的正确理解,否则模型将被误导。在性能模型的构建中,抽取系统可能的瓶颈构件是非常必要的,这些瓶颈构件会对整个系统的性能造成冲击。但这些瓶颈构件在开始调查时不会很明显,因此要在认证步骤后再对模型进行修正和改进。

在理解系统之后,根据系统不同的行为构建合适并且正确的模型。因为模型类型种类繁多,所以模型的选择需要建立在问题的性质上,并考虑时间和预算资源等。在建模过程中,最重要的是确立模型的状态空间和转移规则。状态的个数可以少至两个多至成千上万,如果想让模型更为精确,可增加状态个数。

模型建立后,即可进行验证和确认步骤。验证步骤能让模型更加正确,因此显得尤为重要。当发现显著的错误时,应对模型进行修改令模型更精确。

下面通过一个例子来说明建立连续时间马尔可夫链模型的步骤,并利用PRISM对其进行描述和验证。

图 9.2 是用队列模型来模仿的一个蜂窝数据系统,该系统包含一个基站和两个移动发射器。移动发射器向基站发送数据包,形成数据包输入流;基站接收到数据包后,以先到先服务的策略存储、处理、转发数据包。基站的缓存相当于一个队列,基站的 CPU 则对应于队列的服务器。这里选用队列模型是因为它提供了实用的稳定状态度量,如队列中的平均数据包数、在队列中的平均时间、服务器利用率等。这些服务度量与用户的满意度密切相关,并且队列模型提供了一种分析系统的方法。考虑用连续时间马尔可夫链(Continuous Time Markov Chain, CTMC)状态转移模型来表达此队列系统的行为。在此模型中,有如下假设:数据到达率为 λ,数据处理率为 μ;数据处理率和数据到达的时间间隔都服从指数分布;队列的最大长度为 3。那么模型有 4 个状态对应于队列的长度,状态从队列长度 $q=n$ 以到达速率 λ 转移到状态 $q=n+1$,即状态的转移以速率 λ 被唤起。同样,数据从队列离开从相反的方向以速率 μ 发生状态的转移。这样就可以建成 CTMC 状态转移图。

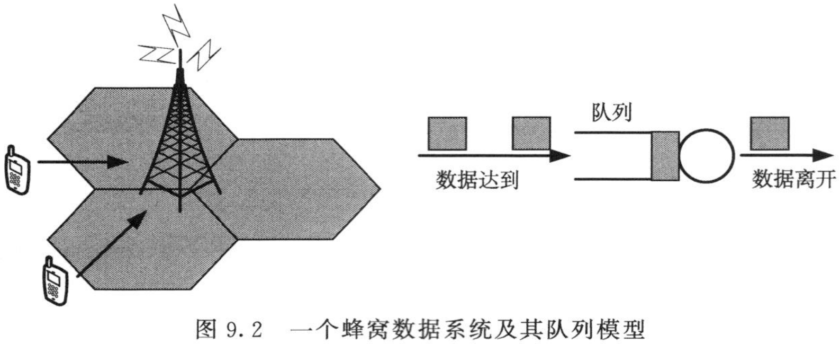

图 9.2　一个蜂窝数据系统及其队列模型

用 PRISM 语言所描述的此 CTMC 状态转移模型代码如下。系统以模块(module)的形式建模,两种形式的状态转移用标记[Arrival]和[Departure]区分。参数 q 表示队列长度,并以速率 lambda 增加,以速率 mu 减少。

```
ctmc      //连续时间马尔可夫链
const int m = 3;     //队列最大长度
```

```
const int lambda = 1;  //数据到达的速率
Const int mu = 5;  //处理数据的速率
module Queue
   q : [0..m] init 0;  //队列中数据的长度
   [Arrival] (q<m) -> lambda : (q' = q + 1);  //数据到达
   [Departure] (q>0) -> mu : (q' = q-1);  //数据离开
endmodule
```

使用 PRISM 验证工具可以对模型的多种概率性质进行验证。例如，性质"在时间 T 内队列满的概率大于 0.1"，用 CSL 表示为 $P>0.1[\text{true } U<=T(q=3)]$。使用 PRISM 工具执行验证后，可以确认当 $T=100$ 时，此性质为真。

9.3　快速安全协议

Aspera 研发的快速安全协议(Fast and Secure Protocol，FASP)是一项革新的传输技术，它消除了传统文件传输技术的瓶颈，大大加快了公共和私有 IP 网络的传输速度。FASP 是替代传统的基于 TCP 传输技术的最佳选择。FASP 解决方案如下。

(1) 独立于网络的速度：不同于 TCP 吞吐量，FASP 的吞吐量完全独立于网络延迟，并且对于极端的数据包丢失具有鲁棒性。无论网络环境如何，最大传输速度仅限于终端计算机源。

(2) 负反馈机制：TCP 的基于丢失的拥塞控制要求重传每个丢失的数据包(无论消息包还是确认包)，并且在重传发送前将停止任何包的传输。另外，TCP 发送端只有接收到从 TCP 接收端发来的对每一个包的确认，才会发送更多的数据。相比之下，FASP 的发送端不需要接收从接收端发来的对每个包的确认，它只需确认数据包到达接收端。这种机制下，只有真正丢失的数据包才会被重传。

(3) 单一传输流：TCP 通过将单个文件分解成多个连续的块，并用并行传输的方式来提高整体吞吐量。并行 TCP 技术耗费了大量系统资源，并且不支持小文件的传输，一旦数据包丢失将大大降低数据的传输速度。相比之下，FASP 使用标准用户数据报协议(User Datagram Protocol，UDP)的单一传输流获得了理想的效率。

(4) 完整的安全性：FASP 提供了完整内嵌的安全性，它基于开放标准加密算法，并且不影响传输速度。

9.4　FASP 建模

本节根据 9.3 节中描述的 FASP 的传输特性进行抽象，设计一个队列模型用来描述端对端的数据传输过程。由此为数据传输实体构建一个 CTMC 模型,模型分为三大模块:发送端、接收端和传输信道。为了建立 FASP 的性能模型,需要作以下假设。

(1) 发送端服务器有足够的容量存储要上传的大小为 N 的数据(数据量的单位可以是任意合理的单位,即与平时习惯相一致的单位)。

(2) 只使用 FASP 进行传输而不考虑其他传输方式。

(3) 信道的数据包丢失率为 γ,它只取决于信道本身,独立于其他任何事件。

(4) FASP 通过传输信道进行上传数据的速率为 μ,服从指数分布(传输速率 μ 的单位必须与 N 一致)。

需要说明的是,N 是一个抽象的概念,它的单位并不会影响 FASP 快速性和可靠性的分析结果。根据 FASP 的传输特性,本节采用一个连续队列来描述 FASP 的传输过程,如图 9.3 所示。

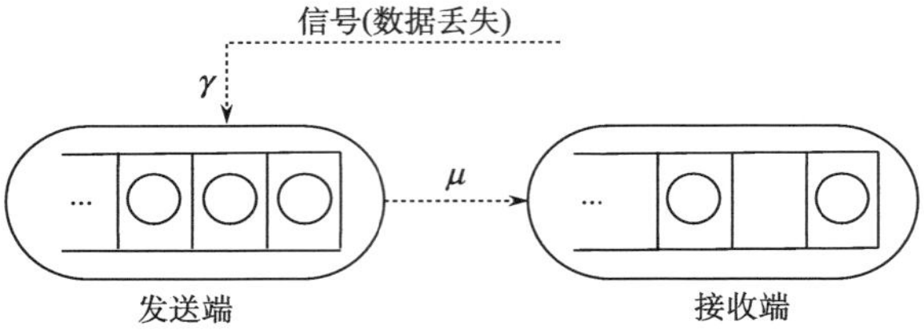

图 9.3　FASP 数据传输的队列系统

发送端不受网络环境影响,以一定的速率连续发送数据包,直到发送端接收到从接收端发来的包丢失信号才会停止。收到丢失信号后,发送端首先重传丢失的数据包,接着还是以原来的速度连续发送数据。接收端则等待从发送端发来的数据,并将最小的丢失数据包序列的信号发送给发送端。若接收端并未接收到所需的丢失的数据包,一段时间后(由时间数据器控制),它将重传丢失信号,直到从发送端收到相应的丢失包。

从以上的分析可得出,FASP 包含一个发送端、一个接收端和一个不可靠的传输信道,发送端和接收端通过传输信道交换数据。下面分别对发送端、接收端和信道建立相应的 CTMC 模型。

发送的数据包到达发送端,然后通过信道以速度 μ 连续逐个地发送到接收端。每个通过信道发送的数据包都带有 3 个标记位,第一个用来指示是否是第一个数据包,第二个指示是否是最后一个数据包,第三个标记位称为交替位,用来判定数据包是否重复发送。数据包发出后(根据 FASP 的负反馈机制),发送端即认为接收端成功接收到此数据包。数据包连续发送时,一旦发送端收到接收端传来的丢失信号,则中断连续数据包的发送,首先重传相应的丢失数据包,重传后恢复连续发送。发送端完成数据包的发送后，将设置一段时间 timeout 以确认接收端正确接收到所有数据。若超时，则说明所有数据包传输成功(OK)；若在这段时间内接收到丢失信号，则发送端重传相应的数据包，并重新设置 timeout。数据传输完成后，发送端依然停留于重传状态，说明传输并未正确完成(NOK)，导致原因可能是在传输过程中发生了错误或数据传输中断，那么发送端将等待，让接收端有足够的时间对通信中断作出反应。发送端模型的状态空间包含 6 个状态：S＝{idle，next_data，success，retransmit，error，wait_sync}，它们之间的转移关系如图 9.4 所示。

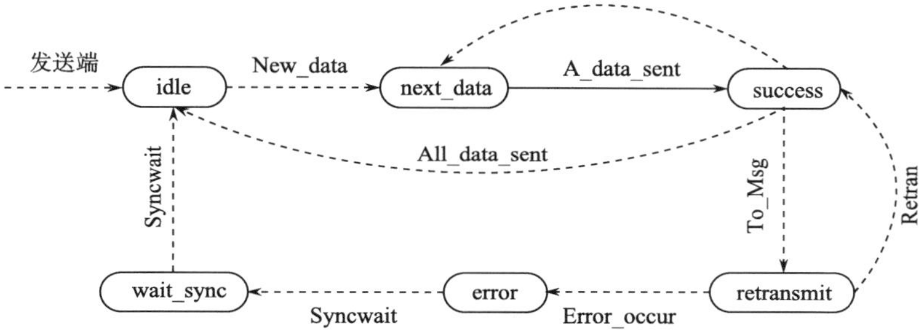

图 9.4　FASP 发送端的状态转移图

(1) 发送端初始状态为 idle，即当没有数据包发送时，发送端处于空闲状态。一旦有新的数据包到达时，将从 idle 状态转移到 next_data 状态，并连续不断地进行此操作以发送随后的数据。

(2) 数据发送后，发送端即认为接收端是正确接收的，状态从 next_data 转为 success。

(3) 在 success 状态，若接收到从接收端发来的数据包丢失信号 To_Msg，则状态转为 retransmit 状态；若发送完成了带有最后一个数据包标记的数据包，则返回 idle 状态，设置 timeout，否则回到 next_data 状态，连续逐个发送后续数据包。

(4) 在 retransmit 状态，发送端将相应的丢失数据包重传后，返回 success 状态。若发送过程中发送错误或传输中断，发送端依然处于 retransmit 状态，则将转为 error 状态。

(5) 错误发生时，发送端会立即从 error 状态转移到 wait_sync 状态，等待一个同步信号让接收端作出反应。

(6) 同步信号到达时，发送端立即从 wait_sync 状态转为 idle 状态恢复数据的发送。

接收端等待数据包的到来，数据包到达时，根据每个到达的数据包的标记位来判断数据是第一个数据(rrep＝FST)、中间数据(rrep＝INC)还是最后一个数据

(rrep＝OK)。接收端将记住前一个数据包是否为最后一个和所预期的交替位的值。若交替位显示数据重复，则接收端简单地将重复的数据丢弃并等待更多数据包的到达。若发现数据包丢失，接收端没有接收到预期的数据包，则将丢失数据包序列的最小信号发送给发送端，一段时间后(由计时器控制)，它将重传丢失信号，直到从发送端收到相应的丢失包。若经过一段很长的时间依然未接收到丢失的数据，则接收端认为正常的通信流崩溃，等待与发送端同步的信号。接收端模型的状态空间也有 6 个状态 R＝{new_file，data_safe，data_received，data_reported，idle，resync}，其转移关系如图 9.5 所示。

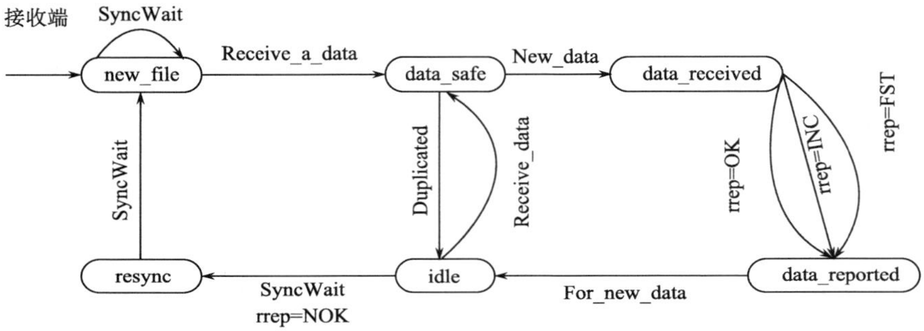

图 9.5　FASP 接收端的状态转移图

(1) 接收端等待数据包的到来，停留在状态 new_file。一个数据包到达后，则从 new_file 状态转移到 data_safe 状态。

(2) 在 data_safe 状态，若交替位显示数据不是重复的，则接收端成功接收到数据，转移到 data_received 状态，否则表示数据重复，接收端将丢弃数据，状态也将转移到 idle。

(3) 在 data_received 状态，根据数据包的状态(FST、INC 或 OK)，接收端记住所接收到的数据包的状态，若有数据包丢失，则丢失信号通过信道发送，状态从 data_received 转移到 data_reported。

(4) 在 data_reported 状态，若已接收到状态是 OK 的数据包(rrep＝OK)，则表示已成功接收到所有数据，否则接收端等待新数据的到来从而转移到状态 idle。

(5) 在 idle 状态，若有新的数据到达，则接收端继续接收数据，状态从 idle 转移到 data_safe。若足够长的时间过去后，依然没有新数据到达(rrep＝NOK)，则接收端认为传输中断，并等待一个同步信号，状态转移到 resync。

(6) 在 resync 状态，接收端收到发送端的同步信号后，转移到 new_file 状态，等待后续数据包的到达。

由于 FASP 使用单一流进行数据传输，所以端对端的传输使用一条传输信道。

此信道不但传输从发送端发送的数据包,也传输从接收端传输的丢失信号,并且不稳定,通过它进行传输的数据会以一定的概率丢失,并且丢失概率只与信道本身有关,独立于其他任何事件。信道模型的状态空间为 C = {idle, sending, lost},其状态转移关系如图 9.6 所示。

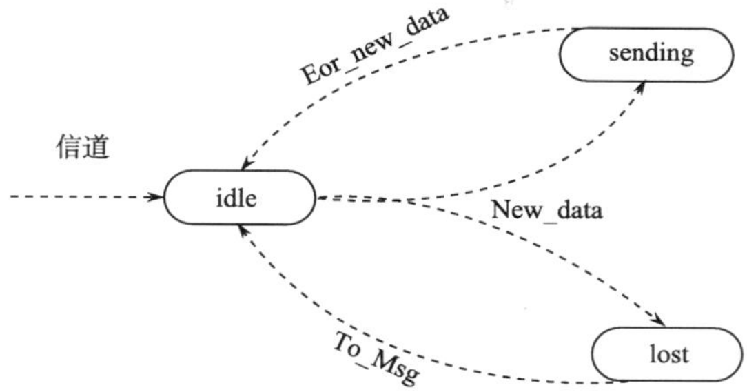

图 9.6　FASP 传输信道的状态转移图

(1) 没有任何数据发送时,信道空闲,停留在 idle 状态。若有通过信道发送的数据,数据可能成功发送并从 idle 状态转移到 sending 状态,也可能发生数据丢失,状态从 idle 转移到 lost。

(2) 在 sending 状态,即数据传输成功,信道不需要发送任何信号给发送端,只要简单地等待需要通过它发送的数据即可,状态返回 idle。

(3) 在 lost 状态,即数据丢失的状态,信道等待从接收端传来的丢失信号 To_Msg,并将信号传输给发送端以报告具体的丢失数据包,然后返回 idle 状态。

9.5　FASP 模型统计

将系统建模之后,就可以使用随机模型检测工具 PRISM 进行性能的验证及分析。由于本章所构建的模型的规模较大,所有实验均是使用 PRISM 的 MTBDD 引擎执行的。使用 PRISM 4.0.3 版本在配置 Intel 酷睿 2 双核处理器(2.16GHz)和 2GB 内存的 Windows XP 操作系统上执行实验,FASP 所有的验证均在 5min 内完成,802.11P 所用的时间更长些,也可在 1h 内完成。

首先对 FASP 的模型进行模型统计,如模型的状态、叶子节点和模型的构建时间等,然后对 FASP 最重要的两个属性——可靠性和快速性进行了验证分析。最后,使用 FASP 的吞吐量公式分析了参数 N、γ、和 μ 对吞吐量的影响,并和 TCP 的最大吞吐量进行对比。

随机模型检测通过对整个状态空间的探测进行属性的验证和计算,因此 PRISM 首先需要构建相应的概率模型,即将 PRISM 语言所描述的模型转换成

CTMC 模型。在转换过程中,PRISM 可以计算出从初始状态出发的可达状态的集合和模型的转移矩阵。模型的大小,也就是它的状态个数,随着变量的增加呈指数级增长,甚至是非常简单的模型也可能导致难以应对的庞大的状态空间。下面使用 PRISM 的 build 功能直接计算出 FASP 模型的大小。

表 9.1 给出了本章所构建的每个模型的静态数据,其中,N 表示所要发送的总数据量,states 表示每个模型的状态数,nodes 和 leaves 分别表示 MTBDD 的节点数和叶子数。

表 9.1 FASP 模型的静态数据统计

N	模型	MTBDD	
	states	nodes	leaves
2	56	502	4
10	1478	1370	4
20	3368	1410	4
100	18488	1508	4
1000	188588	1636	4
10000	1889588	1804	4

表 9.2 的第一部分给出了每个模型构建所需要的时间,这个时间包含两部分:第一部分是将描述系统的语言转换成 MTBDD 数据结构所用的时间;第二部分是使用基于 MTBDD 定点算法计算可达状态的时间。第二部分的 time 代表构建模型和计算可达状态所需的时间,iters 表示定点迭代的次数。

表 9.2 FASP 模型的构建时间

N	数据结构 MTBDD 的计算时间	可达空间的计算时间	
	time/s	time/s	iters
2	0.008	<0.00001	13
10	0.032	0.02	35
20	0.052	0.03	65
100	0.161	0.12	305
1000	3.436	1.69	3005
10000	217.154	26	30005

从以上两个表可以得出,模型的状态数随着变量 N 的增加急剧增长,相应地,构建模型和计算可达状态所用的时间也更长。由此可以得出,在 FASP 模型检测

中存在状态空间爆炸问题。同时也发现，随着 N 的增长 MTBDD 的节点数却增加得很慢，这就意味着 FASP 模型具有很好的结构，非常适合用 MTBDD 来表示。

9.6　性能属性分析

FASP 最重要的两个属性是可靠性和快速性。可靠性是指一个项目在规定时间内规定条件下，无故障地执行所需功能的概率。对于 FASP 来说，它应该在不同的条件下完成规定大小数据的传输。快速性则是指以最快的速度在最短的时间内完成规定数据量的传输的能力。

9.6.1　FASP 的可靠性分析

在 PRISM 语言描述的模型中，可靠性可用 CSL 表述为 P=？[F srep=2 & rrep=3]，其中，srep=2 表示发送端完成发送数据，rrep=3 表示接收端成功接收到数据。参数的取值如表 9.3 所示，其中，N 为所要发送的数据总量，gamma 为数据丢失率。

表 9.3　可靠性的验证参数

CSL 公式	属性内容	参数
P=？[F srep=2 & rrep=3]	计算发送端完成发送并且接收端成功接收的概率	N=1～100 gamma=0.1%，1%，5%，20%

验证结果如图 9.7 所示，可以看出，当 N 的取值范围为 1～100 时，无论 gamma 怎么变化，P 的概率值一直保持为 1。也就是说，发送端始终能完成数据的发送，并且接收端也能成功地接收完数据，这说明 FASP 确保了数据传输的可靠性。

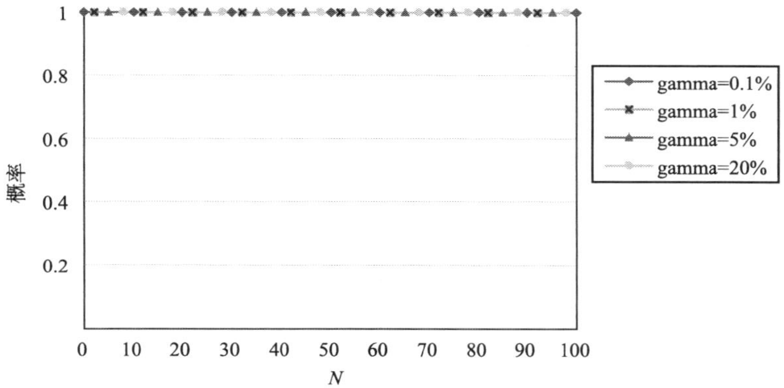

图 9.7　可靠性的验证结果

另一个能说明 FASP 可靠性例子如下，用 CSL 公式表示为 R=？[$C<=T$]，这是一个累积奖励公式，计算在时间 T 内成功传输的累积数据。它的参数的取值如表 9.4 所示。模型的 3 个参数 mu、gamma、N 分别表示信道传输数据的速度、信道的数据丢失率及要发送的数据量。为研究每个参数对快速性的影响，下面固定其中两个参数的值，考察第三个参数对数据传输的影响。这样得到的第一组结果如图 9.8 所示。

表 9.4　计算累积奖励的验证参数

CSL 公式	属性	参数
R=？[$C<=T$]	计算时间 T 内成功传输的数据量	(1) N=10，mu=1，gamma=0.1%，1%，5%，2%，10%，T=0～100 (2) mu=1，gamma=1%，N=1，2，5，8，10，T=0～100 (3) N=10，gamma=1%，mu=0.2，0.5，0.7，2，T=0～100

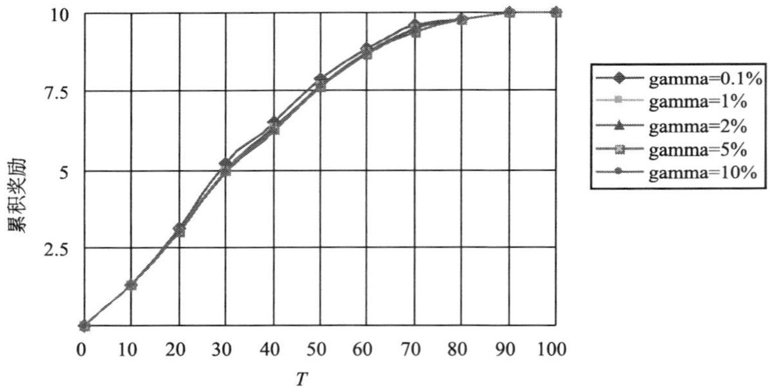

图 9.8　时间 T 内不同丢失率的累积奖励

图 9.8 显示的是 N=10，mu=1 时，模型在时间 T 内以不同的丢失率完成传输所对应的不同的奖励 R 是多少，即若在不同的丢失率下完成 N=10 的数据的传输所需要的时间是多少？从图中可以看到，随着丢失率 gamma 的变化，每条曲线并没有发生明显偏移，这表明 FASP 吞吐效率对丢失率稳固。

其余两组实验结果如图 9.9 和图 9.10 所示。从图 9.9 可以清楚地看到，n 取值为 1、2、5、8、10 时完成传输所消耗的时间。完成传输所需的时间随着数据包的数目 N 的增加而增加。图 9.10 所示为以不同的速度发送 N 个数据所需的时间。发送速度越快，消耗的时间越少。图 9.9 和图 9.10 验证了该模型可以完成规定数量数据包的传输，即 R=N，并且结果符合常理。

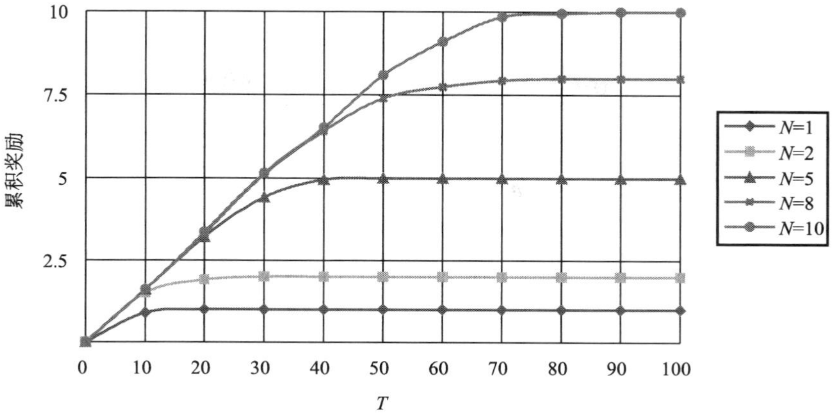

图 9.9　时间 T 内不同数据发送量的累积奖励

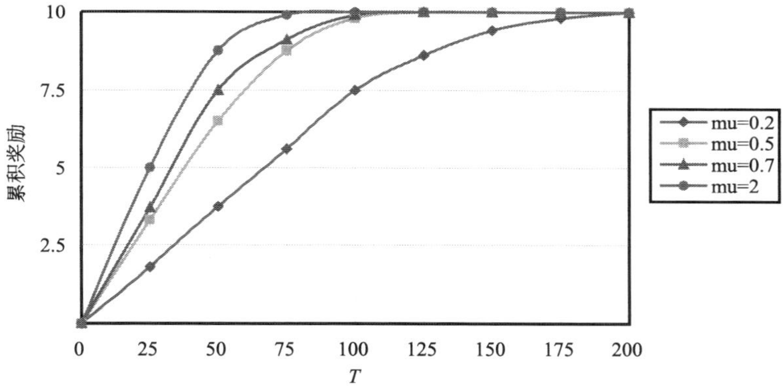

图 9.10　时间 T 内不同传输速率的累积奖励

9.6.2　FASP 的快速性分析

要验证的第二个属性是快速性，即 FASP 在具有高可靠性的同时，能否确保在短时间内快速完成数据的传输。在模型中，快速性用 CSL 表示为 R{"Time"}=?[F srep=2 & rrep=3]，这是一个可达奖励公式，用于计算完成传输所需要的时间。考虑不同的延时、丢失率及速度对 FASP 传输的影响。而在解决延时的建模问题上，使用奖励结构，即每个数据包的发送和每个丢失信号的传输都设置了一个往返时间。在 PRISM 中以一个常量 DELAY 来表示，即数据的发送要经历常量时间 DELAY 后再发送下一个数据。此奖励结构的 PRISM 代码如下。

```
rewards "Time"
    [aF] true : DELAY;
```

```
    [TO_Msg] true : DELAY;
endrewards
```

结果如表 9.5 所示。实验结果充分说明了 FASP 的快速性,即使是最长和最困难的情况,它也确保了最大速度。例如,我们使用平常的网络以 100Mbit/s 的速度传输一个 1GB 的文件,若在局域网中,它需要 2min 左右时间完成传输,其平均传输速度大概为 10MB/s;若在广域网中,如在江苏省和上海市之间传输,则需要大概 2h 完成,其平均速度只有 100KB/s。但是使用 FASP 进行传输,在以上两种情况下,都只要 10s 左右就能完成 1GB 文件的传输。

表 9.5　FASP 快速性的实验结果

DELAY：10ms mu：0.1%	文件大小	500Mbit/s	100Mbit/s	10Mbit/s
	1G	15s 300ms	1min 20s	12min
	10G	2min 41s	12min	1h 47min
	100G	24min 35s	1h 47min	19h 55min
DELAY：90ms mu：0.1%	文件大小	500Mbit/s	100Mbit/s	10Mbit/s
	1G	15s 340ms	1min 21s	12min
	10G	2min 43s	12min	1h 47min
	100G	24min 37s	1h 47min	19h 55min
DELAY：150ms mu：0.1%	文件大小	500Mbit/s	100Mbit/s	10Mbit/s
	1G	15s 360ms	1min 23s	12min 27s
	10G	2min 45s	12min 27s	1h 48min
	100G	24min 38s	1h 48min	19h 57min
DELAY：200ms mu：0.1%	文件大小	500Mbit/s	100Mbit/s	10Mbit/s
	1G	15s 410ms	1min 25s	12min 32s
	10G	2min 48s	12min 32s	1h 48min
	100G	24min 43s	1h 48min	19h 58min
DELAY：550ms mu：0.1%	文件大小	500Mbit/s	100Mbit/s	10Mbit/s
	1G	15s 550ms	1min 39s	13min 3s
	10G	3min 17s	13min 3s	1h 54min
	100G	25min	1h 54min	20h 4min
DELAY：10ms mu：2%	文件大小	500Mbit/s	100Mbit/s	10Mbit/s
	1G	15s 380ms	1min 21s	12min 30s
	10G	2min 44s	12min 30s	1h 47min
	100G	24min 36s	1h 47min	19h 55min

续表

DELAY：90ms mu：2%	文件大小	500Mbit/s	100Mbit/s	10Mbit/s
	1G	16s 130ms	1min 22s	13min 10s
	10G	2min 43s	13min 10s	2h 3min
	100G	24min 45s	2h 3min	20h 56min
DELAY：150ms mu：2%	文件大小	500Mbit/s	100Mbit/s	10Mbit/s
	1G	17s 200ms	1min 24s	14min 9s
	10G	2min 54s	14min 9s	2h 20min
	100G	28min 13s	2h 20min	22h 6min
DELAY：200ms mu：2%	文件大小	500Mbit/s	100Mbit/s	10Mbit/s
	1G	17s 300ms	1min 27s	14min 23s
	10G	3min	14min 23s	2h 23min
	100G	28min 48s	2h 23min	22h 45min
DELAY：550ms mu：2%	文件大小	500Mbit/s	100Mbit/s	10Mbit/s
	1G	18s 150ms	1min 40s	15min 10s
	10G	3min 550s	15min 10s	2h 30min
	100G	30min 13s	2h 30min	23h 38min

9.6.3　吞吐量分析

本节为获取 FASP 模型的吞吐量，考虑 FASP 的吞吐量公式，即

$$T = N[(1 - e^{-\mu \cdot t})(1 - \gamma)]$$

式中，T 为每秒数据包的总吞吐量速率，N 为每秒尝试发送数据包的总速率。将总尝试速率和成功传输概率$(1-e^{-\mu \cdot t})(1-\gamma)$相乘，即得到总吞吐量速率 T。为说明为什么$(1-e^{-\mu \cdot t})(1-\gamma)$是成功传输概率，本节阐述如下：当发送端试图发送 N 个数据包时，通过宽带发送的速度是 μ，它服从指数分布，那么一个给定的数据包尝试发送的概率为$(1-e^{-\mu \cdot t})$。而信道的数据包丢失率为 γ，这只与信道自身相关，独立于宽带的数据包发送。因此，数据包成功传输的概率为$(1-e^{-\mu \cdot t})(1-\gamma)$。

图 9.11 的条形图显示了 FASP 模型获得的吞吐量和 TCP 能到达的最大吞吐量的对比，这组对比在宽带传输速度 $\mu=155$Mbit/s 的情况下，针对不同的延时及包丢失率得到的。在本地或校园局域网中的数据包丢失和延迟虽小，但不可忽略(0.1%/10ms)，最大 TCP 吞吐量仅达到 50 Mbit/s。而在高延迟和丢失率的网络中，TCP 牺牲吞吐量以达到高可靠性，最大吞吐量呈指数级急剧下降。在典型的

省际链路上，有效的文件传输吞吐量可能低至可用带宽的0.1%～10%。这是因为标准的TCP每次在响应一个数据包丢失事件时，都将吞吐量消减一半，在高速传输时，即使非常低的丢失率也会显著降低TCP的吞吐量。甚至带宽充裕，传输时间也不容乐观，并且昂贵的带宽不能得到充分利用。与TCP吞吐量不同，FASP吞吐量完全独立于网络延迟并对极端的数据包丢失具备鲁棒性。在任何网络条件下，FASP的传输速度非常快(可达1000x标准TCP)，其最大的传输速度仅受限于端点计算机的资源。FASP能达到目标吞吐量的90%，冗余数据的开销小于1%，并能充分利用未使用的带宽。

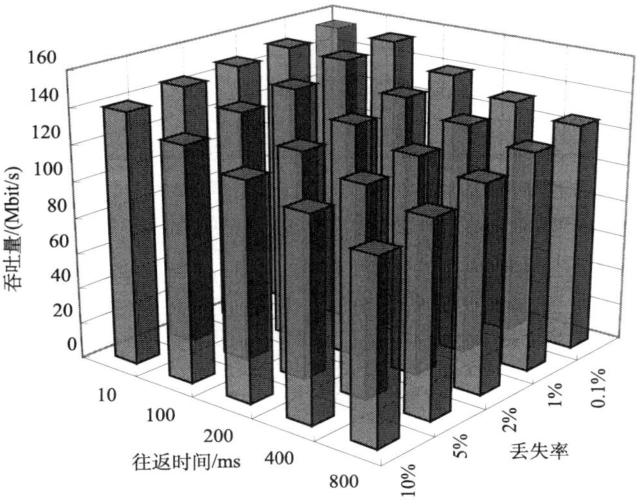

图9.11　FASP的吞吐量

9.7　本章小结

FASP作为替代传统的基于TCP传输技术最佳选择，首先其传输特性和工作原理必须具有革新性的突破，以打破TCP的固有传输瓶颈。本章详细介绍了FASP协议的工作特性，特别是它的负反馈机制和单一数据流特性，并对其进行抽象，过滤不必要因素如气候等的影响，着重研究发送数据量N、信道传输速度μ和信道的数据丢失率γ三个重要参数对传输的影响。最终将FASP建模成一个CTMC模型，该模型包含3个模块，分别为发送端、接收端和传输信道。发送端和接收端的状态空间都包含6个状态，传输信道的状态空间则包含3个状态，分别构建它们的CTMC状态转移图，并对状态转移的步骤进行详细的分解。

在FASP分析阶段，首先对FASP模型的静态数据进行了统计，发现系统的状态空间随着发送数据量的增加而急剧增长，空间爆炸问题显著，从而导致内存溢出。然后对 FASP 最重要的两个性能(可靠性和快速性)进行了验证分析。从概率模型角度出发，将可靠性描述为发送端完成数据的传输，并且接收端最终将成功接收，这一事件的概率是否总是为 1，结果表明，无论丢失率 γ 如何改变，此概率一直保持为 1，说明 FASP 有很好的可靠性。将 FASP 建模成连续时间马尔可夫链模型，利用随机模型检测技术准确分析了 FASP 的可靠性和传输性能。在验证快速性时使用了奖励结构来统计已完成传输的数据量，然后针对参数 N、μ、γ 不同的取值，观察不同的 μ 值和 γ 值传输一定的数据所需的时间，分析对传输的影响。最后在模型的基础上，并利用吞吐量计算公式 $T=N[(1-e^{-\mu \cdot t})(1-\gamma)]$ 得出了不同的 N、μ、γ 取值对吞吐量的影响。将其与 TCP 吞吐量进行对比，结果表明，FASP 吞吐量能完全独立于网络延迟且对极端的包丢失具备鲁棒性。

参 考 文 献

[1] Alur R, Henzinger T. Reactive modules. Formal Methods in System Design, 1999,15(1): 1-48.

[2] http://www.prismmodelchecker.org.

[3] Kwiatkowska M, Norman G, Parker D, et al. Performance analysis of probabilistic timed automata using digital clocks. Formal Methods in System Design, 2006,29(1):33-78.

[4] Clarke E M, Fujita M, McGeer P, et al. Multi-terminal binary decision diagrams: an efficient data structure for Matrix representation. Formal Methods in System Design, 1997, 10(2-3):149-169.

[5] Wang F, Kwiatkowska M. A MTBDD-based implementation of forward reachability for probabilistic timed automata. Lecture Notes in Computer Science 3707, 2005: 385-399.

[6] The Network Simulator: NS-2. http://www.isi.edu/nsnam/ns.

第 10 章　IEEE 802.11P 中 MAC 协议的性能分析

10.1　IEEE 802.11P 中 MAC 协议的工作特性

IEEE 802.11P[1]使用增强型分布式信道接入(Enhanced Distributed Channel Access,EDCA)[2-4]作为介质访问控制方法。EDCA 是 802.11 的基本分布式协调功能(Distributed Coordination Function,DCF)的一个加强版本,它使用 CSMA 的冲突避免(CSMA/CA),这意味着节点首先要监听信道,若信道可空闲一个仲裁帧间空间(Arbitration Interframe Space,AIFS),节点可直接开始转发消息;若信道为忙碌的或是在 AIFS 期间变得忙碌,节点必须执行退避原则。退避过程工作原理如下。

(1) 从均匀分布[0,CW]中选取一个整数。

(2) 将此整数与时隙(aSlottime)相乘,以得到退避值(backoff)。

(3) 只有检测到信道空闲一个时隙 aSlottime 时,将 backoff 的值递减 1,否则 backoff 冻结。

(4) 当 backoff=0 时,节点立即转发信息。

这里 CW 为竞争窗口(contention window)。若连续传输尝试失败,则竞争窗口从它的初始值(CW_{min})增加一倍,直到达到最大值(CW_{max}),即 $CW=\min((CW_{min}+1)\cdot 2^{bc}-1, CW_{max})$,这里 bc 为退避计数器。在利用率高的时期,分散了各节点的开始发送时间,降低了冲突发生的概率。消息传输成功后,因达到信道访问最大数量而不得不丢弃包时,竞争窗口将重新设置为初始值 CW_{min}。

节点执行退避过程可能由以下原因引起。

(1) 监听信道没能空闲一个 AIFS。

(2) 当节点完成数据传输时,监听到信道忙碌。

(3) 没有从目标节点收到成功传输的一个积极的确认。

(4) 节点收到确认信号并且要发送另一个数据包。

图 10.1 所示是退避过程的一个例子。这里假设节点 2 因以上某种原因,在经过一个 AIFS 之后,随机选择退避值 backoff=6。然后,节点 2 每经过一个间隙 aSlottime 的空闲时间,backoff 的值递减 1。然而,在检测到信道已空闲 AIFS 时间后,节点 1 在节点 2 完成其退避倒计数之前决定发送数据包。图 10.1 显示了在信道被占用时,节点 2 的退避值是如何被冻结的:节点 1 发送数据包和之后的确认包,再者是分隔这两者传输的 SIFS 期间,退避值被冻结。在 SIFS 期间,退避倒计

数是冻结的，是因 IEEE 802.11P 标准的时间参数定义 SIFS＜AIFS，而且只有在检测到信道空闲了 AIFS 时间单位后，退避倒计数才能恢复。

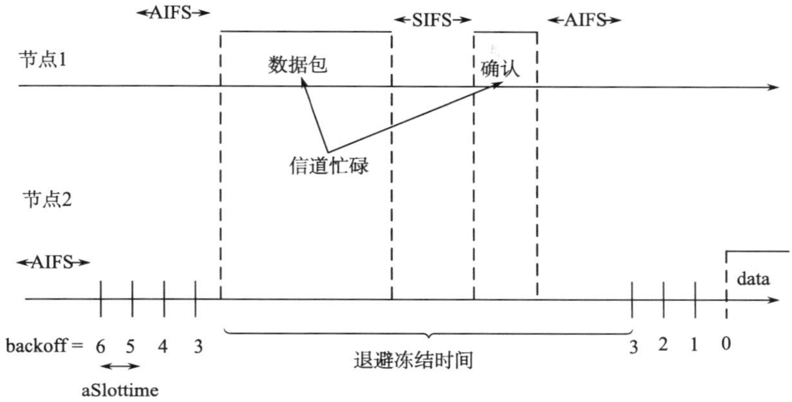

图 10.1 退避过程

MAC 协议是一个停止-等待协议，因此，发送站在发送完数据后需要等待从目标站发来的确认包。如果由于数据包没有到达接收端，或接收到错误的数据包，或是没有收到或是损坏确认包，从而导致发送站等待确认的时间超过 ACK_TO，则在重传之前将执行退避过程。IEEE 802.11P 载波接入所使用的 CSMA/CA 的参数如表 10.1 和表 10.2 所示。表 10.1 是 IEEE 802.11P 所使用的参数及其取值，其中，未解释的 DATA_Min 是发送一个数据包所需的最少时间，DATA_Max 则是最多时间，ACK 是发送数据确认包所需的时间。表 10.2 是 IEEE 802.11P 标准所提供的服务质量（QoS）方法：每个数据包分配一个访问类别（Access Category，AC），AC 给每个数据包定义了相应的 AIFS、CW_{min}、CW_{max}（见表 10.1）等的值。如此，AIFS 越短优先级越高，高优先级的数据包将比低优先级的更容易访问信道并且当信道忙碌时，退避时间也将更小。IEEE 802.11P 有 4 类不同优先级的数据流访问类别（见表 10.2）：语音流（Voice traffic，VO）、视频流（Video traffic，VI）、最大努力流（Best-effort traffic，BE）和背景流（Background traffic，BK）。

表 10.1 IEEE 802.11P 的参数及取值

参数	值
AIFS	34μs（最高优先级）
CW_{min}	15
CW_{max}	1023
aSlottime	13μs

续表

参数	值
DATA_Min	15 个时隙
DATA_Max	60 个时隙
SIFS	32μs
ACK	205μs
ACK_TO	300μs

表 10.2　IEEE 802.11P 数据流访问类别

AC	CW_{min}	CW_{max}	AIFSN
VO	$\frac{CW_{min}+1}{4}-1$	$\frac{CW_{min}+1}{2}-1$	2
VI	$\frac{CW_{min}+1}{2}-1$	CW_{min}	3
BE	CW_{min}	CW_{max}	6
BK	CW_{min}	CW_{max}	9

10.2　MAC 协议的概率时间自动机模型

发送站以发送一个数据包并且监听信道开始，若信道持续空闲 34μs(一个 AIFS 的时间)，发送站以概率 p 开始发送数据包，以概率 $1-p$ 不发送数据包停留在初始位置，否则执行退避过程。发送数据包所需的时间是不确定的，传输成功与否取决于冲突是否发生，并且冲突将被信道记录。接着发送站立即检测信道，若信道变忙碌，则执行退避过程，否则发送站等待从目标站发来的确认包。若发送站能在 ACK_TO 时间内收到确认包，则说明数据包已被正确发送且成功接收，发送站完成发送，否则发送站进入退避过程。退避过程中，发送站首先等待信道持续空闲一个 AIFS，然后根据随机赋值 backoff=Random(bc)来设置 backoff 的值。若信道持续空闲 aSlottime=13μs，则发送站将 backoff 的值递减 1；若是在一个时隙时间内监听到信道是忙碌的，则在恢复退避过程之前等待信道空闲一个 AIFS 的时间。当 backoff 的值递减为 0 时，发送站开始重新发送它的数据包，如图 10.2 所示。

(1) 发送站的状态转移图以实心双环节点 Sense 作为初始位置，即发送站在发送数据包前首先监听信道。一旦监听到信道忙碌，则转移到 Wait_till_free 位

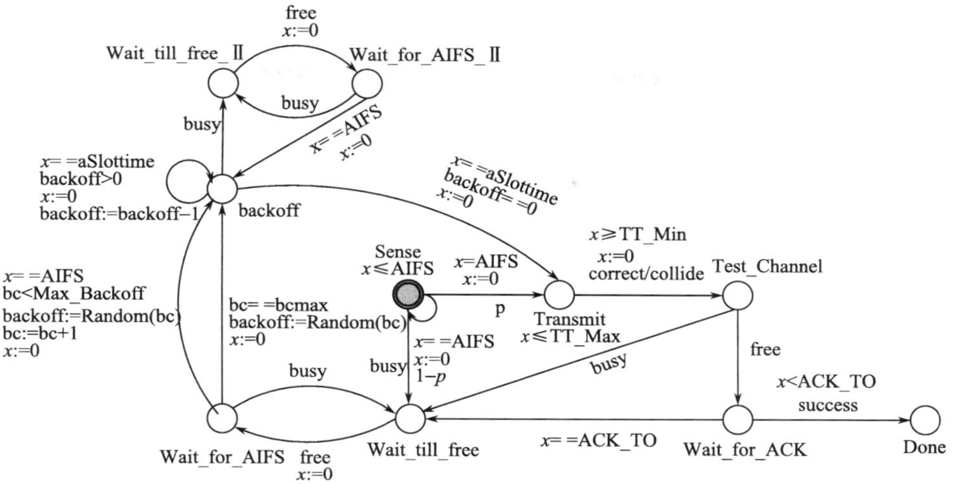

图 10.2　发送站点的 PTA 状态转移图

置，发送站等待空闲一个 AIFS 以进入退避过程。若信道空闲持续时间 $x \leqslant \text{AIFS}$，则停留在初始位置并让时间自动流失。若 $x=\text{AIFS}$，则发送站以概率 p 开始发送数据包，并转移到 Transmit 位置；以 $1-p$ 概率不发送数据包停留在初始位置。

(2) 在 Wait_till_free 位置，一旦监听到信道空闲，则转移到 Wait_for_AIFS 位置，等待信道持续空闲一个 AIFS。

(3) 在 Wait_for_AIFS 位置，若监听到信道忙碌，则立即转移到 Wait_till_free 位置。若信道持续空闲一个 AIFS，退避计数器 bc＝max(bc＋1，bcmax)，并随机选择一个退避数 backoff＝Random(bc)执行退避过程，转移到 backoff 位置。

(4) 在 backoff 位置，信道每空闲一个时隙 aSlottime，则 backoff＝backoff－1，当 backoff＝0，转移到 Transmit 位置。若在某一个时隙监听到信道忙碌，则冻结 backoff，进入 Wait_till_free_Ⅱ位置。

(5) 在 Wait_till_free_Ⅱ位置，若信道空闲，则转移到 Wait_for_AIFS_Ⅱ位置，等待一个 AIFS 以恢复退避过程。

(6) 在 Wait_for_AIFS_Ⅱ位置，一旦在等待一个 AIFS 持续的空闲时隙监听到信道忙碌，则转移到 Wait_till_free_Ⅱ位置，重新等待信道空闲。若信道持续空闲了一个 AIFS，则恢复退避过程，重新转移到 backoff 位置。

(7) 在 Transmit 位置，发送站发送数据包，它发送数据包的时间是非确定的，介于 TT_Min 和 TT_Max 之间。发送数据包后，发送站监听信道，转移到 Test_Channel 位置，以等待从目标站发来的数据确认包。

(8) 在 Test_Channel 位置，若监听到信道忙碌，则转到第(2)步等待进入退避过程；若信道空闲，转移到 Wait_for_ACK 位置，等待确认包的到来。

(9) 在 Wait_for_ACK 位置,若等待的时间超过了发送确认所需的时间 ACK_TO,发送站则认为确认包丢失,进入第(2)步。若发送站在 ACK_TO 时间内收到确认,则数据包发送成功,转移到 Done 位置。

目标站等待数据包到达,若数据包正确到达,则目标站等待一个 SIFS 时间,既而发送确认包,发送确认包所需的时间为 ACK。另一方面,若消息到达的是乱码,则目标站不执行任何操作。

图 10.3 所示为接收站点的 PTA 状态转移图。

(1) 目标站以 Waiting 位置作为初始位置,等待发送站的数据包,若发送过程中发生冲突 collide,则继续等待;若发送数据包正确,则转移到 Wait_for_SIFS 位置。

(2) 在 Wait_for_SIFS 位置,目标站等待信道空闲一个 SIFS,转移到 ACK 位置。

(3) 在 ACK 位置,目标站等待信道空闲一个 ACK 时间,发送确认包,然后转移到初始状态 Waiting,等待新数据包的到来。

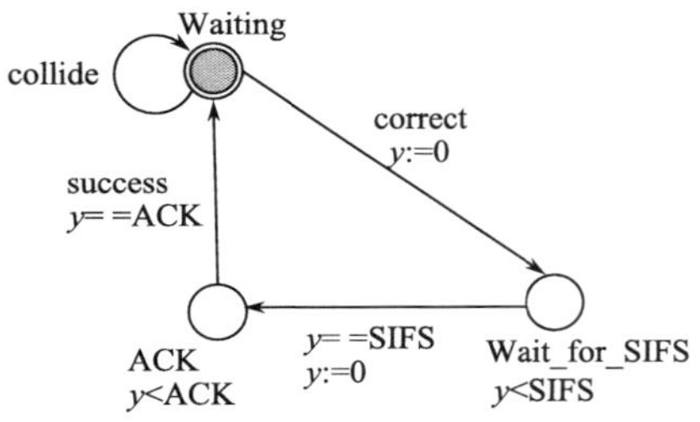

图 10.3　接收站点的 PTA 状态转移图

表示信道的 PTA 状态转移图如图 10.4 所示。free 位置对应于信道空闲的情况,接收到站 1 的数据包(事件 sent1,由 node1 发出)后触发转换,从此状态转换到 RCV1 状态。此数据包发送成功(事件 correct1,由 node1 发出)并且信道返回状态 free,或者与站 2 的传输(事件 send2,由 node2 发出)发生冲突使信道进入 RCV1RCV2 位置。处于后者的状态,只有 collide*i* 事件可以将数据包从信道移除。图 10.4 的左侧是表示信道上确认包的接收的模型部分。

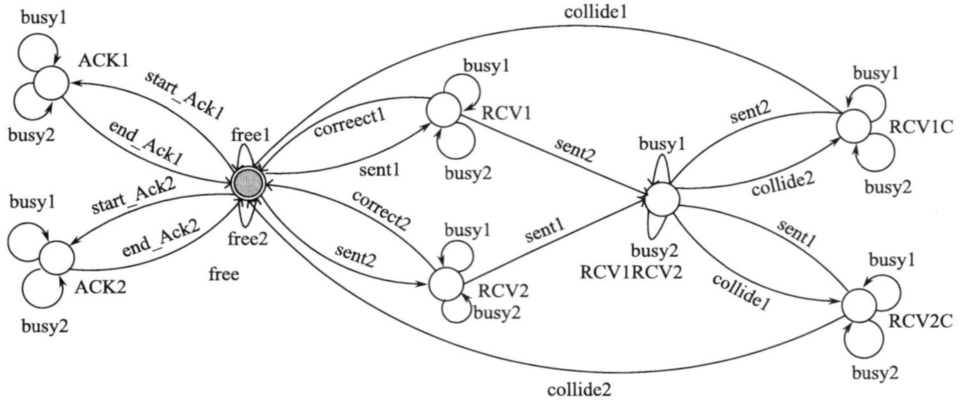

图 10.4　传输信道的 PTA 状态转移图

由于发送站 1 和发送站 2 是对称关系，从图 10.4 可以看出，信道的状态转移图是上下对称的，因此，只要分析发送站 1 对信道的状态转移步骤的影响，发送站 2 也是一样的。

(1) 信道以 free 状态作为它的初始状态，即信道处于空闲状态，没有数据包发送。在接收到站 1 的数据包(事件 sent1，由 node1 发出)后触发转移，从 free 状态转移到 RCV1 状态。

(2) 在 RCV1 位置，站 1 的数据包或者与站 2 的传输(事件 send2，由 node2 发出)发生冲突使信道进入 RCV1RCV2 位置；或者发送成功，返回 free 状态。

(3) 在 RCV1RCV2 位置，发生冲突后进入退避过程，退避次数少的发送站首先发送数据包，假设站 1 首先发送，因此站 2 会监听到信道忙碌，从而有事件 collide2，信道转移到 RCV1C 位置，站 1 等待目标站的确认包。

(4) 在 RCV1C 位置，若站 1 在等待确认包的过程中，站 2 完成退避过程后发送数据包(事件 send2，由 node2 发出)，则发生冲突，信道转移到 RCV1RCV2 位置。若站 1 等待确认的时间超过了 ACK_TO，则认为可能是在冲突发生的过程中信息包或确认包丢失，发生事件 collide1，信道返回 free 状态，信道发送失败，重新发送。

(5) 站 1 未发生冲突，数据发送成功返回 free 状态的情况，站 1 等待确认。ACK 时间后，目标站发送确认包，信道从 free 状态转移到 ACK1 状态。

(6) 在 ACK1 状态，当站 1 的数据确认包发送完成后，返回 free 状态，站 1 的数据发送真正完成。

10.3　IEEE 802.11P 模型的静态数据分析

表 10.3 给出了本章所构建的每个模型的静态数据，其中，bcmax 表示最大退避次数，状态是最大退避次数所对应的每个模型的状态总数，节点和叶子分别表示 MTBDD 的节点数和叶子数。构建时间即相应的每个模型构建所需要的时间，这个时间包含两部分：第一部分是将描述系统的语言转换成 MTBDD 数据结构所用的时间；第二部分是使用基于 MTBDD 定点算法计算可达状态的时间。

表 10.3　IEEE 802.11P 模型的静态数据统计

bcmax	6	5	4	3	2	1	0
状态	5443615	1512374	453461	148676	53071	19085	7657
节点	63875	54818	46825	36327	29120	19921	15333
叶子	8	7	6	6	5	4	3
构建时间/s	5.422	3.922	3.0	2.031	1.282	0.906	0.219

从表 10.3 可以得出，模型的状态数随着变量 bcmax 的增加急剧增长，相应地，构建模型和计算可达状态所用的时间也更长。由此可以得出，在 IEEE 802.11P 模型检测中确实存在状态空间爆炸问题，同时也发现随着 bcmax 的增长 MTBDD 的节点数却增加得很慢，这就意味着 IEEE 802.11P 模型具有很好的结构，并且非常适合用 MTBDD 来表示。

10.4　IEEE 802.11P 模型的验证分析

下面使用 PRISM 得到多项不同的参数对模型检测结果的影响，考虑以下两种不同类型的性能指标：概率可达性和期望可达性。

10.4.1　IEEE 802.11P 模型的概率可达性

概率可达性从直观上讲就是模型从某个状态（一般为初始状态）出发到达某个目标状态或状态集的概率，它从概率的角度出发，计算到达人们所感兴趣的事件的概率。概率可达性是从状态 $s \in S$（一般为初始状态）出发，到达目标状态集 $B \subseteq S$ 的概率。若 $s \in B$，则概率为 1；若从 s 出发没有路径能够到达 B，则概率为 0，否则概率通过迭代得到

$$x_s \geqslant \sum_{t \in S} P(s, g, \alpha, t, Y) \cdot x_t$$

本节验证的第一个概率可达性是在两个站争夺信道向同一目标站发送数据，最终两个站是否都能成功完成数据的传输，从概率的角度出发，即两个站都成功发送的概率是否为 1。用 PCTL 表示为

$$\mathrm{P} >= 1[\mathrm{true\ U\ s1} = 11 \,\&\, \mathrm{s2} = 11]$$

式中，s1=11 表示站 s1 到达发送完成的状态 Done，类似地 s2=11 表示站 s2 到达发送完成的状态 Done。使用 PRISM 的验证功能得到，从初始状态出发到模型的整个状态空间，验证结果都为 true，这就是说，两个站总是能将数据传输完成。这说明本章所创建的模型能够完成既定功能，是一个适合 IEEE 802.11P 协议的模型。

在模型适合 IEEE 802.11P 的基础上，将通过与 IEEE 802.11 标准的对比进行深入的验证分析。

通过以上分析可知，冲突在 IEEE 802.11P 中扮演着至关重要的角色，一旦发生冲突，用户就必须进入 backoff 状态，等待信道空闲，并将 bc 增加 1，使竞争窗口加倍以减少冲突发生的概率。当 bc 增加到 bcmax 时，将不再增加，竞争窗口也将停止加倍。所以 bc 的值在一定程度上决定了冲突发生概率的大小，并且在未达到 bcmax 之前，记录了冲突发送的次数。因此，将验证任一站的退避计数器达到 k

的最大概率，这也是两个上站在退避过程中的最坏情况概率。为了验证这个属性，添加一个额外的变量 bci 用来计算冲突的数量，然后计算这个变量达到 k 时的最大概率，在 PRISM 中表示为

$$\text{Pmax}=?\ [\text{true U bc1}=k \mid \text{bc2}=k]$$

验证结果如表 10.4 所示，第一行是退避计数器变量 k，第二行是 IEEE 802.11P 的结果，第三行是 IEEE 802.11 标准的结果。

表 10.4　模型的任一站的 bc=k 的最大概率及与 802.11 标准的对比

	$k=2$	$k=3$	$k=4$	$k=5$	$k=6$
IEEE 802.11P	0.0625	0.001953	3.05e−5	2.38e−7	9.31e−10
IEEE 802.11 标准	0.183594	0.017033	0.000794	0.000019	2.17e−7

从表 10.4 中的数据可以得到，随着 k 的增加，最坏情况的概率随之急剧下降，因此，无论 IEEE 802.11P 还是 IEEE 802.11 标准所发生冲突的次数都会越来越少。所发送冲突的次数越少，用户就越可能获取信道的使用权用来传输数据。对比两组数据，IEEE 802.11P 在 $k=2$ 时，其最大概率只有 IEEE 802.11 标准的约 $\frac{1}{3}$，到 $k=6$ 时，最大概率为 IEEE 802.11 标准的 $\frac{1}{233}$，可见 IEEE 802.11P 发生冲突的概率比 IEEE 802.11 标准要小很多，因此，IEEE 802.11P 因冲突发生而进入等待的情况会明显减少，用户能及时发送数据。

10.4.2　IEEE 802.11P 模型的期望可达性

PTA 中，除了事件的概率性，还要分析它执行的平均行为，因此，在 PTA 中加入了奖励(reward)。将 PTA 的状态或转移用奖励进行扩充，用一个自然数表示奖金或成本，每当离开状态 s，就将获得 s 相应的奖励。如在一个通信系统中，想知道信息发送成功前，尝试发送的期望次数，冲突与延时直接相关，冲突越多，用户所等待的时间就越长，满意度就越之下降。因此，下面将验证两个站都正确发送数据包前的最大冲突期望数，即两个站都完成数据传输的情况下，期望冲突发生次数最多的这样一种最坏情况，在 PRISM 中表示为 R{"collisions"}max=？[F s1=12 & s2=12])。模型检测的结果如表 10.5 所示。

表 10.5 中，bcmax 为最大退避次数，第二部分是最大期望冲突次数。可以看出，IEEE 802.11P 的最大期望冲突次数总体比 IEEE 802.11 标准小 0.137 左右，随着 bcmax 的变化，并未发生明显波动，仅当 bcmax=0 时，比其他取值增加了 0.0023，波动率仅为 2.2‰。IEEE 802.11 标准的最大期望冲突数随着 bcmax 的变化，波动也并不大，在 bcmax 取值为 0 和 1 时发生变动，特别是取 0 时，最大期

望冲突数增加了 0.0225，波动为 IEEE 802.11P 的 10 倍左右，而且 IEEE 802.11 标准在 bcmax 取值为 3 后，最大期望冲突数才趋于稳定，而 IEEE 802.11P 在 bcmax＝2 后就稳定。由以上分析可知，期望冲突次数最多的最坏情况，在 IEEE 802.11P 中比在 IEEE 802.11 标准中，随着 bcmax 的增加会稍微缓和，并且稳定性远在 IEEE 802.11 标准之上。

表 10.5　模型的最大冲突期望数及与 IEEE 802.11 标准的对比

bcmax	最大期望冲突次数	
	IEEE 802.11P	IEEE 802.11 标准
0	1.0668	1.2248
1	1.0645	1.2023
2	1.0645	1.2014
3	1.0645	1.2014
4	1.0645	1.2014
5	1.0645	1.2014
6	1.0645	1.2014

由以上分析可知数据能及时由发送端发送出去，然而数据发送能快速传输完成吗？需要多长的时间？这里要验证的属性是完成数据发送所需要的最长期望时间，也就是数据发送的用时最长的情况，这种情况的导致可能是由于冲突发生的次数多，也可能是由于退避次数多所引起的等待时间长。下面分 3 种情况进行验证：①两个站最终都将成功发送数据包所用的最大时间，用 PRISM 表示为 R{"time"}max＝？[F s1＝11&s2＝11]；②有一个站成功发送数据包所用的最大时间，用

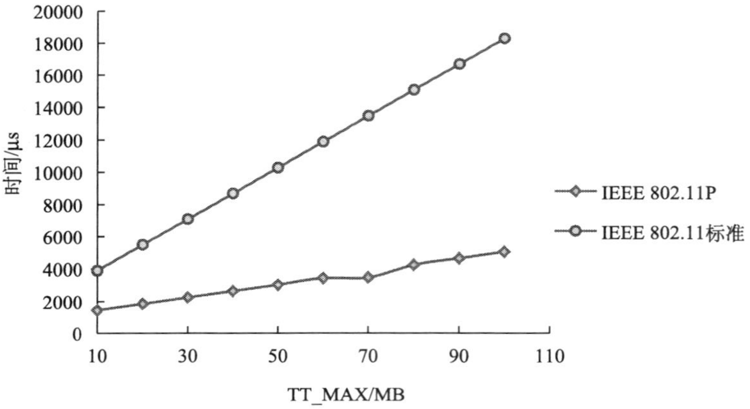

图 10.5　两个站完成数据包发送的最大时间及与 IEEE 802.11 标准的对比

PRISM 表示为 R{"time"}max=？[F s1=11]；③任意一个站成功发送数据包所用的最大时间，用 PRISM 表示为 R{"time"}max=？[F s1=11|s2=11]。这 3 个公式都是可达性奖励公式，模型到达完成数据传输状态（Done）所需要的最大时间。要说明的是第二个属性的验证，因为发送站点 s1 和 s2 是对称关系，所以，只需要计算一个站的结果，另一个站的结果是一样的。模型检测结果如图 10.5、图 10.6和图 10.7 所示。

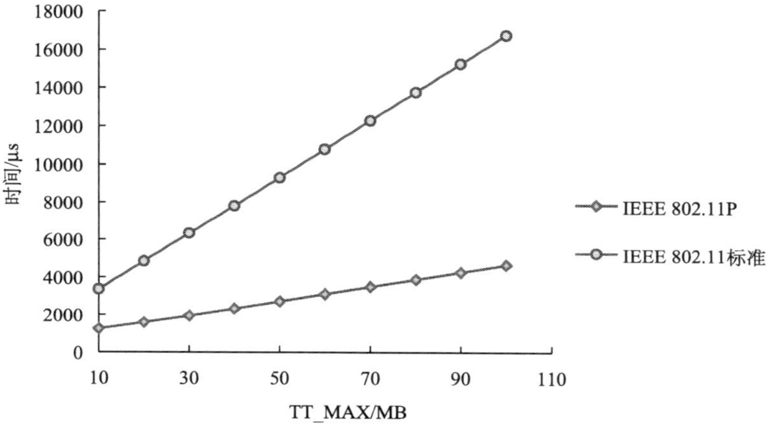

图 10.6 站点 s1 完成数据包发送的最大时间及与 IEEE 802.11 标准的对比

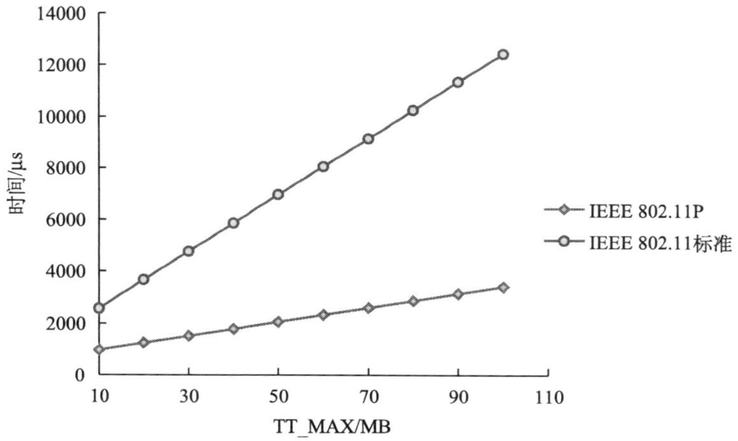

图 10.7 任意一个站完成数据包发送的最大时间及与 IEEE 802.11 标准的对比

坐标的 x 轴 TT_MAX 是所发送一个数据包的大小，就是 DATA_Max，y 轴“时间”就是所计算的完成相应 TT_MAX 大小数据的发送的最长时间，其单位是 μs。

随着 TT_MAX 参数的增加,IEEE 802.11 标准和 IEEE 802.11P 完成发送所用的最大时间值会随着增加,而 IEEE 802.11 标准所用的最长时间的增长明显比 IEEE 802.11P 的显著,增长率约为 IEEE 802.11P 的 4 倍。也就是说,IEEE 802.11P 发送数据的平均速度约为 IEEE 802.11 标准的 4 倍。完成相同数据大小的发送,IEEE 802.11P 所用的时间也比 IEEE 802.11 标准所用的时间少,并且随着 TT_MAX 的增大,这种对比愈发明显,说明 IEEE 802.11P 的数据发送比 IEEE 802.11 标准稳定。

10.5 本章小结

IEEE 802.11P 中的 MAC 协议对于高速行驶下的数据传输和快速的网络拓扑结构的变化至关重要。本章详细介绍了 IEEE 802.11P 的 MAC 协议的工作原理及特性,使用 CSMA/CA 管理载波接入,这意味着节点首先要监听信道,若信道空闲一段时间后,节点可直接以一定的概率转发消息,然后等待从目标节点传来的确认包;若监听到信道忙碌,则发生冲突,节点必须执行退避过程。然后使用 PTA 模型对其进行建模,并确定了模型中的 4 个模块:两个发送站点、一个目标站点、一个传输信道,即有两个站点向同一目标站点发送数据而争夺共享的传输信道。最后分别构建发送站、目标站和传输信道的 PTA 状态转移图,并对状态转移的步骤进行详细分解。

在验证分析阶段,本章首先使用 PRISM 进行静态数据的统计,模型的状态数随着变量 bcmax 的增加急剧增长,状态空间爆炸问题存在于 IEEE 802.11P 的模型检测中。然后对模型的两种不同类型的性能指标——概率可达性和期望可达性进行了验证分析,验证分析的过程是在与 IEEE 802.11 标准的对比中进行的。

概率可达性首先验证了模型总是能成功完成数据的传输,说明了模型的正确性,其次计算两个站在退避过程中的最坏情况的概率,结果表明 IEEE 802.11P 这种最坏情况的概率,比 IEEE 802.11 标准要小很多,因此,用户能及时发送数据。期望可达性分析了期望冲突次数最多(最坏)情况以及完成数据传输所需要的最长时间。期望冲突次数最多情况下,在 IEEE 802.11P 中,随着 bcmax 的增加,虽然比 IEEE 802.11 标准会稍微缓和,稳定性也更好,但结果还是不甚理想,因为在现实环境中,不止有两个站点在争夺共享信道。完成相同数据大小的发送,IEEE 802.11P 所用的时间比 IEEE 802.11 标准所用的时间少,并且随着 TT_MAX 的增大,这种对比愈发明显,说明 IEEE 802.11P 的数据发送比 IEEE 802.11 标准稳定,并且 IEEE 802.11P 发送数据的平均速度约为 IEEE 802.11 标准的 4 倍。由此可见,IEEE 802.11P 能满足高速移动的数据的及时快速传输,性能还是不错的,不过仍需要减少期望冲突发生次数,以实现更加极致的传输速度及反应的灵敏度。

参考文献

[1] http://en.wikipedia.org/wiki/IEEE_802.11P.

[2] Yedavalli K, Krishnamachari B. Enhancement of the IEEE 802.15.4 MAC protocol for scalable data collection in dense sensor networks. Technical Report, USC Technical Report CENG-2006-14, 2006.

[3] Wireless LAN medium access control (MAC) and physical layer (PHY) specifications amendment 6: wireless access in vehicular environments. IEEE Standard 802.11P-2010, 2010.

[4] Intelligent Transportation Systems Committee. IEEE trial-use standard for wireless access in vehicular environments (WAVE): multichannel operation. IEEE, Tech Rep, 2011.

第 11 章　RFID 中 S-ALOHA 协议的性能分析

11.1　概　　述

物联网是信息技术进入 21 世纪以来一次重要的突破，被称为继计算机、互联网之后世界信息产业发展的第三次浪潮。无线射频识别(Radio Frequency Identification，RFID)是物联网感知层的核心技术，主要应用于数据采集，是当前自动识别数据收集行业发展最快的技术之一。RFID 利用射频方式进行非接触双向通信，以达到交换数据的目的。在实际的 RFID 应用中，读写器作用范围的所有应答器都要被读写器的命令激活，它们将同时向读写器发送数据，而且读写器要在很短的时间内尽快识别多个应答器。然而，由于读写器和多个应答器通信时共享一个无线信道，信号干扰不可避免，从而使读写器不能正确识别应答器，即发生了冲突(collision)。因此，必须有一种防冲突技术来减少冲突次数，从而达到快速准确识别多个应答器的目的。

目前，RFID 常用的应答器防冲突基本算法有 ALOHA 协议[1]，以及它的改进算法时隙 ALOHA 协议(S-ALOHA)[2]。ALOHA 的基本思想是：应答器一旦有数据要发送，就立即发送；如果产生冲突从而造成数据破坏，那么冲突发生后应答器随机选择一段时间重新发送该数据。S-ALOHA 协议的基本思想是：用时钟来统一用户的数据发送。具体方法是：将时间分为一段段等长的时隙，同时规定应答器每次只能在时隙开始时发送数据，从而避免用户发送数据的随意性，减少了数据产生冲突的可能性，提高了信道的利用率。

在大多数情况下，一个新提出协议的分析主要依赖于仿真和实验对它的性能和可靠性进行评估，然而仿真和实验只能检索所有可能行为的一个有限子集，因此是一种不完备的系统分析技术，可能无法发现不可预知的行为。由于 S-ALOHA 协议既要保证多个应答器快速传输数据，又要保证数据的完整性，一种更可靠和完备的分析方法无疑成为必要。

一种典型的解决这个问题的办法是使用形式化验证技术对系统进行彻底分析，系统的形式化验证技术和分析方法在工业中的使用越来越普遍，这些技术不只被应用到验证这些系统的正确性，而且可以用来分析定量属性，如性能、可靠性或资源使用情况。随机模型检测[3-4]是一种分析定量属性的高度自动化形式化技术，其基本思想是构造捕获系统行为的数学模型，然后用它来分析指定的定量属性。为实现一个系统的属性分析，它将探索整个状态空间。

S-ALOHA 协议的工作原理如下：把信道时间分成离散的时隙，每个标签只能在时隙开始时允许向阅读器发送数据。标签在时隙开始时就立即发送到信道上；规定时间内若收到应答，表示发送成功，否则重发。重发策略：等待一段随机时隙的时间，然后重发；如再次冲突，则再等待一段随机时隙的时间，直到重发成功为止。在众多随机系统模型中本章选择马尔可夫决策过程（Markov Decision Process，MDP）来对 S-ALOHA 建模。选择 MDP 的原因是 S-ALOHA 协议的工作原理符合 MDP 的特性，具体有两点：①时隙 ALOHA 中的时间是一个时隙序列，自然地考虑使用离散时间模型；②随机等待过程具有非确定性。

在所建模型 MDP 的基础上，本章主要利用概率模型检测技术分析S-ALOHA 协议的两种不同类型的性能指标——概率可达性和预期可达性，分析过程是在与标准 ALOHA 的对比中进行。利用概率可达性首先计算出了应答器发送数据的概率是 1，从而说明 S-ALOHA 协议能够成功传输数据，然后计算两个标签在退避过程中发生最坏情况下的概率，即退避计数器到达最大退避次数的概率，结果表明 S-ALOHA 发生冲突的概率比 ALOHA 小很多，因此 S-ALOHA 因冲突而进入等待的情况明显减少，标签能更快速地传输数据。利用预期可达性计算了标签完成数据传输需要的最长时间，结果表明 S-ALOHA 发送数据的平均速度要比 ALOHA 快 1.2 倍左右。

11.2　协议建模

11.2.1　协议工作原理

ALOHA 的工作原理是：因为多个节点共享一条通信信道，如果两个或两个以上的节点同时传输数据，那么传输失败。如果没有节点传输，则信道闲置。ALOHA 协议所面临的挑战是协调多个节点，以实现效率和公平性。Roberts 发明了一种理论上能把信道利用率提高一倍的信道分配策略，即 S-ALOHA 协议，其基本思想是用时钟来统一用户的数据发送。此方法将时间分为离散的时间片，节点每次必须等到下一个时间片才能开始发送数据，从而避免了节点发送数据的随意性，节点必须在发送数据的过程中进行冲突检测，这样减少了数据产生冲突的可能性。这意味着节点首先要监听信道，若信道可空闲，则节点可直接开始转发消息；若信道为忙碌的，则节点必须执行退避，然后再发送。

退避原理如下。

(1) 从均匀分布[0，bcmax]中选取一个整数 cd，cd＝min(cd＋1，bcmax)，bcmax 是最大退避次数。

(2) 将此整数与时隙相乘，以得到最大退避值 M，选择随机赋值 backoff＝Random[0…M]来设置退避值(backoff)。

(3) 只有检测到信道空闲一个时隙时，将 backoff 的值递减 1，否则 backoff 冻结。

(4) 当 backoff＝0 时，节点立即转发信息。

(5) 节点如果转发成功，则这次数据发送成功。若再发生冲突，则 cd(冲突次数，最大值是 bcmax)加 1，退避数增大，等待的时隙延长，重复第(3)和第(4)步过程。

11.2.2　协议的马尔可夫决策过程模型

S-ALOHA 协议的模型由三部分组成，而且并行运行，即标签 $send_1$、$send_2$ 和信道 channel。在这里为 $send_1$、$send_2$、channel 分别设置时钟 x_1、x_2、y。

两个标签通过公平竞争信道来发送数据，模拟两个标签在初始状态同时发送数据，如果标签发生碰撞，认为丢失数据，则执行退避过程，并用一个变量 cd_i 来记录冲突次数。退避过程中，发送标签根据随机赋值 backoff＝Random[0…M]来设置 backoff 的值，选择独立等待随机时隙再发送数据，其中，M 为最大等待时隙数。若信道持续空闲一个时隙，发送标签将 backoff 的值递减 1，当 backoff 的值递减为 0 时，标签需重新发送它的数据。若再次冲突，冲突次数变量 $cd_i=\min(cd_i+1, bcmax)$，此时标签退避的时隙 M 范围将扩大。碰撞的次数越高，这个退避间隔就会越长，数据发送再次碰撞的概率降低。若发送数据不再发生冲突且 $x_i=\lambda$，则进入 success 状态，代表数据发送成功。标签的 MDP 状态转移图如图 11.1 所示。

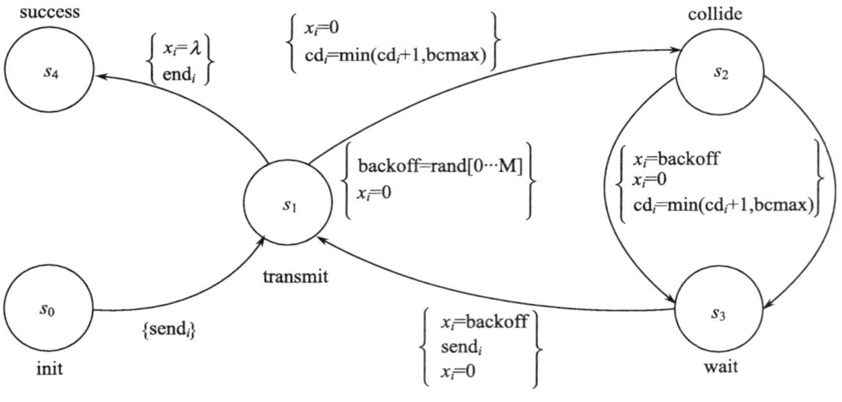

图 11.1　标签状态转移图

(1) 标签的状态转移图以 init 作为初始位置，即标签在发送数据包前首先监听信道，然后发送数据，在这里两个标签同时发送数据。然后转移到 transmit 状态。

(2) 若在数据传输过程中发生冲突，则进入 collide 状态，此时变量 cd_i ＝

min(cd_i +1,bcmax),记下冲突次数。若数据成功发送,则进入 success 状态,数据传输完成。

(3) 在 collide 状态,随机选择一个退避次数 backoff=Random[0…M]进行退避,转移到 wait 状态。

(4) 在 wait 状态,若检测信道忙,则进入 collide 状态。若信道空闲一个时隙,则 backoff=backoff-1,当 backoff=0 时进入 transmit 状态,重新发送。

(5) 在 success 状态,$x_i=\lambda$,数据完成传输,标签发送数据成功。

表示信道的 MDP 如图 11.2 所示。信道最初准备接收任何标签的数据(发送事件)。一旦一个标签($send_1$)从初始状态 s_0 开始发送它的数据,在 σ 个时间单位内($y\leqslant\sigma$)信道接收其他标签($send_2$)的数据则会导致冲突,在大于 σ 个时间单位($y\leqslant\sigma$)信道会显示忙(busy)。当冲突发生时,有一个退避过程,然后标签监听信道,若空闲则发送数据,如果标签不再发生冲突,那么当一个标签发送数据完成(end_i),并且信道时钟 y 重置为零,信道回到初始空闲状态。

(1) 信道以 init 状态作为它的初始状态,即信道处于空闲状态,没有数据发送,在接收标签 1 或标签 2 的数据(事件 $send_1$ 和 $send_2$)后触发转移,从 init 状态转移到 transmit 状态。

(2) 在 transmit 状态,标签 1 的数据传输或者与标签 2 的数据传输(事件 $send_2$)发生冲突使信道进入 collide 状态;或者发送成功,返回初始状态。

(3) 在 collide 状态,发生冲突后,进入退避过程,退避结束后再次回到 init 状态,又重新开始发送数据。

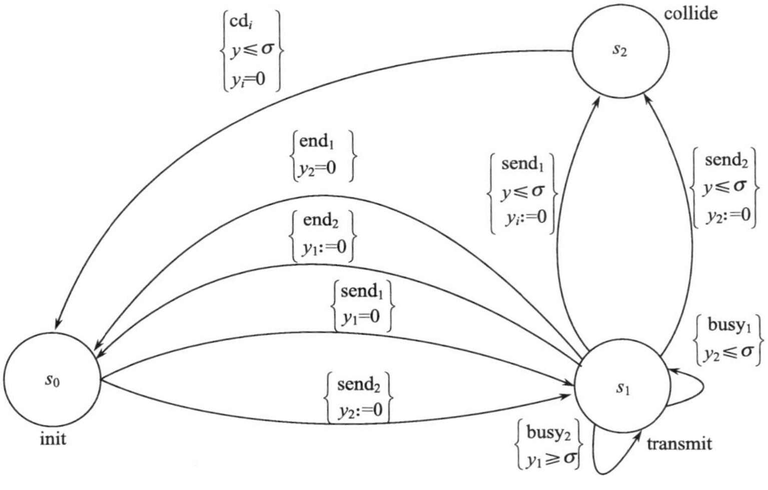

图 11.2　信道状态转移图

11.3 模型的验证与分析

11.3.1 模型统计

PRISM[5]是目前使用最成功的概率模型检测工具,已经广泛应用到从无线通信协议到生物信号等多元化系统的分析。本节将使用该工具完成对 S-ALOHA 协议的精确分析。概率模型检测通过对整个状态空间的探测进行属性的验证和计算,因此 PRISM 首先需要构建相应的数学模型,即将相应的 S-ALOHA 用 PRISM 语言描述成 MDP 模型。在转换过程中,PRISM 可以计算出从初始状态出发的可达状态的集合以及模型的转移矩阵。

首先设置一些 S-ALOHA 模型的基本参数,参数列表如表 11.1 所示。

表 11.1 协议参数

参数	描述	值
N	标签的数量	2
bcmax	最大退避次数	15
Sigma	信息在空气中传播时间	$1\mu s$
Slot	时隙长度	$2\mu s$
Lambda	标签发送信息消耗时间	$30\mu s$

下面使用 PRISM 工具直接对 S-ALOHA 模型分析计算。

表 11.2 给出了本章所构建的每个模型的静态数据,其中 bcmax 表示最大退避次数,状态是最大退避次数情况下所对应的每个 MDP 模型的状态总数。节点和叶子分别表示多终端二叉决策图的节点数和叶子数(终端节点)。构建时间即相应的每个模型构建所需要的时间,这个时间包含两部分:第一部分是将描述系统的语言解析并转换成 MTBDD 数据结构所用的时间,第二部分是使用基于 MTBDD 不动点算法计算可达状态的时间。

表 11.2 MDP 模型统计及构建时间

bcmax	1	2	3	4	5	6
状态	426	1284	2678	5021	9224	15556
节点	1480	2622	4207	6901	10195	13550
叶子	3	4	5	6	7	8
迭代	82	85	90	95	102	109
状态转换	515	1620	3411	6474	11891	20164
构建时间/s	0.041	0.054	0.102	0.133	0.213	0.298

从表 11.2 中状态和构建时间数的变化可以得出，随着 bcmax 的增大，S-ALOHA模型的状态数增长迅速，状态转换也以约 2 倍的速度增长，相应构建模型的时间也在增长，这说明退避次数越大，状态空间和时间的耗费也就越大。但是叶子数增加却很缓慢，这就说明 MTBDD 这种数据结构良好，能非常高效地应用于 S-ALOHA 模型。

11.3.2　概率可达性

现在分析不同的参数对 S-ALOHA 模型检测结果的影响，主要考虑以下两种不同类型的性能指标：概率可达性和期望可达性。

直观上讲，概率可达性关注的是人们感兴趣的事件的概率，即模型从某个状态(一般是初始状态)出发到达某个目标状态或者状态集的概率。形式化地讲，概率可达性是从状态 $s \in S$(一般为初始状态)出发，到达目标状态集 $B \subseteq S$ 的概率。若 $s \in B$，则概率为 1；若从 s 出发没有路径能够到达 B，则概率为 0。

性质 11.1　一个标签能否成功发送数据。

下面验证的第一个概率可达性是在两个标签争夺信道向同一目标站发送数据时，最终每个标签是否都能成功完成数据的传输，从概率的角度出发，即每个站都成功发送的概率是否为 1。用 PCTL 表示为 P>=1[true U one_sending]，这里 one_sending 表示两个标签中任意一个能成功发送数据。使用 PRISM 的属性验证功能可以得到，从初始状态出发到模型的整个状态空间，验证结果都为 true，即两个标签中任意一个标签总是能将数据传输完成。

性质 11.2　两个标签能否都成功发送数据。

下面再验证最终两个标签是否都能成功完成数据的传输，用 PCTL 表示为 P>=1[true U sending_all]，这里 sending_all 表示两个标签都能成功发送数据。使用 PRISM 的验证功能同样得到，从初始状态出发到模型的整个状态空间，验证结果都为 true，即两个标签总是能将数据传输完成。

性质 11.3　标签发生冲突的最大概率和最小概率。

现在验证冲突次数对数据传输的影响，分别用 Pmax=？[F"max_collisions">=k]，Pmin=？[F"max_collisions">=k]表示从初始状态出发至少发生 k 次冲突的最大概率和最小概率，模型检测结果如图 11.3 所示。

横轴表示冲突次数(k)，纵轴表示发生碰撞的概率，从图中可以发现两个标签同时发送数据时，发生 4 次冲突的概率是 1，也就是说必然会发生 4 次冲突，但是随着 k 的增加，数据发生冲突的概率越来越小，发生 10 次冲突的概率接近零，于是得出把最大冲突次数设置为 10 是合理的。

性质 11.4　在发生 k 次碰撞时成功发送数据的概率。

现在验证任意标签在 k 次碰撞时成功发送数据的概率，用 PCTL 表示为

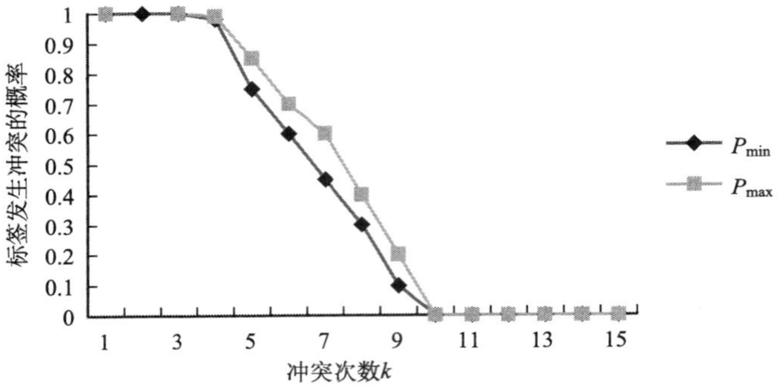

图 11.3　至少发生 k 次冲突的最大概率和最小概率

Pmin=? [F sucess_send<=k],模型检测的结果如图 11.4 所示。

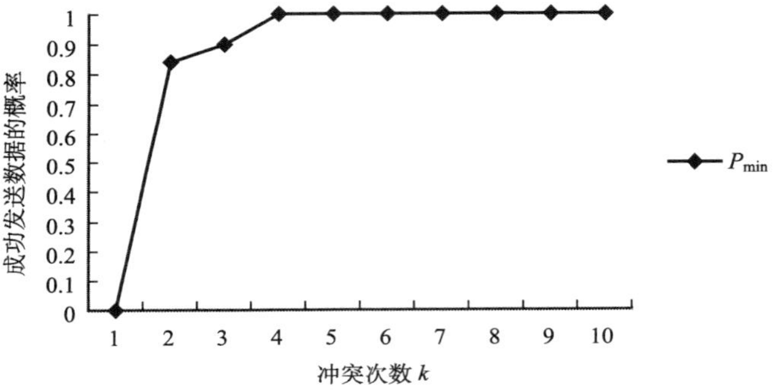

图 11.4　标签在发生最大退避次数时成功发送数据的概率

从图 11.4 可以得出,要发生 4 次冲突之后才能保证数据成功交付,也就是说两个标签要成功发送数据至少要发生 4 次冲突。

11.3.3　S-ALOHA 与 ALOHA 的属性验证对比

在模型适合 S-ALOHA 的基础上,本节将通过与标准 ALOHA 的对比,进行深入的验证分析。

从表 11.3 可以看出,ALOHA 的状态数在 bcmax 相等的条件下比 S-ALOHA 多很多,而且模型构建时间也比 S-ALOHA 的构建时间长,随着 bcmax 的增加,ALOHA 的状态数急剧增加,比 S-ALOHA 增长的幅度更大,这说明 ALOHA 的效率比 S-ALOHA 要低,这是由于 ALOHA 随机等待时间发送数据具有不确定性,增加了产生冲突的可能性,从而消耗更多的空间和时间,由此可见 S-ALOHA的防冲突算法更加简约,效率更高。

表 11.3　S-ALOHA 与 ALOHA 静态数据对比

bcmax	状态		构建时间/s	
	ALOHA	S-ALOHA	ALOHA	S-ALOHA
1	3432	426	0.05	0.041
2	7202	1284	0.113	0.054
3	12844	2678	0.149	0.102
4	20992	5021	0.236	0.133
5	31646	9224	0.287	0.213
6	44806	15556	0.395	0.298

通过以上分析可知,冲突在 S-ALOHA 中扮演着至关重要的角色,一旦发生冲突,用户就必须进入 backoff 状态,等待信道空闲,并将 cd 增加 1,使等待时间加倍,以减少冲突发生的概率。当 cd 增加到 bcmax 时,将不再增加,等待时间也将停止加倍。所以 cd 的值在一定程度上决定了冲突发生概率的大小,并且在未达到 bcmax 之前,记录了冲突发送的次数。因此,将验证任意标签的退避计数器达到 k 的最大概率,这也是两个标签在退避过程中的最坏情况概率。为了验证这个属性本节添加了一个额外的变量 max_collisions 用来计算两个标签冲突的最大数量,然后计算这个变量达到 k 时的最大概率。在 PRISM 中表示为 Pmax = ? [true U max_collisions>=k]。验证结果如图 11.5 所示。

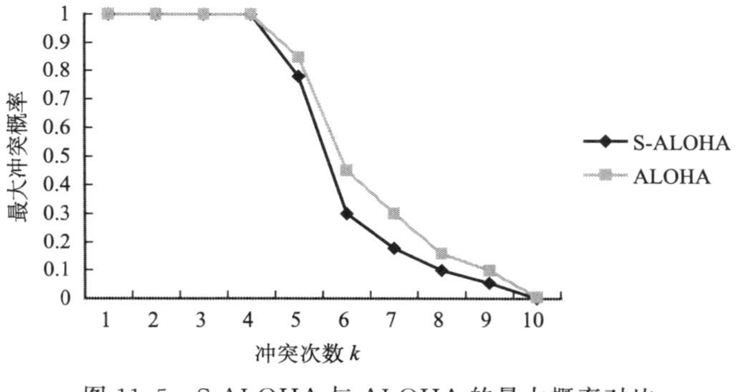

图 11.5　S-ALOHA 与 ALOHA 的最大概率对比

从图 11.5 的数据可以得到,随着冲突次数 k 的增加,最大冲突概率随之急剧下降,无论 S-ALOHA 还是 ALOHA 所发生冲突的概率都会越来越低。但是在相同冲突次数 k 的情况下, S-ALOHA 最大冲突概率比 ALOHA 低得多。对比两组数据,S-ALOHA 在 $k=6$ 时,其最大概率约为 ALOHA 的 2/3,到 $k=8$ 时,最大概率仅为 ALOHA 的 50%,到 $k=9$,10 时,S-ALOHA 的最大概率已经远远小于

ALOHA。由此可见，S-ALOHA 因冲突发生而进入等待状态的情况会明显减少，标签能够快速获取信道的使用权从而及时发送数据。

11.3.4　预期可达性

性质 11.5　标签在不同退避次数情况下发送数据的期望时间。

MDP 除了可以计算事件发生的概率，还可以计算事件发生的平均时间等，例如，在一个通信系统中，需要知道信息发送成功的期望时间，主要技术手段是在 MDP 中引入奖励，即将 MDP 的状态或转移用奖励进行扩充，用一个自然数表示奖金或成本，每当离开状态 s，就将获得 s 相应的奖励。

冲突与延时直接相关，冲突越多，用户所等待的时间就越长，满意度就越之下降。因此，需要计算两个标签都正确发送数据包前的最大期望时间，即两个站都完成数据传输的情况下，期望时间最多的这样一种最坏情况，在 PRISM 中表示为 R{"time"}max=？[F L1= 4& L2=4])。模型检测的时间和结果如表 11.4 所示。

表 11.4　标签分别在 S-ALOHA 与 ALOHA 中发送数据的最大期望时间

bcmax	最大期望时间	
	S-ALOHA	ALOHA
1	69.4995	80.1933
2	71.0273	81.2011
3	72.4223	81.2011
4	73.7316	81.2011
5	75.0119	81.2011
6	75.5597	81.2011
7	75.6786	81.2011
8	75.6948	81.2011
9	75.6964	81.2011
10	75.6964	81.2011

表 11.5 中 bcmax 为最大的退避次数，第二部分是最大期望时间。可以看出，S-ALOHA 的最大期望时间总体都比 ALOHA 小 6～10 个时间单位。ALOHA 随着 bcmax 的变化并未发生明显波动，自 bcmax=2 开始它的期望时间就一直是 81.2011，而 S-ALOHA 的期望时间随着 bcmax 的变化波动也并不大，当 bcmax=6 时，变化已经趋近稳定，这说明 S-ALOHA 把等待时间分成若干时隙的灵活性，每一次冲突都会使 bcmax 加 1，冲突次数越多，等待时间越长，当 bcmax=6 时，最

大期望时间已稳定，且大约比 ALOHA 的期望时间少 6 个时间单位，由此可见，S-ALOHA比 ALOHA 有更好的灵活性和较少的期望时间。

性质 11.6　标签发送不同数据量的期望时间。

知道标签发送数据的最大期望时间，还要考察标签发送不同数据量需要的时间，并且要对比 S-ALOHA 与 ALOHA 随着数据量的增加对最大期望时间的影响。为此下面计算完成发送不同数据量所需要的最长期望时间，也就是数据发送的一种用时最长的情况。导致发生这种情况的原因可能是冲突发生的次数多，也可能是最大退避次数所引起的等待时间长。下面分 3 种情况进行分析。

(1) 两个标签最终都将成功发送数据包所用的最大时间，用 PRISM 表示为 R{"time"}max=？[F sending_all]。

(2) 所指定的标签成功发送数据包所用的最大时间，用 PRISM 表示为 R{"time"}max=?[F onlyone_sending]。

(3) 任意一个标签成功发送数据包所用的最大时间，用 PRISM 表示为 R{"time"}max=?[F one_sending]。

模型检测结果如图 11.6～图 11.8 所示。

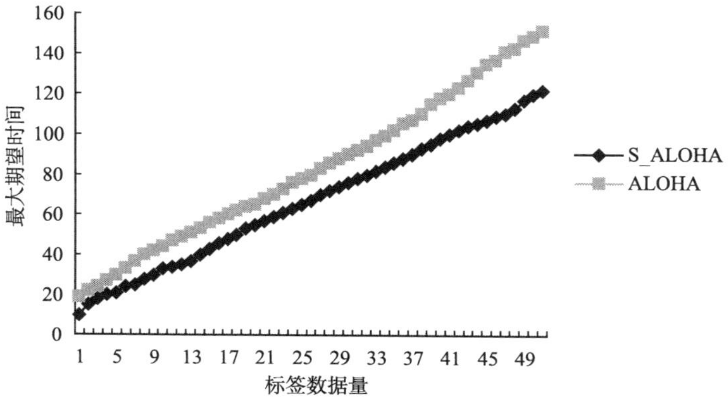

图 11.6　两个站都成功完成数据发送的最长时间

坐标的横轴表示标签所发送一个数据包的大小，纵轴表示发送数据包的最大期望时间，即完成相应标签发送数据的最长时间，其单位是 μs。如图 11.6～图 11.8所示，在上述 3 种情况下，随着标签数据量的增加，S-ALOHA 和 ALOHA 完成发送所用的最大时间值都会相应地增加，但在图 11.6 中很明显可以看出 ALOHA所用的最长时间的增长明显比 S-ALOHA 的显著。也就是说，随着标签数据量的不断增加，ALOHA 比 S-ALOHA 发送数据所耗费的时间更长，用标签数据量除以期望时间可以得出 S-ALOHA 发送数据的平均速度，比 ALOHA 快 1.2 倍左右。完成相同数据量的发送，S-ALOHA 所用的时间比 ALOHA 所用的时间少，由此可见，S-ALOHA 比 ALOHA 更能快速完成数据的传输，实际应用更加高效。

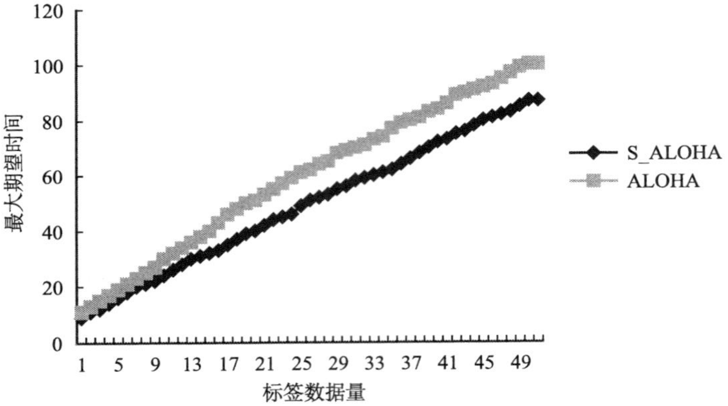

图 11.7　指定的标签成功完成数据发送的最长时间

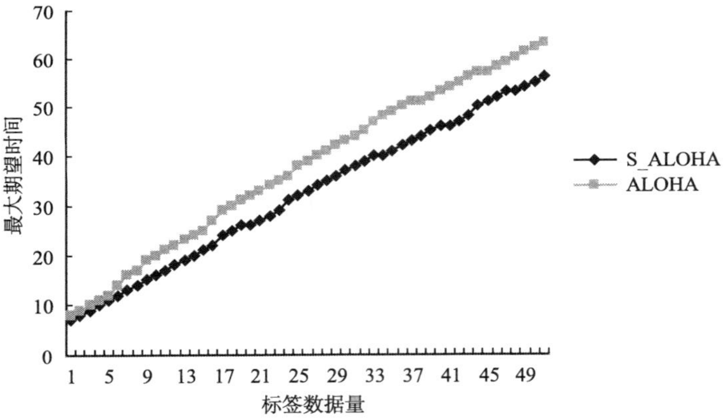

图 11.8　任意标签成功完成数据发送的最长时间

11.4　本章小结

本章利用可自动化实现的形式化方法——概率模型检测分析了 RFID 中为防止冲突而设计的 S-ALOHA。在模型选择上依据 S-ALOHA 的工作原理与特性，应用马尔可夫决策过程建立协议的动态行为模型，然后在模型上分别计算了数据成功发送的概率、退避计数器达到最大退避次数时的概率、不同最大退避次数下标签发送数据的最大期望时间以及完成数据传输所需要的最长时间。计算结果表明：①S-ALOHA 发生冲突的概率比 ALOHA 小得多，因此 S-ALOHA 因冲突发生而进入等待的情况明显减少；②完成相同数据量的发送，S-ALOHA 所用的时间比 ALOHA 所用的时间少，并且随着标签数据量的增大，这种对比愈发明显，因此可以断言 S-ALOHA 的数据发送比 ALOHA 稳定。表 11.2 已经表明随着 bcmax 的增大，S-ALOHA 的状态数增长迅速，未来的工作主要围绕状态空间快速增长问题，在保持验证结果正确性的前提下研究状态空间约简技术。

参考文献

[1] Baccelli F, Blaszczyszyn B, Mühlethaler P. An ALOHA protocol for multihop mobile wireless networks. IEEE Transactions on Information Theory, 2006,52(2):421-436.

[2] Lee S R, Joo S D, Lee C W. An enhanced dynamic framed slotted ALOHA algorithm for RFID tag identification//The Second Annual International Conference on Mobile and Ubiquitous Systems: Networking and Services, 2005:166-172.

[3] Baier C, Hahn E M, Haverkort B R, et al. Model checking for performability. Mathematical Structures in Computer Science, 2013,23:751-795.

[4] Kwiatkowska M, Norman G, Parker D. PRISM: probabilistic model checking for performance and reliability analysis. ACM Sigmetrics Performance Evaluation Review, 2009, 36(4): 40-45.

[5] Kwiatkowska M, Norman G, Parker D. Stochastic model checking. Lecture Notes in Computer Science 4486, 2007:220-270.

后　记

本书能够顺利出版，离不开众人的帮助，在此一一表示感谢。

首先感谢我的博士生导师丁德成教授。丁老师在学业和生活上给了我无尽的帮助，直到现在还经常去叨扰他老人家。同时还要感谢我的同门师兄弟们，在我学术研究的道路上，给予了我很多的帮助，他们是苏开乐、赵希顺、许道云、陆宏、陶志红、喻良、吴永成、陈振宇、毛徐新、王玮、范赟、徐亚涛。

走上工作岗位之后，鞠时光院长鼓励我对模型检测技术进行推广应用，并帮助我建立了模型检测研究团队；詹永照院长在论文写作和基金申请书的撰写上提供了很多好的建议；鲍可进副院长和我是乒乓球友，他以充满激情和绝不放弃的拼搏精神时常鼓励着我；张建明副院长和我是南京大学的校友，对我在研究生指导上给予了莫大的帮助；王昌达副院长时常与我讨论模型检测在隐蔽信道搜索领域的工作；王良民副院长无私地将他管理科研团队和学术研究的经验与我分享。感谢各位领导对我工作的支持。

我所在的部门是计算机科学与通信工程学院信息安全系，这是一个快乐的大家庭，在这样的氛围里我感受到了工作的快乐和人与人之间相处的简单。感谢我的同事，他们是赵跃华主任、朱小龙副教授、宋香梅老师、赵俊杰老师、韩牟老师、李晓薇老师。特别感谢赵跃华主任在本科教学和研究生指导方面的帮助。此外还要感谢计算机科学与通信工程学院物联网研究组，通过与他们的交流实现了模型检测在云计算和物联网领域的推广应用。他们是熊书明博士、王新胜博士、陈继明博士、李致远博士、陈向益老师。还要感谢隐蔽信道研究小组的同事，他们是薛安荣、施化吉、陈伟鹤、刘志锋、金华、蔡涛。这里特别感谢刘志锋博士为我解决了项目经费的考核问题，使我能够安心专注于本书的写作。感谢为本书出版做出直接贡献的学生，他们是孙博、曹美玲、叶萌、邢支虎、董恒龙、林永意、吕江华、汪亚云、陆杰、王勇。

感谢能够接受我访问的南洋理工大学 Liu Yang 教授。在访问期间我接触到了华东师范大学的宋富博士。与宋老师在学术上的交流让我受益匪浅，特别是对国际前沿的研究有了更多的接触和了解，在此表示感谢。

感谢科学出版社的王哲编辑。本书从选题、写作到校稿得到了他耐心细致的指导。

我必须感谢我的家人和朋友，特别是我的爱人，没有他们的理解、关怀与帮助就没有本书的出版。这么多年来是我的爱人主动承担了家务和照顾小孩的工作，让我能够有更多的时间倾注于本书的研究。令我特别感动的是，当我在国内工作面临很多琐碎的事情无法集中精力思考问题的时候，我爱人主动鼓励我出国访问，为我创造了一段很长的宁静时间。在本书的撰写过程中，我的女儿时常督促我不要懈怠，并非常关心本书的进展。为了给女儿树立榜样，我不敢懈怠，每天都尽量挤出时间完成本书的撰写工作。在日常生活中女儿的天真无邪给我带来了很大的快乐。

形式化方法作为重要的计算机科学研究分支，在计算机科学发展的长河中起到了至关重要的作用。目前，形式化方法已经从传统的软件工程领域发展到了物联网、云计算、生物计算等新型领域，应用范围可谓越来越广。然而，相对计算机科学其他分支而言，国内形式化方法的研究团体规模较小，急需吸纳更多的力量。

华东师范大学宋富博士与我创建了一个交流平台，目前得到了国内很多学者的支持，在此表示感谢，他们是西安电子科技大学田聪教授，上海交通大学李国强教授，清华大学贺飞教授，中国科学院软件所李勇坚教授，南京大学卜磊教授，南京航空航天大学魏欧教授，中国科学技术大学郭宇教授，暨南大学陈清亮教授，华东师范大学史建琦博士，江苏大学陈伟鹤、刘志锋教授。希望能有更多的老师加入进来，为形式化方法的发展助力。

周从华

2014 年 9 月 15 日